Webプログラミングが面白いほどわかる本

環境構築からWebサービスの作成まで、はじめからていねいに

吉村総一郎

KADOKAWA

はじめに

『Webプログラミングが面白いほどわかる本』を手に取っていただきありがとうございます。本書では、Webプログラミングの中でも、特にサーバーサイドのプログラミングに関して、環境構築からWebサーバーの実装までを、コマンドやプログラムを動かしながら学んでいきます。クライアントサイドのWebプログラミングとしてJavaScript/HTML/CSSを学んだ方が、サーバー上でプログラムを動かすための仕組みや技術を学ぶことをおもな目的としています。

本書の対象読者は、なにかしらのプログラミング言語で条件分岐とループと関数を学習し、HTMLやCSSの概要を理解している方か、書籍『高校生からはじめるプログラミング』ですでに学ばれた方が対象となっています。『高校生からはじめるプログラミング』は本書と同じシリーズの1冊で、本書の前提となる内容を扱っています。

本書では、随所に解説を加えていますので、内容に興味がある方であれば、これらの前提がなくても、ぜひお読みいただければと思っております。

現在Webプログラミングの重要性はどんどん高まっています。多くのシステムやソフトウェアがインターネットとつながることによって、今まであったシステムでも基本的にWebベースのシステムであったほうが使い勝手がよいということが増えてきているのです。そのため、現在では、工場や町中に設置されたWebカメラのような市街設備のインフラであっても、インターネットと接続してWebベースのシステムで操作可能だったりしますし、社内システムであってもWebの技術を使って開発されていたりする場合が多くあります。現在はスマホアプリの開発ですらUIや通信の仕組みにWebの技術を用いて開発されることが多くなってきました。

すでにわれわれの生活やビジネスにおいてWeb技術を切り離すことはもはやできないと言えるでしょう。しかし、Webプログラミングの知識を持つWebエンジニアは、社会の要求に対してまだまだ足りていません。そのためWebプログラミングを学ぶことは、自分自身の価値を高めることや、自分の趣味や仕事の領域でプログラミングをより利用できることにもつながっていきます。

そしてWebプログラミングの技術の中心となるWebサービスを提供するためのサーバーサイドプログラミングを学ぼうとしたときには、**Linux、シェルプログラミング、通信の仕組み、Git、GitHubなどの技術要素が、ほぼ必須の前提知識となっています**。

しかしながら、サーバーサイドプログラミング入門で取り扱われるWebアプリケーションフレームワークの学習において、前提となるこれらの技術要素について、ちゃんとした説明や解説がされることは、あまり多くありません。多くの場合、別途学ぶ必要があります。

実際に、Ruby on RailsやPythonのDjango、PHPのLaravel、JavaScriptのExpress.jsなどのWebアプリケーションフレームワークを学ぼうと、それらに関する書籍を手に取ったり、公式Webサイトのチュートリアルを進めようとしたりしても、そもそもシェルプログラミングを知らなかったり、通信の仕組みを知らなかったり、Gitを知らなかったりすると、学習中に発生した問題を自分で解決できずに、途中で学習を断念せざるを得ないという事態がよく起こってしまうのです。

本書はそのような問題を解決するために、**学習者がWebアプリケーションフレームワークなどを使って学習する前に必要となる、環境構築や通信の仕組み、Git、GitHub、サーバーサイドプログラミングの基礎について、ちゃんと順を追って学べるようになっています**。そして、最終的に学んだ知識を使って、Slackというチャットサービスのチャットボットや Webサーバーの実装を自身で行っていきます。

本書の内容は、中学を卒業したばかりのN高等学校の生徒が、N予備校という学習プラットフォームで学ぶ入門コースの、最初の6カ月目までに学ぶ内容となっています。もともとはN高等学校の生徒たちのために用意したものでしたが、現在は一般のユーザーにも開放され、多くの大学生や社会人にも活用していただいております。

実際に、プログラミング言語Cしか学ばなかった大学生や、システムインテグレーターとしてWebプログラミングを知らずに仕事をしてきたシステムエンジニアの方が、Web業界で働くためにこの教材で学習し、就職や転職を成功させたという声を多くいただいております。またWeb業界やWebを活用する企業の社内エンジニア研修のテキストとしてこの教材を利用いただいている事例も増えており、本書の内容が必要とされている場所が増えていると感じています。

ぜひとも本書で学んでいただき、今までWebプログラミングになじみのなかったプログラマーの方々が、サーバーサイドのWebプログラミングを学ぶことで、趣味や仕事などに活用していただければ幸いです。とは言え、手を動かして「楽しみながら」進めていくことが重要ですので、焦らず、コンピューターの反応を確かめながら少しずつ進めていっていただければと思っております。

2018年4月　吉村総一郎

CONTENTS

はじめに ………… 002

目次 ………… 004

Chapter 1 Linuxの基本を身に付けよう 7

Section 01 Linuxという OS ………… 008

Section 02 コンピューターの構成要素 ………… 038

Section 03 コマンドでファイルを操作する ………… 046

Section 04 標準出力 ………… 071

Section 05 viの使い方を学ぼう ………… 078

Chapter 2 シェルプログラミングをやってみよう 89

Section 01 シェルプログラミング ………… 090

Section 02 通信とネットワーク ………… 102

Section 03 サーバーとクライアント ………… 112

Section 04 HTTP通信 ………… 128

Section 05 通信をするボットの開発 ………… 138

Chapter 3 GitHubで始めるソーシャルコーディング 149

Section 01 GitHubでWebサイトを公開する …… 150
Section 02 イシュー管理とWikiによるドキュメント作成 …… 166
Section 03 GitとGitHubの連携 …… 182
Section 04 GitHubへのpush …… 194
Section 05 Gitのブランチ …… 204
Section 06 ソーシャルコーディング …… 219

Chapter 4 Node.jsでプログラミングをやってみよう 239

Section 01 Node.js …… 240
Section 02 集計処理を行うプログラム …… 253
Section 03 アルゴリズムの改善 …… 274
Section 04 ライブラリ …… 288

Chapter 5 Slackのボットを作ろう 303

Section 01 Slackのボット開発 …… 304
Section 02 HubotとSlackアダプター …… 317
Section 03 モジュール化された処理 …… 337
Section 04 ボットインタフェースとの連携 …… 361

Chapter 6 HTTPサーバーを作ってみよう 379

Section 01 同期I/Oと非同期I/O 380
Section 02 例外処理 387
Section 03 HTTPサーバー 402

おわりに 411
索引 414

編集：リブロワークス
本文デザイン・制作：リブロワークスデザイン室

注意

この本の内容を、手を動かして学ぶには、WindowsパソコンまたはMacが必要です。

【Windows】
OS　　　：Windows 7以降のバージョン
メモリ　：4GB以上
ディスク：20GB以上の空き容量
CPU　　：Intel Core i3以上

【Mac】
Windowsの推奨スペックを満たす、2013年以降に発売されたもの
例：MacBook Pro 13インチ

Chapter 1

Linuxの基本を身に付けよう

Section 01 LinuxというOS

本格的な学習を始める前に、PCにLinuxというOSをインストールして、操作の練習としてLinux上で簡単なゲームを遊んでみましょう。

OSとは

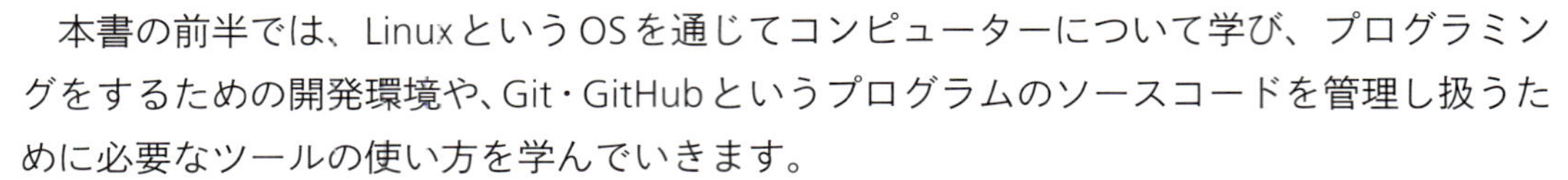

本書の前半では、LinuxというOSを通じてコンピューターについて学び、プログラミングをするための開発環境や、Git・GitHubというプログラムのソースコードを管理し扱うために必要なツールの使い方を学んでいきます。

OSとは、Operating System（オペレーティング・システム）の略で、システム全体を管理するソフトウェアのことです。WindowsやMacなどもOSです。

これからみなさんのPCにインストールしていただく**Linux**（リナックス）もOSの一種です。一口にLinuxと言っても、サーバー向けに安定性を重視したもの、古いPCでも軽量に動作させることを目指したものなど、用途に応じてさまざまな種類（ディストリビューション）がありますが、今回は**Ubuntu**（ウブントゥ）というディストリビューションをインストールしていきます。

Linuxを使うための準備をしよう

これから、「VirtualBox（バーチャルボックス）」「Vagrant（ベイグラント）」という2つのソフトウェアをインストールして仮想環境を構築し、その中にUbuntuというLinuxをインストールしていきます。

仮想環境とは

今からプログラミングのためにLinuxを使っていくとは言え、LinuxをインストールするためのPCを新しく購入したり、今使っているWindowsやMacを消去してLinuxを導入したりするのは非現実的です。そこで活躍するのが**仮想環境**です。仮想マシン（Virtual Machine、略して**VM**）と呼ばれることもあります。

簡単に言ってしまうと、今使っているPC上にもう1つのPCを仮想的に作り上げる仕組みです。これを使うと、WindowsあるいはMacでの作業と、Linuxでの作業を自由に行き来することができます。また、1つのPCに複数の仮想環境を作ることもできるので、将来的に複数のOSや環境を使い分けるようになったときにも便利です。

VirtualBoxをインストールする

まずは、VirtualBoxのダウンロードページ（https://www.virtualbox.org/wiki/Download_Old_Builds_5_1）にアクセスします。このURLを入力するのが大変な場合は、ブラウザーで「https://github.com/progedu/commands」にアクセスし、該当のリンクをクリックしましょう。また、「VirtualBox 5.1.34」というキーワードでGoogle検索してもよいでしょう。次にこのページから、自分のコンピューターに合ったパッケージをダウンロードします。バージョンが異なると、うまく動作しないことがあるため、以下の手順に従って必ず5.1系のVirtualBoxをインストールしてください（ダウンロードできない場合は別のバージョンを探したり、N予備校フォーラムのQ&A※で相談してみたりしてください）。

※ https://www.nnn.ed.nico/questions……N予備校フォーラムのQ&Aは無料の会員登録で利用できます。

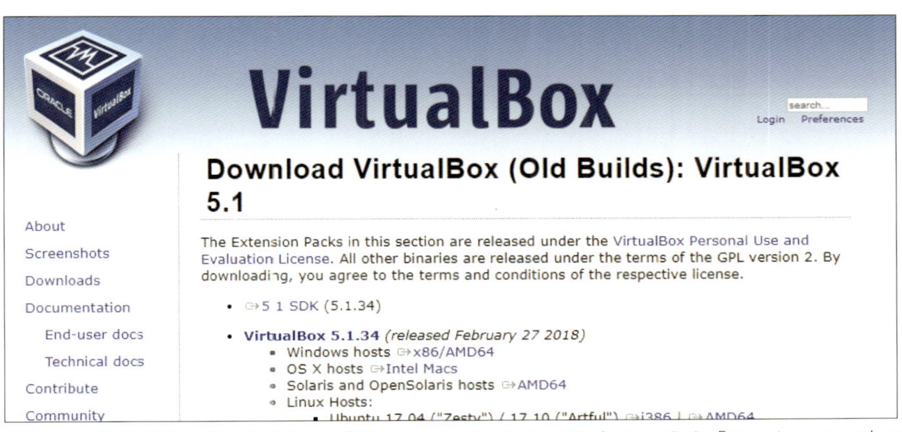

Windowsなら「VirtualBox 5.1.X」の「Windows hosts x86/AMD64」、Macなら「VirtualBox 5.1.X」の「OS X hosts Intel Macs」をダウンロードする（「X」には何らかの数値が入る）

ダウンロードが完了したら、ダウンロードしたファイルを実行し、インストーラーにそってインストールを行います。

なお、VirtualBoxはBIOSの設定で、仮想化支援機能（Virtualization Technology, VT）が有効（Enable）になっている必要があります。最近のPCであればすでに有効になっているものが多いはずですが、以下の手順どおりに進めてVirtualBox単体でも動作させることができない際はご確認ください。

Windows に VirtualBox をインストールする

先ほどダウンロードしたインストーラーを起動し、［Next］ボタンをクリックします。

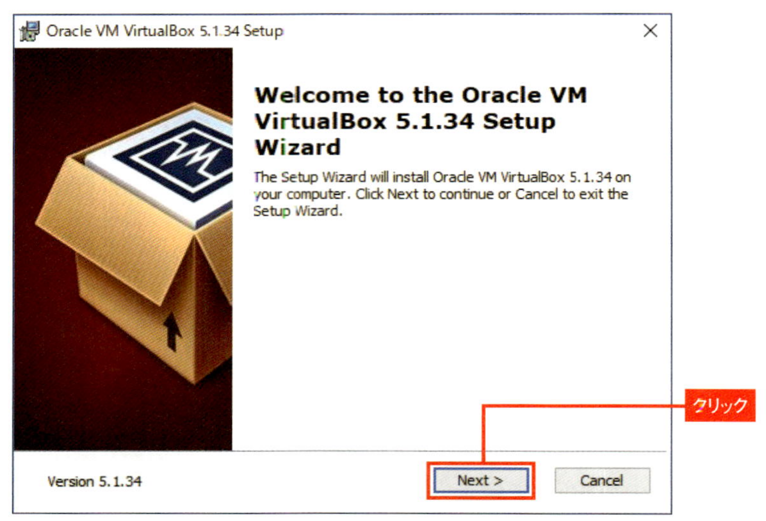

インストーラーの初期画面

この画面ではインストールするソフトウェアを細かく選択できますが、設定を変更せずに［Next］ボタンをクリックします。

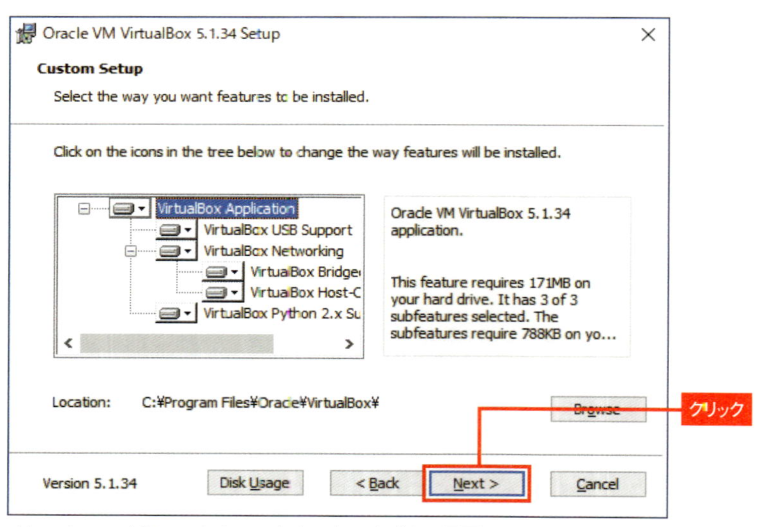

インストールするソフトウェアをカスタマイズする画面

このコースではVirtualBoxをデスクトップから起動することはなく、後述するVagrantから利用するので、［Create a shortcut on the desktop（デスクトップにショートカットを作成する）］のチェックを外し、［Next］をクリックします。

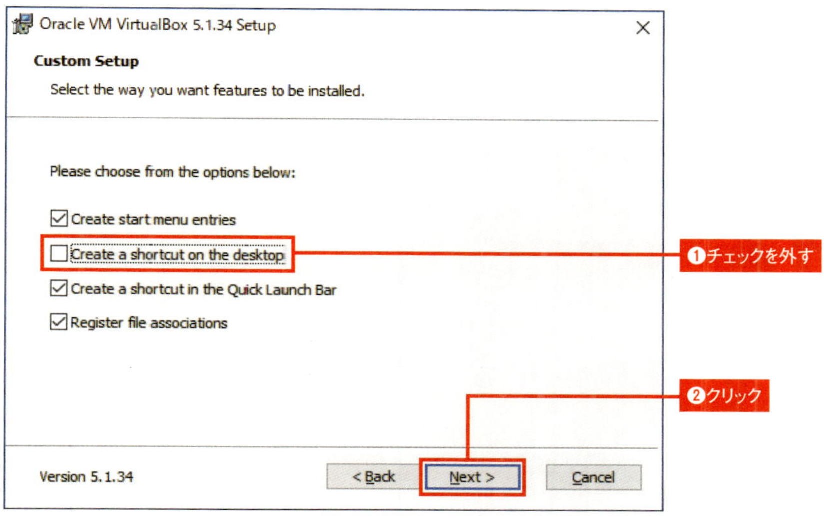

ショートカットの作成などを設定する画面

インストール中にインターネット接続が一瞬切れる可能性がある旨の警告が表示されますが、特に問題はないので［Yes］をクリックします。

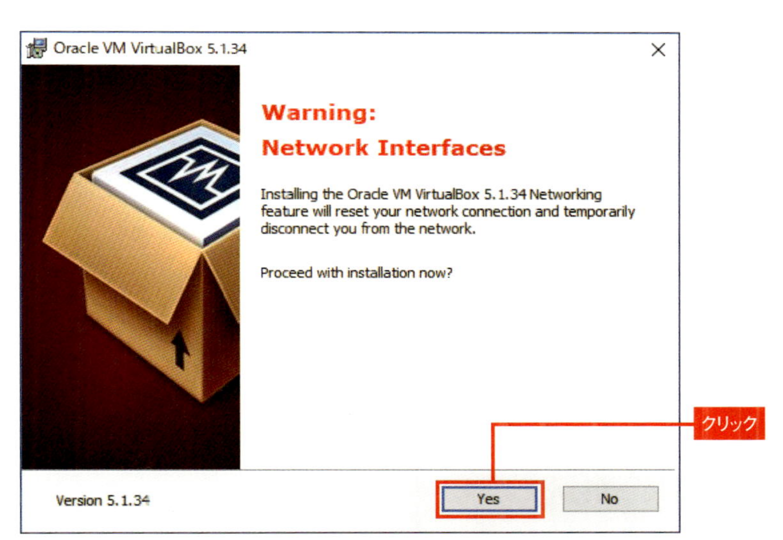

ネットワークが一時的に切断される可能性がある旨の警告

「Ready to Install」と表示されたら［Install］をクリックします。

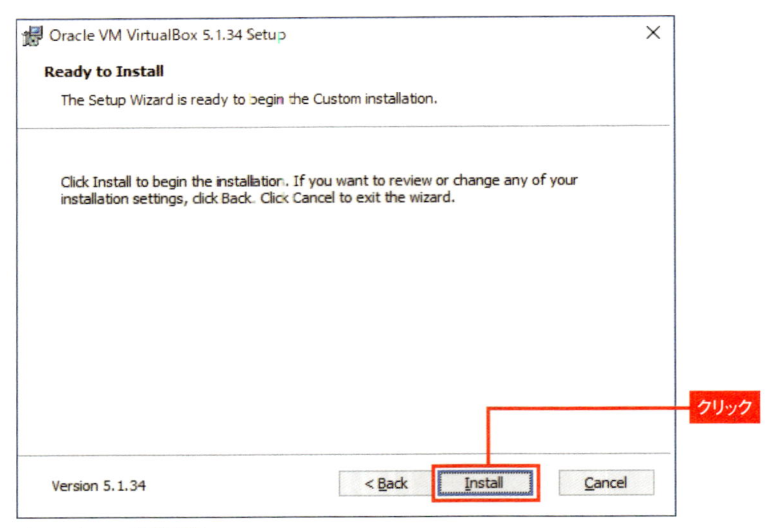

インストール確認画面

ユーザーアカウント制御の画面が表示されたら「はい」あるいは「実行」をクリックします。

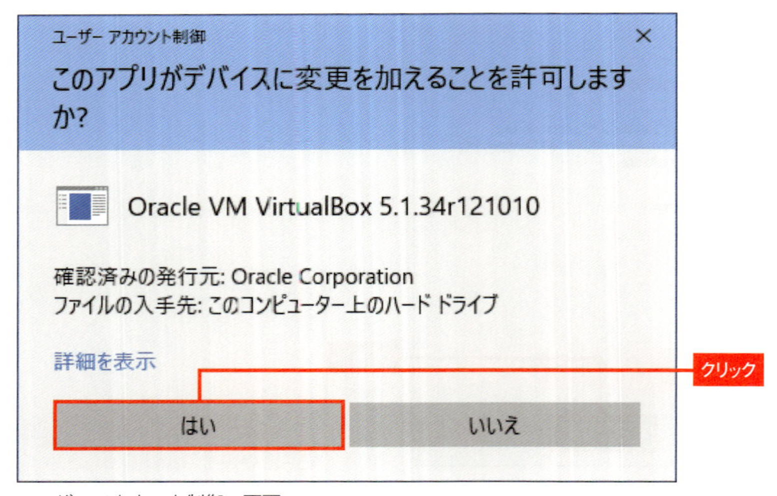

ユーザーアカウント制御の画面

インストールが開始されたら、完了するまでしばらく待ちます。

Oracle VM VirtualBox 5.1.30 Setup

Oracle VM VirtualBox 5.1.30

Please wait while the Setup Wizard installs Oracle VM VirtualBox 5.1.30. This may take several minutes.

Status: Copying new files

Version 5.1.30 < Back Next > Cancel

インストール中の画面

途中で「このデバイスソフトウェアをインストールしますか？」という画面が表示されたら、「インストール」をクリックします。

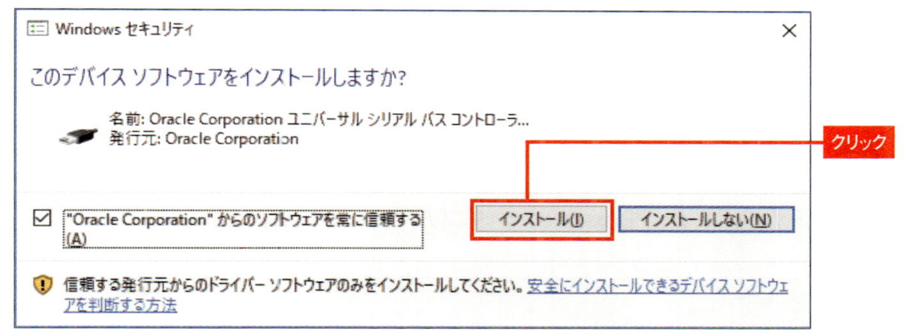

Windows セキュリティの確認

インストールが完了すると、以下のような画面になります。ここでVirtualBoxを起動する必要はないので、「Start Oracle VM VirtualBox...」のチェックを外し、Finishをクリックします。なお、チェックを外し忘れてVirtualBoxが起動してしまっても、閉じれば大丈夫です。

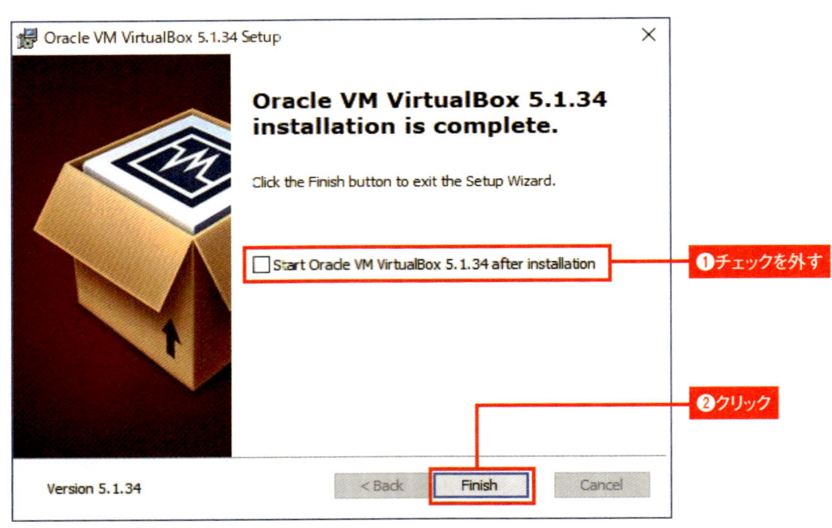

インストール完了画面

続いて、Vagrantのインストールに進みましょう（P16）。

Mac に VirtualBox をインストールする

インストーラーの画面から［VirtualBox.pkg］をダブルクリックして起動します。

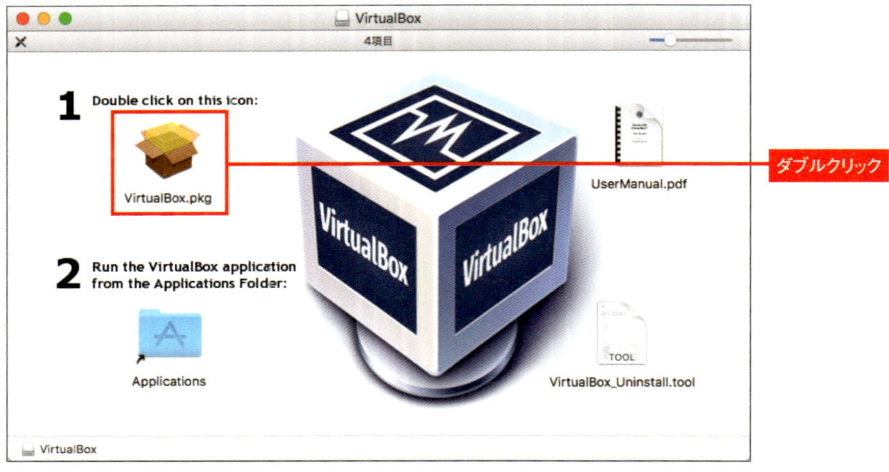

インストーラーの初期画面

セキュリティの確認が表示されますが、今回はVirtualBoxの公式サイトから信頼できるものをダウンロードしているため、［続ける］をクリックして次に進みます。

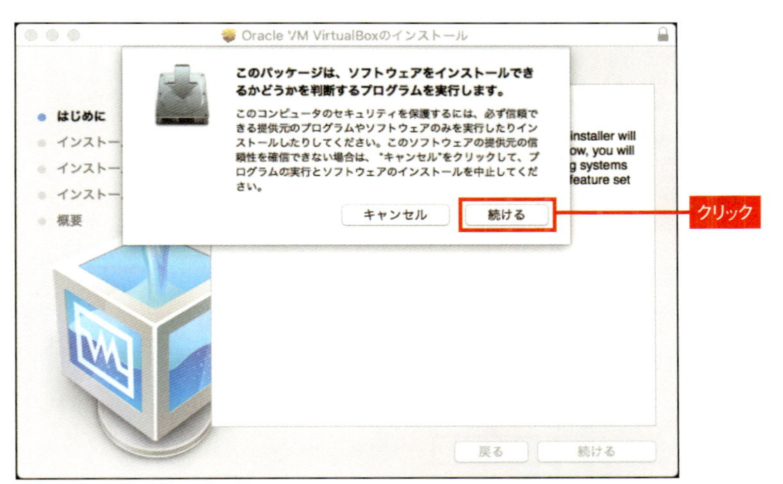

セキュリティの確認

「ようこそOracle VM VirtualBoxインストーラへ」という画面が出てきたら、［続ける］をクリックします。

インストーラーの画面

インストール先などは変更せず、[インストール] をクリックします。インストールが完了するまで、しばらくお待ちください。

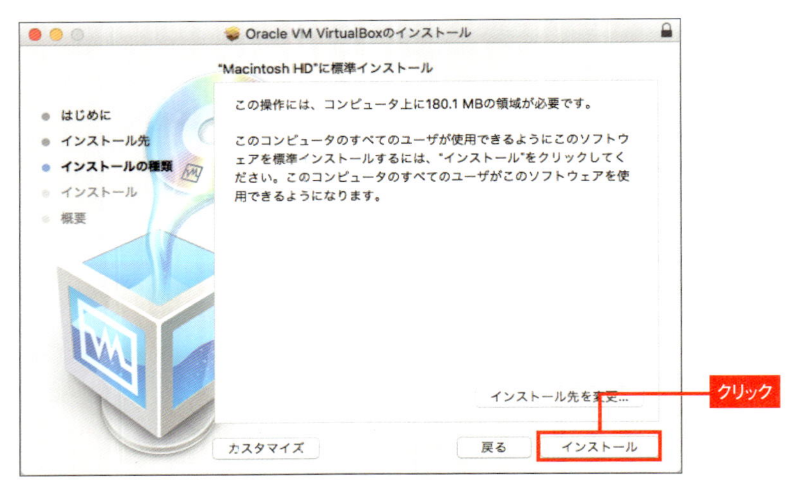

インストールを開始する画面

インストールが完了したら、[閉じる] をクリックしてインストーラーを終了させてください。なお、正常にインストールができていればインストーラーは不要なので、ゴミ箱に入れてかまいません。

インストーラーはゴミ箱に入れてかまわない

続いて、Vagrant のインストールに進みましょう。

Vagrantのインストール

次に、VirtualBoxの操作を簡単にしてくれる**Vagrant**というツールをインストールします。

Windowsの場合

Vagrantのバージョンによってはうまく動作しないことがあるため、バージョン2.0.0の使用を推奨します。「https://releases.hashicorp.com/vagrant/2.0.0/vagrant_2.0.0_x86_64.msi」からダウンロードしましょう。このURLを入力するのが大変な場合は、ブラウザーで「https://github.com/progedu/commands」にアクセスし、該当のリンクをクリックしましょう。

続いて、ダウンロードしたインストーラーを開き、[Next] をクリックします。

インストーラーの初期画面

ライセンスに同意したら [I accept the terms in the License Agreement] にチェックを入れ、[Next] をクリックします。

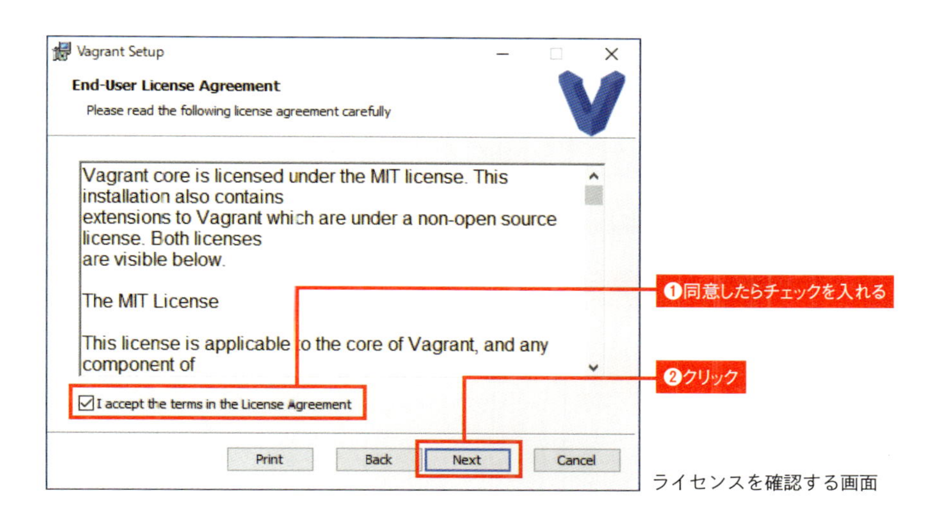

ライセンスを確認する画面

インストール先は特に変えず、[Next] をクリックします。

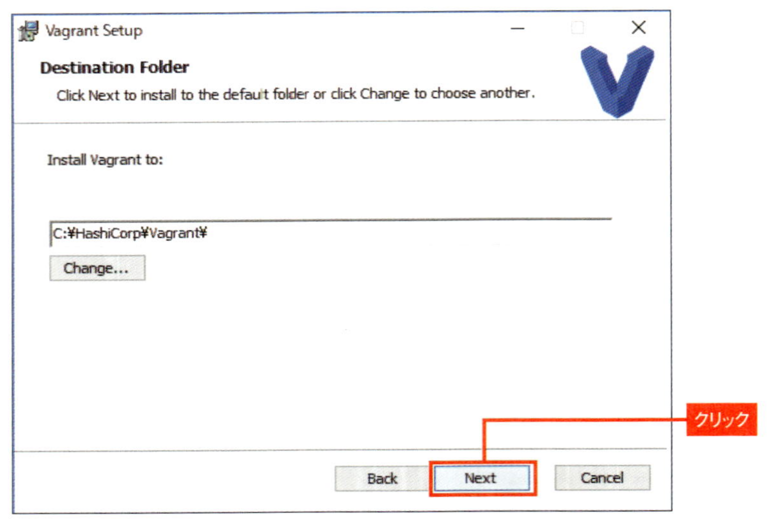

インストール先を設定する画面

ユーザーアカウント制御の画面が表示されたら [はい] あるいは [実行] をクリックします。

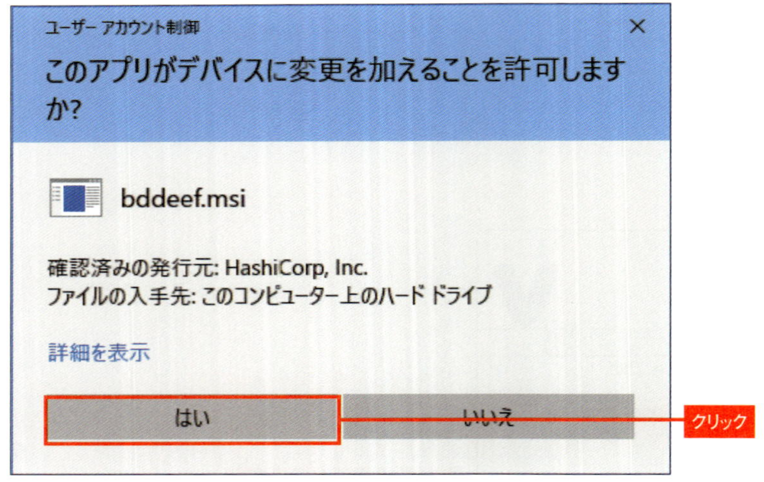

ユーザーアカウント制御の画面

インストールが始まります。インストールが完了するまでに数分から十数分程度かかります。しばらく待ちましょう。

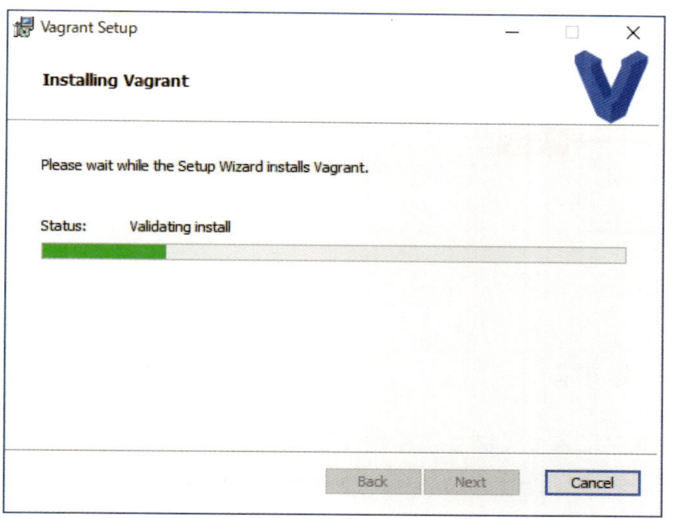

インストール中の画面

完了したら［Finish］をクリックします。

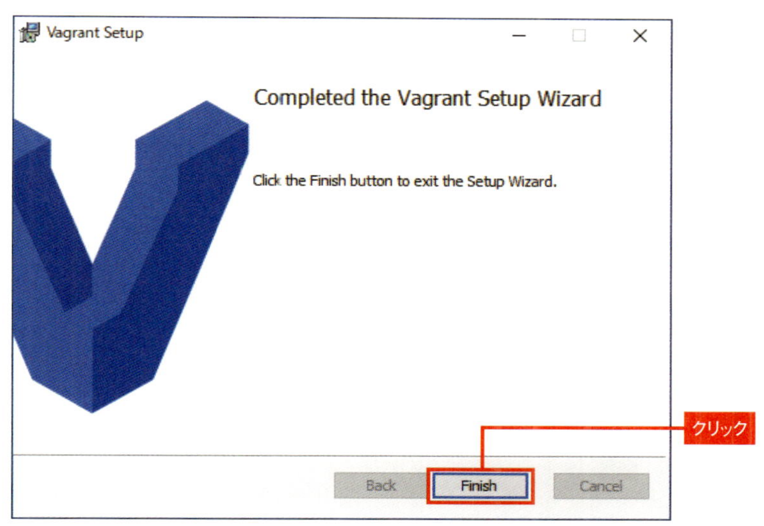

インストール完了の画面

インストール完了後に再起動が必要です。この画面で［Yes］をクリックすることで再起動が行われます。

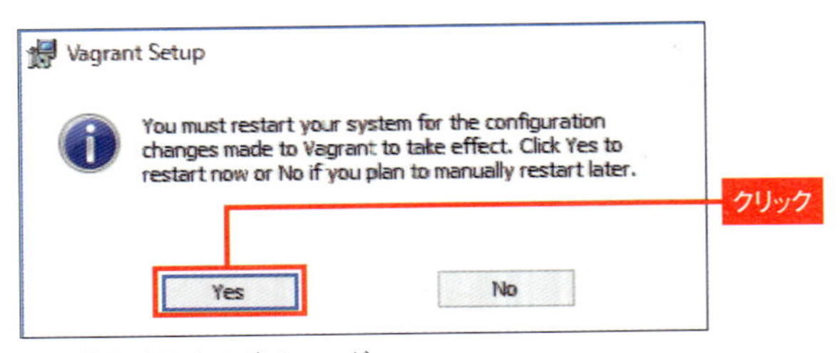

再起動を確認するダイアログ

Mac に Vagrant をインストールする

Macの場合も、Vagrantのバージョンによってはうまく動作しないことがあるため、バージョン2.0.0の使用を推奨します。「https://releases.hashicorp.com/vagrant/2.0.0/vagrant_2.0.0_x86_64.dmg」からインストーラーをダウンロードします。このURLを入力するのが大変な場合は、ブラウザーで「https://github.com/progedu/commands」にアクセスし、該当のリンクをクリックしましょう。

続いて、ダウンロードしたインストーラーを開き、［vagrant.pkg］をダブルクリックします。ウィンドウが表示されたら［続ける］をクリックし、インストールを続行します。なお、「uninstall.tool」はVagrantのアンインストールを行うためのツールです。間違って実行しないように気を付けてください。

インストーラーの初期画面

ここでも設定を変更せずに［インストール］をクリックします。すると、Vagrantのインストールが開始されます。時間がかかることもあるので、しばらくお待ちください。インストールが完了したら、［閉じる］をクリックしてインストーラーを終了させてください。

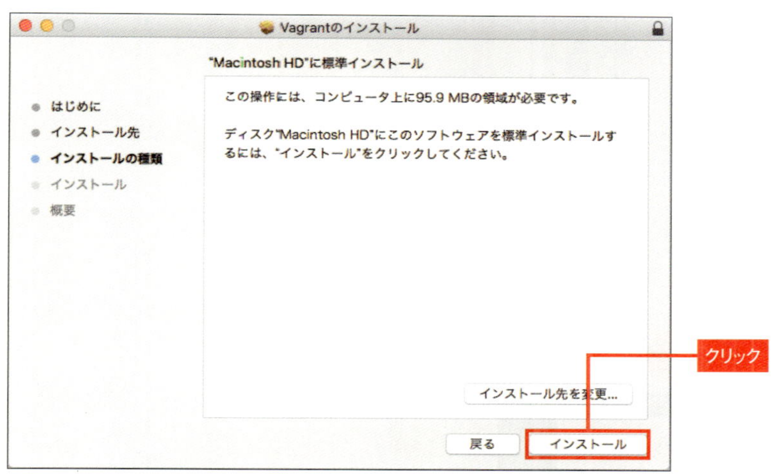

インストールを開始する画面

これでUbuntuインストールのための準備段階が終了しました。

コンソールを起動する

次に、Windowsならば**コマンドプロンプト**を、Macならば**ターミナル**を起動します。

Windows の場合

パソコンのOSがWindows 7ならば、Windowsキーを押してスタートメニューを開き、「プログラムとファイルの検索」欄で「cmd」と入力すると「cmd.exe」か「コマンドプロンプト」が検索結果に出てくるので、それを右クリックし、出てきたメニューから「管理者として実行」を選択してください。

Windows 8 /10の場合は、Windowsキーを押してスタートメニューを開き、何もクリックせずにキーボードで「cmd」と入力すると検索欄が表示されます。そこに「cmd.exe」か「コマンドプロンプト」が検索結果に出てくるので、それを右クリックし、出てきたメニューから［管理者として実行］を選択してください。

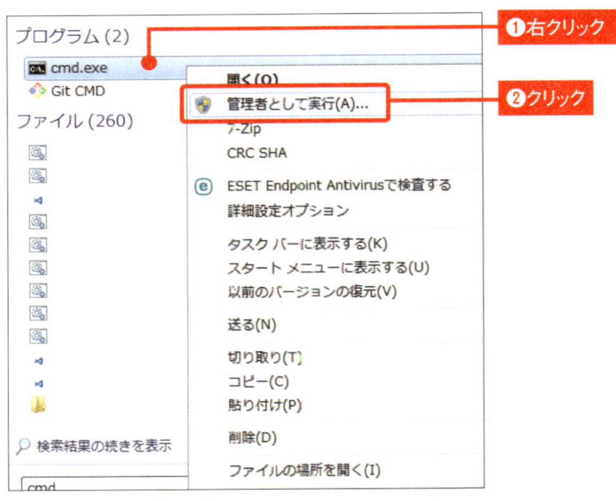

Windows 7 のスタートメニュー

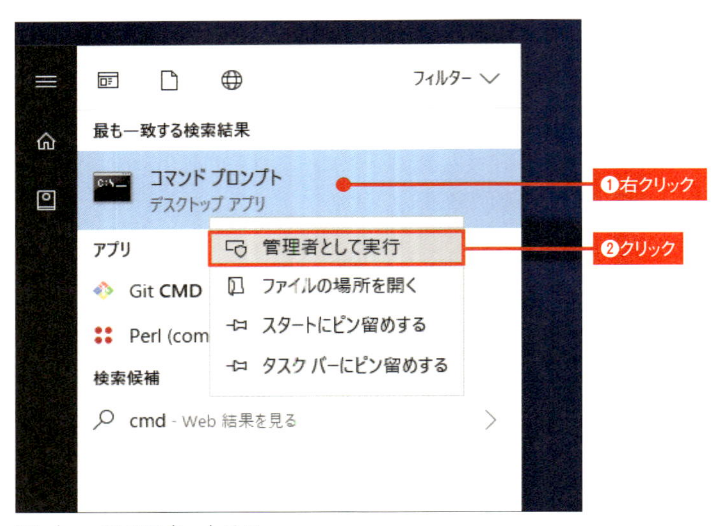

Windows 10 のスタートメニュー

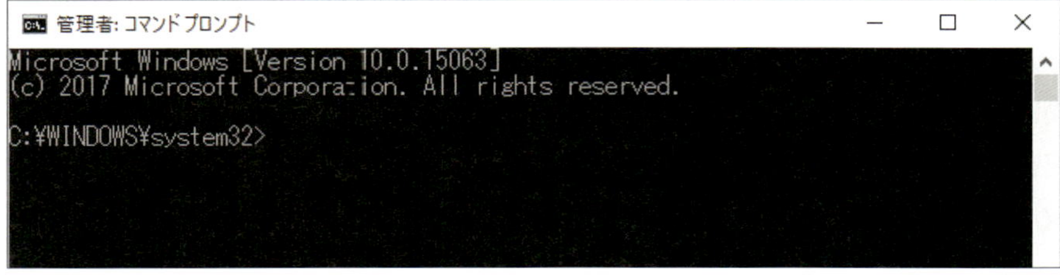

コンソール画面（Windows）

なお、Windows 7以降にはPowerShell（パワーシェル）というコマンドプロンプトと似たようなアプリケーションもあり、プログラミング経験者の方はこちらを使用しているかもしれませんが、このテキストではコマンドプロンプトを使用していきます。PowerShellは一部の環境変数などが異なるので、もしPowerShellを使う方は読み替えてから進めてください。

Macの場合

Finderの左メニューの［アプリケーション］から、［ユーティリティ］フォルダ内の［ターミナル.app］をダブルクリックしてください。文字だけの画面が表示されたでしょうか。

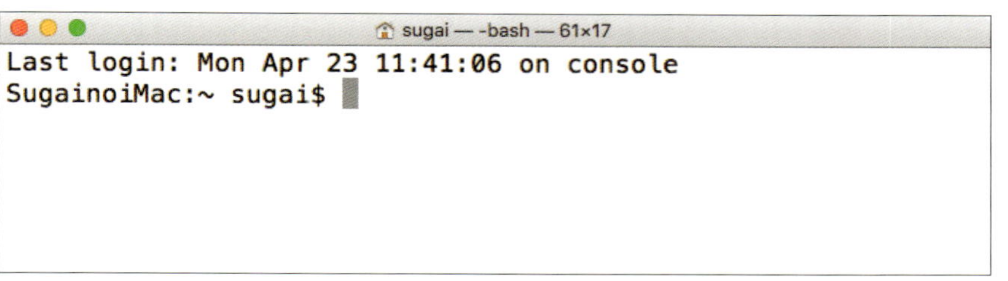

コンソール画面（Mac）

この文字だけの画面のことを**コンソール**といいます。コンソールでは、1つ1つの命令を文字で入力するごとに、その結果を受け取りながらコンピューターを操作することができます。『高校生からはじめるプログラミング』を読まれた方は、Google Chromeのデベロッパーツールで Consoleタブを使ってきたかと思います。これも、その名のとおりまさにコンソールです。

コマンドプロンプトもしくはターミナルを使ってみよう

それでは、コンソールで実行する操作を見ていきましょう。WindowsとMacでそれぞれ入力が異なります。**1行ずつ**入力して Enter キーを押していってください。

Windowsの場合

```
mkdir %USERPROFILE%¥vagrant¥ubuntu64_16
cd %USERPROFILE%¥vagrant¥ubuntu64_16
```

Macの場合

```
mkdir -p ~/vagrant/ubuntu64_16
cd ~/vagrant/ubuntu64_16
```

見慣れないコマンドで戸惑ったかもしれませんが、1行目でLinux仮想環境をインストールするためのフォルダを作成し、2行目で作成したフォルダに移動しています。
「mkdir」や「cd」といったコマンドの意味は今後のテキストで説明していきます。

Linuxをインストールしよう

先ほどの操作に引き続き、以下のコマンドをコンソールに入力してください。こちらの操作はWindowsもMacも同様です。このコマンドを入力するのが大変な場合は、ブラウザーで「https://github.com/progedu/commands」にアクセスし、該当のコマンドをコピーして実行しましょう。

コンソールにコマンドを入力する

```
vagrant box add ubuntu/xenial64 https://vagrantcloud.com/ubuntu/
boxes/xenial64/versions/20170929.0.0/providers/virtualbox.box
```

これは、UbuntuというLinuxをダウンロードし、仮想環境にインストールするためのコマンドです。回線速度やPCのスペックにもよりますが、10～15分程度かかります。インストールを待っている間は、本書を先のほうまで読み進め、今後何をしていくかを把握したり、Linuxを使う理由を考えたりしてみましょう。

続いて、以下のコマンドを入力します。

コンソールにコマンドを入力する

```
vagrant init ubuntu/xenial64
```

こちらは設定ファイルを作成するコマンドなので、すぐ完了すると思います。

Windows に Chocolatey をインストールする

なお、**Windows 7**あるいは**Windows 8.1**を使っている場合は、Vagrantのインストールに加え、さらに以下の操作が必要になります。

まず、「https://chocolatey.org/install」のWebページにアクセスし、「Install with cmd.exe」項目の「copy command text」ボタンをクリックし、コマンドをコピーします。

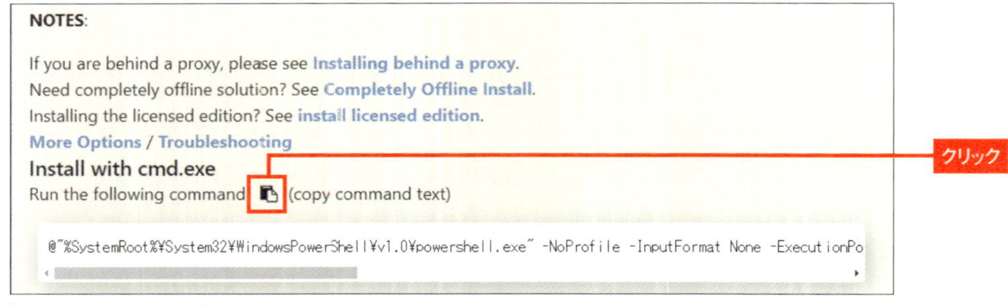

「copy command text」ボタンをクリック

次に、管理者権限で起動しているコマンドプロンプトに、コピーしたコマンドを貼り付けて実行してください。これは「Chocolatey」というWindowsのパッケージマネージャーをインストールするコマンドです。このコマンドを入力するのが大変な場合は、ブラウザーで「https://github.com/progedu/commands」にアクセスし、該当のコマンドをコピーして実行しましょう。

コマンドプロンプトに入力する

```
@"%SystemRoot%¥System32¥WindowsPowerShell¥v1.0¥powershell.exe"
-NoProfile -InputFormat None -ExecutionPolicy Bypass -Command
"iex ((New-Object System.Net.WebClient).DownloadString('https://
chocolatey.org/install.ps1'))" && SET
"PATH=%PATH%;%ALLUSERSPROFILE%\chocolatey\bin"
```

なお、このインストール作業においてエラーが出た場合は、「.NET Framework 4.7」(https://www.microsoft.com/ja-JP/download/details.aspx?id=55170) をインストールした上でやり直してみてください。

インストールに成功していてもWARNINGと表示される場合がありますが、多くの場合はそのまま進めてもらってもかまいません。もし進行できなくなった場合は、N予備校フォーラムのQ&Aに質問してみてください。

Chocolateyのインストールが完了したら、コマンドプロンプトに以下のコマンドを入力してください。

PowerShellを最新版にアップデートする

```
choco install -y powershell
```

これは、先ほどインストールしたchocolateyを用いて、PowerShell (パワーシェル) と呼ばれるWindowsのツールを最新版にアップデートするコマンドです。この教材において私たちが直接PowerShellを操作することはないのですが、Vagrantが内部的にPowerShellを利用するため、アップデートを行っています。

インストールが完了したら再起動を求められると思いますので、Windowsの再起動を行ってください。

Linuxを起動する

続いて、次のコマンドを入力します。こちらは仮想的なPC上にインストールされたUbuntuを起動するコマンドです。仮想的なPCの電源ボタンを押しているようなものです。

Ubuntuを起動する

```
vagrant up
```

無事、「vagrant up」コマンドまで実行できたでしょうか。正しくコマンドを実行できていれば、以下のような画面が表示されているはずです。途中、「Warning（警告）」が現れますが、最終的に「Machine booted and ready!」という文字列が表示されていれば無事に起動できています。

「vagrant up」コマンドの実行結果

```
computername:ubuntu64_16 username$ vagrant up
Bringing machine 'default' up with 'virtualbox' provider...
==> default: Importing base box 'ubuntu/xenial64'...
==> default: Matching MAC address for NAT networking...
==> default: Checking if box 'ubuntu/xenial64' is up to date...
==> default: Setting the name of the VM: ubuntu64_16_
default_1489043833588_76063
==> default: Clearing any previously set network interfaces...
==> default: Preparing network interfaces based on
configuration...
    default: Adapter 1: nat
==> default: Forwarding ports...
    default: 22 => 2222 (adapter 1)
==> default: Running 'pre-boot' VM customizations...
==> default: Booting VM...
==> default: Waiting for machine to boot. This may take a few
minutes...
    default: SSH address: 127.0.0.1:2222
    default: SSH username: vagrant
    default: SSH auth method: password
    default: Warning: Connection timeout. Retrying...
    default: Warning: Connection timeout. Retrying...
    default: Warning: Connection timeout. Retrying...
    default: Warning: Connection timeout. Retrying...
    default:
    default: Inserting generated public key within guest...
```

```
    default: Removing insecure key from the guest if it's
present...
    default: Key inserted! Disconnecting and reconnecting using
new SSH key...
==> default: Machine booted and ready!
==> default: Checking for guest additions in VM...
==> default: Mounting shared folders...
    default: /vagrant => /Users/username/vagrant/ubuntu64_16
computername:ubuntu64_16 username$
```

ここまででUbuntuのインストールと起動が完了になります。Windowsの方はあとでここに表示されている情報を使う場合があります。この画面を維持したままにしておいてください。

もしインストールや起動が正常にできなかった場合は、N予備校の「よくある質問」ページの「https://progedu.github.io/intro-curriculum-faq/vagrant.html」をご覧ください。「よくある質問」ページへのリンクは、「https://github.com/progedu/commands」にも用意しています。

Linuxを使う理由

なぜ、プログラミングのためにLinuxを使うのでしょうか？

みなさんは、WindowsのPCをお使いかもしれません。あるいは、macOSをお使いかもしれません。今まで見たように、Windowsの方とmacOSの方で操作方法が違うところがありました。そこで、プログラミングをする**環境**として、これからLinuxを使っていきます。インストールをして使う、という点に関しては、Chromeのようなアプリと同様ですが、起動しただけではUbuntuは画面に表示されない点が異なります。

また、単に**環境**を同じにしたいためだけに、Linuxをインストールするのではありません。Linuxには、プログラミングをするためのソフトウェアが豊富にあり、とても便利なのです。

さらに、LinuxはGNU General Public License（GPL）というライセンスを採用しているため、基本的に無料で利用できます。そのためWebプログラミングの世界では、広くLinuxが利用されています。

▶ TIPS

GNU General Public License (GPL) とは

GPLとは、プログラム（の複製物）を利用している人に対して、以下のことをしてもいいよ、という決まりです。

- プログラムを実行する自由
- ソースの改変の自由
- 利用・再配布の自由
- 改良したプログラムをリリースする権利

Ubuntuを使ってみよう

では、早速このUbuntuを使ってみましょう。起動したUbuntuは、画面には表示されていませんが、**SSHクライアント**と呼ばれるソフトウェアを用いることで、利用することができます。Macにはデフォルトで、**SSHクライアント**が搭載されており、コンソールから利用することができますが、Windowsの場合はSSHクライアントとなるアプリケーションをインストールする必要がありますので、下記で説明します。

SSHとは、Secure Shell（セキュア・シェル）の略称で、暗号や認証の技術を利用して安全に、外部のコンピューターと通信する仕組みです。遠くにあるサーバーのメンテナンスなどに活用できます。

今回は先ほど構築した仮想的なPCに、この仕組みを用いて接続します。

Windowsの場合は、Googleなどの検索サイトで「RLogin」と検索し、結果から、「rlogin/telnet/ssh（クライアント）ターミナルソフト」（http://nanno.dip.jp/softlib/man/rlogin/）というサイトにアクセスし、「1.3.インストールおよびアンインストール」とある辺りから、[rlogin_x64.zip] のリンクをクリックしてzipファイルをダウンロードします。

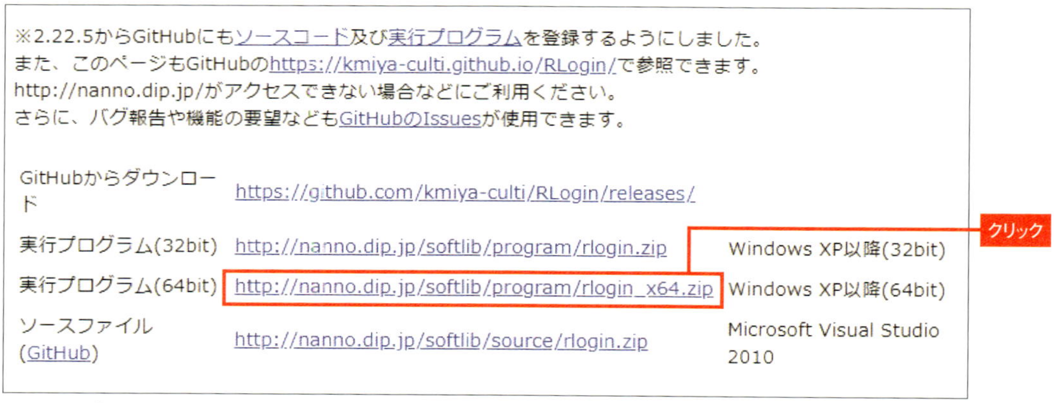

※2.22.5からGitHubにもソースコード及び実行プログラムを登録するようにしました。
また、このページもGitHubのhttps://kmiya-culti.github.io/RLogin/で参照できます。
http://nanno.dip.jp/がアクセスできない場合などにご利用ください。
さらに、バグ報告や機能の要望などもGitHubのIssuesが使用できます。

GitHubからダウンロード	https://github.com/kmiya-culti/RLogin/releases/	
実行プログラム(32bit)	http://nanno.dip.jp/softlib/program/rlogin.zip	Windows XP以降(32bit)
実行プログラム(64bit)	http://nanno.dip.jp/softlib/program/rlogin_x64.zip	Windows XP以降(64bit)
ソースファイル(GitHub)	http://nanno.dip.jp/softlib/source/rlogin.zip	Microsoft Visual Studio 2010

クリック

RLoginのダウンロードリンク

その後zipファイルを解凍し、[RLogin.exe] をデスクトップなどに配置します。

Windows で Ubuntu につないでみよう

先ほどvagrant upをしたコマンドプロンプトで、以下のコマンドを入力しましょう。

コマンドプロンプトに入力する

```
vagrant ssh-config
```

このコマンドを実行すると、以下のような文字列が表示されるはずです。

結果が表示される

```
Host default
  HostName 127.0.0.1
  User vagrant
  Port 2222
  UserKnownHostsFile /dev/null
  StrictHostKeyChecking no
  PasswordAuthentication no
  IdentityFile C:/Users/progedu/vagrant/ubuntu64_16/.vagrant/
machines/default/virtualbox/private_key
  IdentitiesOnly yes
  LogLevel FATAL
```

これは、先ほど構築したUbuntu環境に接続するための情報を示しています。さまざまな情報が表示されていますが、今必要となる情報はUser（Ubuntu環境のユーザ名）とPort（ポート番号）の部分です。この例では、ユーザ名がvagrant、ポート番号が2222です。環境によってはユーザ名がubuntuになっていたり、ポート番号が2200などになっていることもあるので、よく確認してください。

続いて、インストールしたRLoginを起動して、「新規」を選択し、以下のように設定しましょう。

- **エントリーには、vagrant**
- **プロトコルは、ssh**
- **Server Adressは、localhost**
- **Socket Portは、先ほど表示されていた2222や2200などのポート番号**
- **User Nameは、先ほど表示されていたubuntuやvagrantなどのユーザ名**
- **SSH Identity Keyは、%USERPROFILE%¥vagrant¥ubuntu64_16.vagrant¥machi**

nes¥default¥virtualbox¥private_key
- デフォルト文字セットは、UTF-8を選択

> ▶ TIPS
> ## 異なる設定が表示される場合もある
> ここで入力する情報は、「vagrant up」コマンドの際に表示されている情報と合っている必要があります。環境によってはSocket Portが「2222」ではなく「2200」などの別なポート番号である、またUser Nameが「ubuntu」ではなく「vagrant」である場合などがありますので、その場合はそれに合わせて変更する必要があります。

次のとおりひととおり設定を変更したら、[OK] ボタンをクリックします。すると、Ubuntuへ接続するための設定が保存されます。

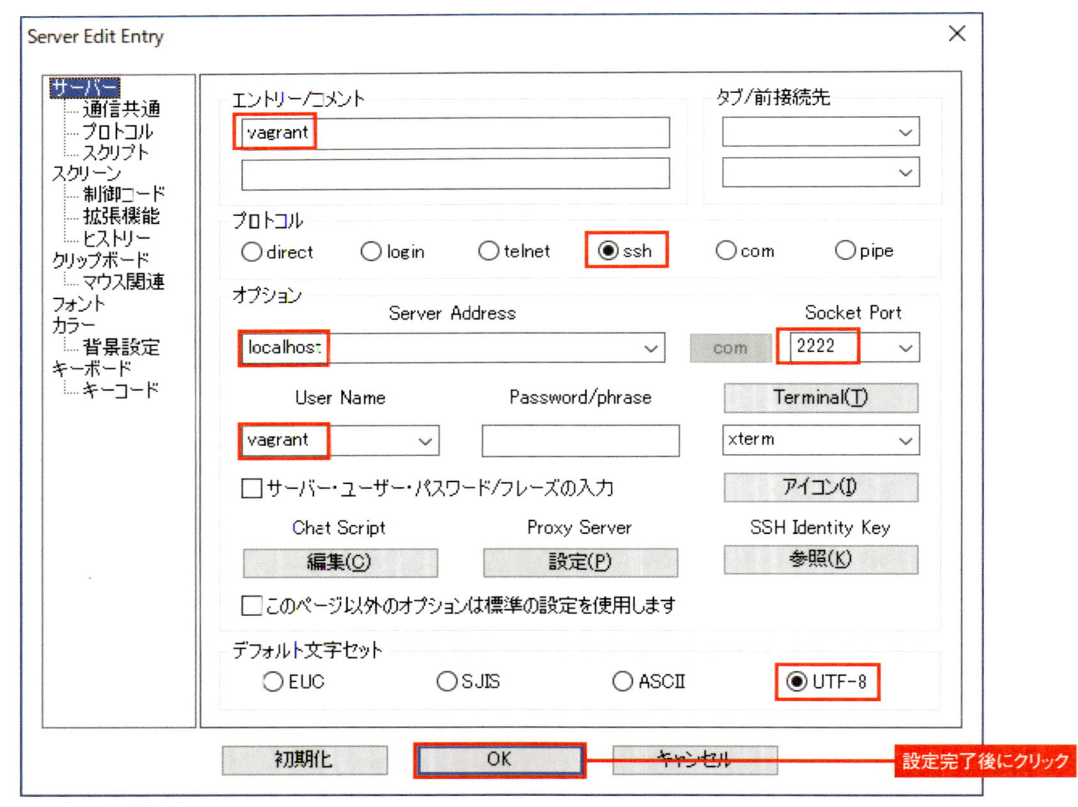

RLoginの接続設定

リストの中から、今追加した行をダブルクリックします。

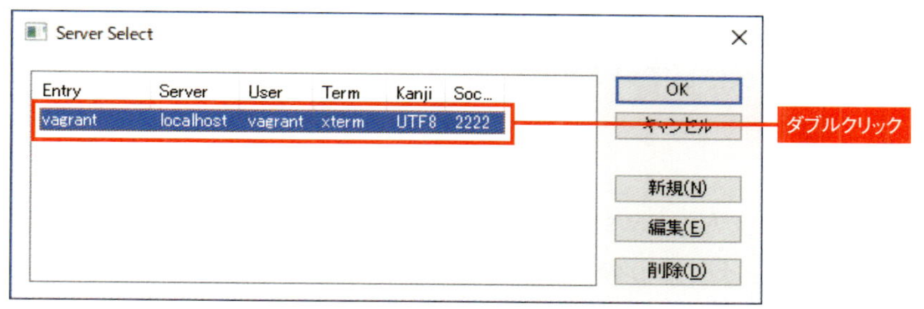

RLogin での接続

Mac で Ubuntu につないでみよう

［ターミナル.app］を起動し、以下の2行を入力します。先ほどから起動したままの方はそのままの状態で入力してかまいません。

コマンドを入力する

```
cd ~/vagrant/ubuntu64_16/
vagrant ssh
```

Ubuntu に接続する

最初に、セキュリティ警告が表示されますが、Windowsの場合は［続行］ボタンをクリックし、Macの場合は「Yes」と入力してください。以下のように表示されれば、Ubuntuへのアクセスは成功です。

Ubuntu に接続された

```
Welcome to Ubuntu 16.04.2 LTS (GNU/Linux 4.4.0-64-generic
x86_64)

 * Documentation:  https://help.ubuntu.com
 * Management:     https://landscape.canonical.com
 * Support:        https://ubuntu.com/advantage

  Get cloud support with Ubuntu Advantage Cloud Guest:
    http://www.ubuntu.com/business/services/cloud

0 packages can be updated.
0 updates are security updates.
```

慣れないうちは、自分が今WindowsあるいはMacを操作しているのか、それとも

Ubuntuを操作しているのかに注意する必要があります。文字だけの似たような画面ではありますが、まったく別のPCを操作しているからです。

- **Windowsの場合**
  - ・コマンドプロンプト（cmd）：Windowsのコマンド操作
  - ・RLogin（SSHクライアント）：Ubuntuのコマンド操作
- **Macの場合**
  - ・コンソールのタイトルバーに「bash」と表示されている：Macのコマンド操作
  - ・コンソールのタイトルバーに「ssh」と表示されている：Ubuntuのコマンド操作

Windowsの場合はアプリケーションが異なるのでわかりやすいですが、Macの場合は同じコンソールから操作をするので、間違えないように気を付けてください。

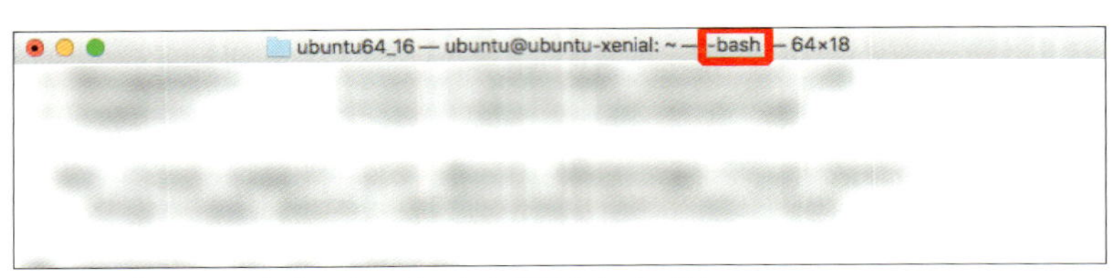

Macを操作しているときの表示（bashと表示されている）

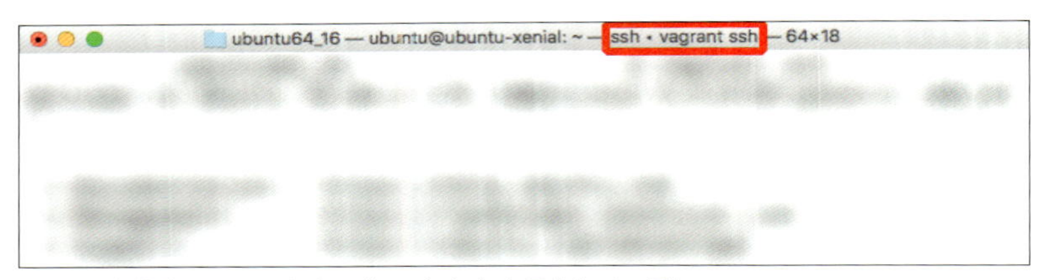

Ubuntuを操作しているときの表示（sshと表示されている）

Ubuntuを日本語化してみよう

次は環境を日本語化してみたいと思います。Ubuntuのコンソールを開いて、以下のコマンドを1行ずつ入力し、実行してください。

Ubuntuのコンソールに入力する

```
sudo locale-gen ja_JP.UTF-8
echo export LANG=ja_JP.UTF-8 >> ~/.profile
```

このコマンドはそれぞれ、「日本語環境を作成する」「起動時に日本語として起動する」という設定をしています。無事実行できたでしょうか？　この設定内容を反映させるため、以下のコマンドを実行してみましょう。

Ubuntu のコンソールに入力する

```
source ~/.profile
```

日本語設定ができたかどうかを確認するために「date」という現在の日付を確認するコマンドを入力して、Erterキーを押してみましょう。

Ubuntu のコンソールに入力する

```
date
```

以下のように日本語で日付が表示されれば成功です。

日付が日本語で表示された

```
2015年 10月 27日 火曜日 03:31:51 UTC
```

ゲームをやってみよう

Ubuntu上でゲームをやってみましょう。ここでは有名なテトリスをやってみます。まず、Ubuntu のコンソールで次のコマンドを入力しましょう。このコマンドはインストールに必要な情報を更新するためのもので、実行に少し時間がかかります。

Ubuntu のコンソールに入力する

```
sudo apt-get update
```

完了したら次のコマンドをコンソールに入力し、テトリスなどのゲーム群をインストールします。

Ubuntu のコンソールに入力する

```
sudo apt-get install bsdgames
```

途中で「続行しますか？[Y/n]」と表示されるので、Yと入力してEnterキーを入力してください。インストールが終わったら、テトリスを起動するために次のコマンドを入力してみましょう。

Ubuntu のコンソールに入力

```
tetris-bsd
```

無事テトリスが起動できたでしょうか？　画面下部にも表示されますが、Jキーが左移動、Lキーが右移動、Kキーが回転となります。テトリスを終了するときには、Qを押してください。

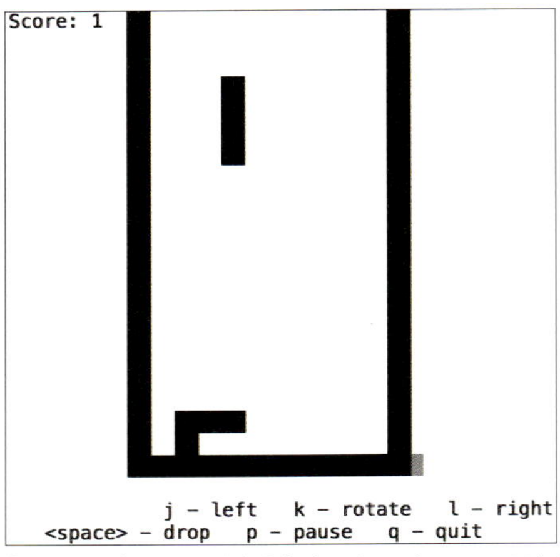

「tetris-bsd」コマンドを実行すると、Ubuntu でテトリスが遊べる

▶ TIPS

CUI と GUI

ここまでで、コンソールを使ったソフトウェアのインストールと実行をやってみました。このようなコンソールなどの、文字だけによるユーザーインタフェースをCUIと言います。Character User Interface（キャラクター・ユーザー・インタフェース）の略称です。対照的に、ボタンなどいろいろな見た目上の部品を使ったグラフィカルなユーザーインタフェースのことを、GUIと言います。Graphical User Interfaceの略称です。

Linuxでは、これからCUIを使うことが多いのですが、なぜ見た目がわかりづらいCUIを使うのでしょうか？　CUIを使う理由としては、以下のものが挙げられます。

- やらなくてはいけない手順に間違いが起こりにくい
- 簡単にインストールやプログラムの実行ができる
- プログラムを使った自動化がしやすい
- 動作が軽いので、遠隔操作する際にもスムーズ

CUIはこれらの理由から、プログラミングの学習や実行と相性がよいのです。なお、海外ではCUIではなくCLI（Command Line Interface）という言い方のほうが一般的です。

▶ TIPS

パッケージマネージャー

先ほど出てきたapt-getのように、コンピューターにインストールされているソフトウェアを管理するためのソフトウェアのことを、パッケージマネージャーと呼びます。
たいていのOSや言語には1つはパッケージマネージャーがあり、CUIからの簡単な操作で、ソフトウェアを導入したり、更新したり、削除したりすることができます。スマートフォンにおける「App Store」や「Play ストア」のようなものだと考えてください。
以下に、パッケージマネージャーの例を挙げておきます。

環境	代表的なパッケージマネージャー
Debian系Linux（Ubuntuなど）	APT
RedHat系Linux（CentOSなど）	yum
macOS（MacのOS。旧称はMac OS XあるいはOS X）	homebrew
Windows	Chocolatey, NuGet
JavaScript	npm
Ruby	RubyGems
Python	Anaconda, pip

では最後に、Ubuntuへ接続しているコンソールを閉じ、Ubuntu自体も終了させます。Ubuntuのコンソールに「exit」と入力すると、SSHでの接続を終了させることができます。

Ubuntu のコンソールに入力

```
exit
```

ただし、この状態はUbuntuがインストールされた仮想マシンからログアウトしたような状態にすぎず、仮想マシンの電源は入ったままの状態ですので、別途「電源を切る」ような操作が必要となります。

Windowsならばコマンドプロンプトを、Macならばターミナルを起動します。すでに起動済みの方はそのまま操作してください。

そして、以下のコマンドを入力します。

Windows の場合

```
cd %USERPROFILE%¥vagrant¥ubuntu64_16
vagrant halt
```

Macの場合

```
cd ~/vagrant/ubuntu64_16
vagrant halt
```

これで終了することができます。Ubuntuを起動させるには「vagrant up」、終了させるには「vagrant halt」となります。それぞれのコマンドを覚えておきましょう。

まとめ

- **Linuxは、プログラミングをするのに便利な環境である。**
- **CUIはプログラミングと相性がよい。**

練習

スペースインベーダーというゲームを遊んで、1面をクリアしてみましょう。

Windowsでは、管理者として立ち上げたコマンドプロンプトへ、次のコマンドを入力します。そのあとRLoginを起動し、「vagrant」と書いてある行をダブルクリックします。

Windowsの場合

```
cd %USERPROFILE%¥vagrant¥ubuntu64_16
vagrant up
```

Macでは、「ターミナル.app」へ次のコマンドを入力します。

Macの場合

```
cd ~/vagrant/ubuntu64_16
vagrant up
vagrant ssh
```

そのあと、Ubuntuのコンソールで次のコマンドを実行すると、インベーダーゲームが起動します。

Ubuntuのコンソールに入力

```
sudo apt-get install ninvaders
ninvaders
```

終了するときには、Ctrl + C を入力してください。

解答

インベーダーゲームのコツは、最初に防壁を使って敵の攻撃を防いで、その間にたくさん敵を殲滅することです。がんばってみてください。

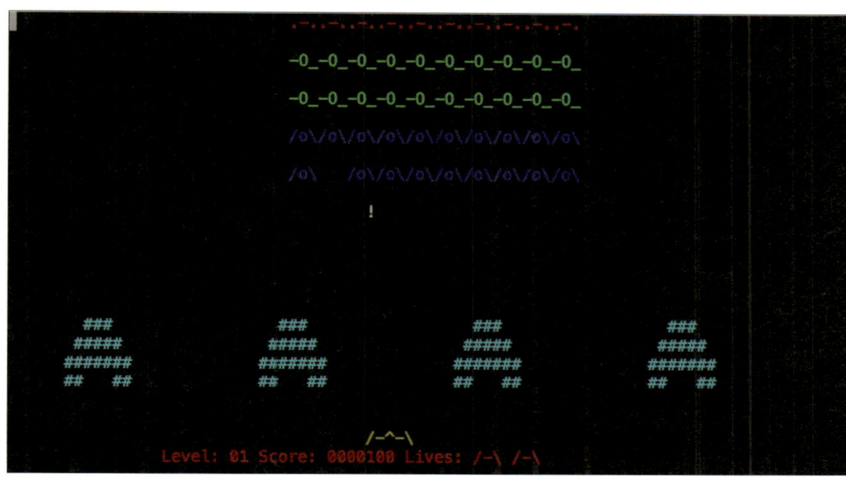

Ubuntu でインベーダーゲーム

Section 02 コンピューターの構成要素

この回では、Linux の lshw コマンドを使ってコンピューターの中身を調べてみましょう。

コンピューターの中身を調べてみよう

Linuxにはコンピューターの中身を調べるためのコマンドがあります。今回はこれらのコマンドを利用してみましょう。まずは以下の手順にそってUbuntuを起動し、コンソールにアクセスします。

Windowsでは、管理者として立ち上げたコマンドプロンプトへ、次のコマンドを入力します。次にRLoginを起動し、「vagrant」と書いてある行をダブルクリックします。

Windows の場合

```
cd %USERPROFILE%¥vagrant¥ubuntu64_16
vagrant up
```

Macでは、「ターミナル.app」へ以下を入力します。

Mac の場合

```
cd ~/vagrant/ubuntu64_16
vagrant up
vagrant ssh
```

Linuxでコンピューターの中身を調べるには以下のコマンドを実行してみてください。これは、ハードウェアの一覧を表示するというコマンドです。

Ubuntu のコンソールに入力する

```
sudo lshw -short
```

以下のような内容が表示されているのではないかと思います。この表示は、実はみなさんのPCによって異なりますが、この出力を例にして、コンピューターのハードウェアについて説明していきます。

「sudo lshw -short」の出力結果

```
H/W path              Device      Class       Description
=====================================================
                                  system      VirtualBox
/0                                bus         VirtualBox
/0/0                              memory      128KiB BIOS
/0/1                              memory      992MiB System memory
/0/2                              processor   Intel(R) Core(TM) i7-
3520M CPU @ 2.90GH
/0/100                            bridge      440FX - 82441FX PMC
[Natoma]
/0/100/1                          bridge      82371SB PIIX3 ISA
[Natoma/Triton II]
/0/100/1.1                        storage     82371AB/EB/MB PIIX4 IDE
/0/100/2                          display     VirtualBox Graphics
Adapter
/0/100/3              enp0s3      network     82540EM Gigabit Ethernet
Controller
/0/100/4                          generic     VirtualBox Guest
Service
/0/100/7                          bridge      82371AB/EB/MB PIIX4
ACPI
/0/100/14             scsi2       storage     53c1030 PCI-X Fusion-MPT
Dual Ultra320
/0/100/14/0.0.0       /dev/sda    disk        10GB SCSI Disk
/0/100/14/0.0.0/1     /dev/sda1   volume      10238MiB EXT4 volume
/0/100/14/0.1.0       /dev/sdb    disk        10MB SCSI Disk</code></
pre>
```

「sudo lshw -short」の出力結果：表の見出し部分

```
H/W path          Device      Class       Description
=================================================
```

この表の見出しは、左から以下の内容を表示しています。

- ハードウェアのパスという階層構造
- デバイス（部品のこと）の名称
- デバイスの分類
- 説明

CPU

先ほどの出力結果の、次の表示行には、**CPU**が表記されています。

「sudo lshw -short」の出力結果：CPUの部分

```
/0/2                          processor   Intel(R) Core(TM) i5-
5287U CPU @ 2.90GHz
```

この例ですと、Intel社の「Core(TM) i5-5287U」というCPUが使われている、と読めます。

CPUとは、コンピューターにおいて中心的な処理を行うデバイスで、Central Processing Unit（中央演算処理装置）の略称です。コンピューターの頭脳として、計算と制御を行います。純粋な計算においては、このデバイスのパフォーマンスがコンピューターの性能に大きな影響を与えます。

CPUの表と裏（画像提供：Intel）

メモリ

先ほどの出力結果の以下の部分では、**メモリ**が表記されています。

「sudo lshw -short」の出力結果：メモリの部分

```
/0/0                         memory      128KiB BIOS
/0/1                         memory      992MiB System memory
```

BIOSというマザーボードが搭載しているプログラムが使うメモリと、システムが利用するメモリの2つがある、という表示になっています。

メモリは、CPUから直接アクセスされる、プログラムやデータを記憶するためのデバイスです。先ほどのCPUがコンピューターにおける頭脳とするならば、メモリは作業台の広さにたとえられることがあります。

メモリのサイズが大きいことによって、より大きなデータを扱うことができます。ただし、コンピューターの電源を切るとメモリの内容は消えてしまいます。

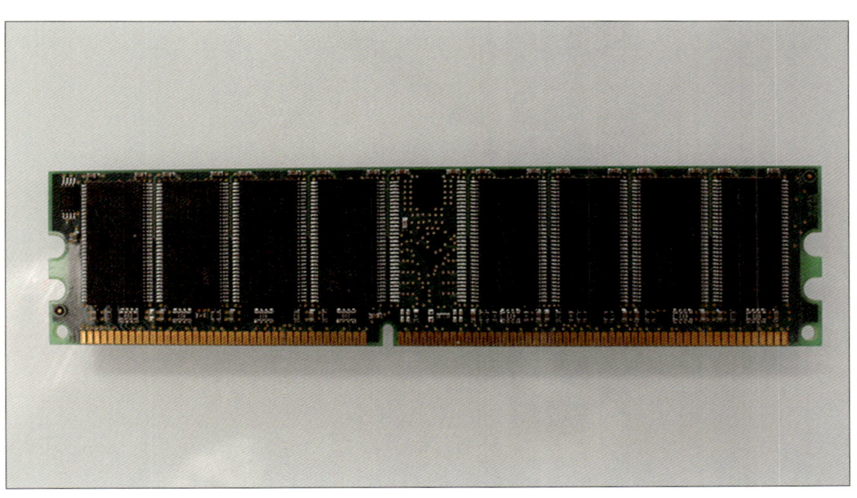

メモリ

ストレージ

出力結果の次の行では、**ストレージ**が表記されています。「scsi2」という名前でデバイスが認識されていることがわかります。

「sudo lshw -short」の出力結果：ストレージの部分

```
/0/100/14          scsi2       storage     53c1030 PCI-X Fusion-MPT
Dual Ultra320 SCSI
```

ストレージとは、プログラムやデータを記録する装置です。メモリと違うのは、コンピューターの電源を切ってもストレージの内容は消えない点です。ただしストレージは、メモリに比べてデータを読み書きする速度が遅くなっています。

具体的には、HDD（ハードディスクドライブ）や、SSD（ソリッドステートドライブ）がストレージです。

SSD（ソリッドステートドライブ）（画像提供：Intel）

ネットワークデバイス

出力結果の次の行では、**ネットワークデバイス**が表記されています。ここでは「82540EM」というネットワーク通信機器が接続されていることを示しています。

「sudo lshw -short」の出力結果：ネットワークデバイスの部分

```
/0/100/3            enp0s3      network     82540EM Gigabit Ethernet
Controller
```

ネットワークデバイスとは、コンピューターをほかのコンピューターに接続するためのデバイスです。ネットワークインタフェースカード（NIC）やLANカードと呼ばれることもあります。コンピューターはこのデバイスを使って、インターネットと通信することができます。

ディスプレイ

出力結果の次の行では、**ディスプレイ**が表記されています。ここでは、VirtualBoxのソ

フトウェアが用意した仮想的なディスプレイデバイスが表示されています。

「sudo lshw -short」の出力結果：ディスプレイの部分

```
/0/100/2                          display      VirtualBox Graphics
Adapter
```

ディスプレイとは、文字や図形を表示する装置です。モニタとも言われます。最近では、液晶ディスプレイがもっとも普及しています。

バス

出力結果の次の2行では、システム自身と、**バス（bus）**というものがあることを示しています。

「sudo lshw -short」の出力結果：バスの部分

```
                                  system       VirtualBox
/0                                bus          VirtualBox
```

コンピューターにおけるデータの通り道を**バス**と呼びます。上記で紹介してきたパーツはすべて、マザーボードに搭載されていて、バスを通じてつながっています。

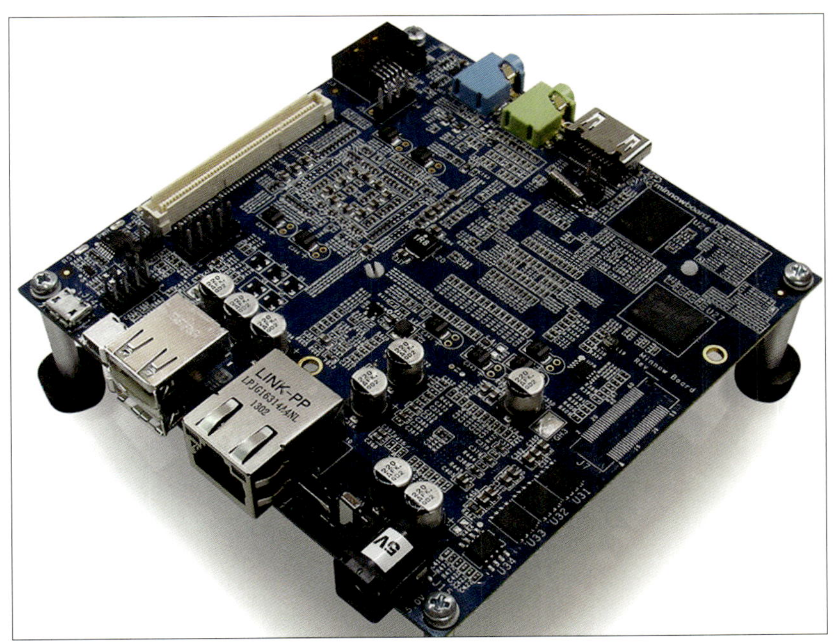

マザーボード（画像提供：Intel）

ちなみに、これとよく似た言葉で**パス（path）**というものがありますが、こちらはコンピューター内にあるハードディスク上のフォルダの階層構造を言います。

バス（bus）とパス（path）は表記が似ているので、気を付けてください。

以上がコンピューターの中身です。なお、ほかにはキーボードやマウスなどの入力デバイス、USBポートや拡張用のスロットなどもあります。Linuxは、これらコンピューターの中身であるデバイスについての情報を知っていて、それぞれをうまく動かすようにできています。

▶ TIPS

コンピューターのアーキテクチャー

これまでの記載にあったようにパソコンは、搭載されたさまざまなデバイスを、バスでつないだ構造をしています。

この構造は、1940年代にアメリカで研究され実用化されました。それ以降、さまざまなコンピューターが、この構造を基本にして作られています。パソコンはもちろん、スマートフォンやマイコン搭載の洗濯機やエアコンなど、コンピューターが搭載されているならば、ほぼすべて同じです。

一般的に構造のことを「アーキテクチャー」と呼びます。現在のコンピューターに共通するこの「アーキテクチャー」は、研究の中心になった人の名前をとって「フォン・ノイマン・アーキテクチャー」なんて呼ばれ方もしています。

呼び方はともあれ、シンプルで使いやすいので、性能向上などの工夫がなされながら現在でも使われている「アーキテクチャー」です。

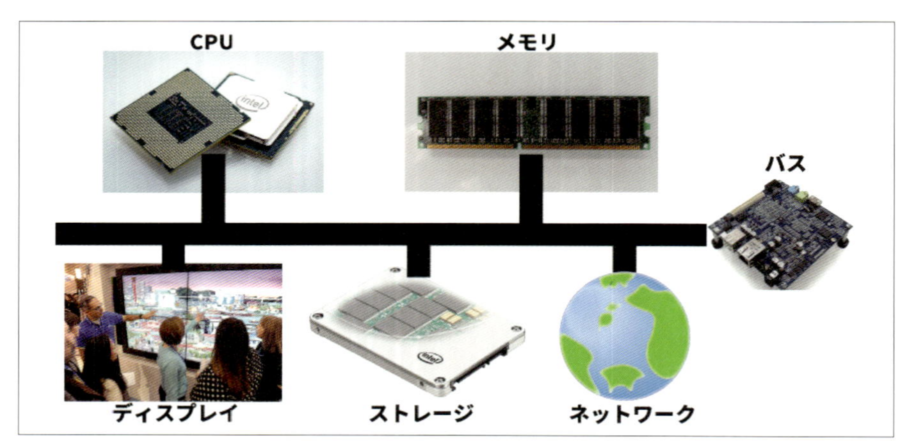

コンピューターのアーキテクチャー

まとめ

- コンピューターは、CPU、メモリ、ストレージ、ネットワークアダプタなどがバスを通じてつながっている。
- コンピューターには、キーボードやマウス、ディスプレイなどの入出力の部品がつながっている。
- Linuxは、コンピューターの部品についての情報を持っていて調べることができる。

新しく習ったLinuxコマンド

コマンド	できる操作
lshw	ハードウェアの一覧を表示する

練習

コンピューターの状態を知るためのコマンドはほかにもあります。例えば、「**df**」というコマンドは、ストレージがどれだけのデータ量を利用しているか調べるためのコマンドです。

この**df**コマンドを実行して、Filesystemの名前が「/dev/sda1」となっているものの使用率（容量のうち、何パーセントが使われているか）を調べてみましょう。

なお、**df**コマンドの意味を調べるためには、「man df」と入力してみましょう。manとはマニュアル（manual）の意で、調べたいコマンドの使い方を調べることができます。

解答

以下の出力例では、11%のストレージが消費されていることがわかります。dfコマンドは、デフォルトではキロバイトというデータ量の単位で表示を行います。

「df」コマンドの実行結果

```
ubuntu@ubuntu-xenial:~$ df
Filesystem     1K-blocks     Used Available Use% Mounted on
udev              500888        0    500888   0% /dev
tmpfs             101600     3164     98436   4% /run
/dev/sda1       10098468  1083860   8998224  11% /
tmpfs             507992        0    507992   0% /dev/shm
tmpfs               5120        0      5120   0% /run/lock
tmpfs             507992        0    507992   0% /sys/fs/cgroup
vagrant        117178368 87570816  29607552  75% /vagrant
tmpfs             101600        0    101600   0% /run/user/1000
```

Section 03 コマンドでファイルを操作する

この回では、Linuxにおけるディレクトリとファイルの操作がコマンドできるようになり、Ubuntuと元のOSとの間で、共有フォルダを利用できるようになります。

ファイルとは

コマンドでのファイル操作ができると、何度も似たようなファイルをコピーしなくてはいけない作業をする際、ミスなく一瞬で作れるようになります。これは素晴らしいことです。

さて、まず**ファイル**とは何でしょうか？　**ファイル**とは、OSにおいてストレージに格納されるデータのまとまりのことを表します。このファイルを実現するために、OSは**ファイルシステム**を持っています。これら**ファイルシステム**によって、ファイルやディレクトリという単位によるストレージ管理が実現されるのです。

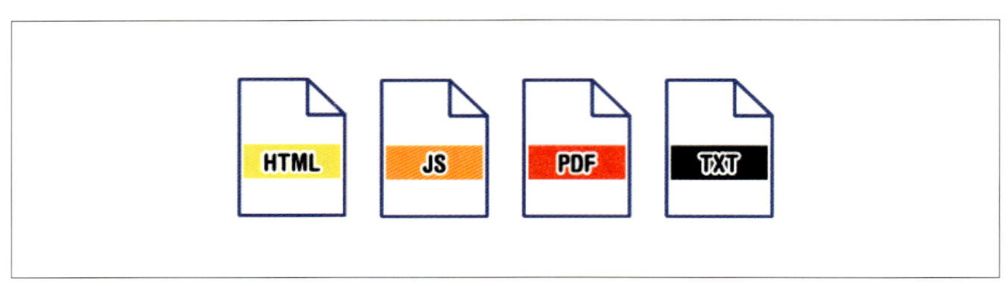

ファイル

ファイルとディレクトリ

ファイルは、ディレクトリによってまとめることができます。

ファイルとディレクトリのイメージ

```
.
├── directory1
│   ├── file1-1
│   └── file1-2
```

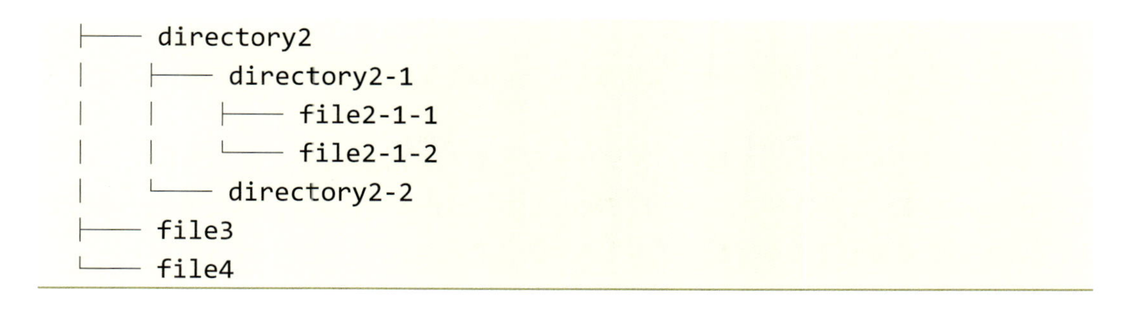

```
├── directory2
│   ├── directory2-1
│   │   ├── file2-1-1
│   │   └── file2-1-2
│   └── directory2-2
├── file3
└── file4
```

ディレクトリの中にファイルを含めて、まとめることができます。さらに、上記のようにディレクトリを入れ子にすることができます。またOSによってはこのディレクトリのことを**フォルダ**と呼ぶことがあります。

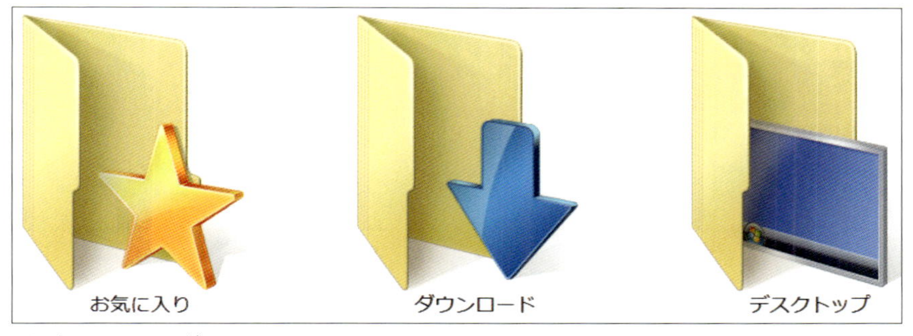

Windowsのフォルダ

ファイルとディレクトリをコマンドで扱う

Linuxでディレクトリを扱うために、8つのコマンドを紹介します。

コマンド	できる操作
pwd	現在のディレクトリの表示
ls	ファイル・ディレクトリの一覧の表示
cd	現在のディレクトリの変更
mkdir	ディレクトリの作成
rm	ファイルやディレクトリの削除
cp	ファイルやディレクトリのコピー
mv	ファイルやディレクトリの移動
find	ファイル・ディレクトリの検索

多いですが、必要になったときに調べながら使っていくことができれば十分です。「linux コマンド コピー」などと検索サイトで検索しても、必要なcpコマンドを見つけることができるでしょう。

それでは、1つずつ使い方を見ていきましょう。まずはvagrantを立ち上げます。

Windowsでは、コマンドプロンプトで次のコマンドを入力します。次にRLoginを起動し、「vagrant」と書いてある行をダブルクリックします。

Windowsの場合

```
cd %USERPROFILE%¥vagrant¥ubuntu64_16
vagrant up
```

Macでは、「ターミナル.app」へ、以下を入力します。

Macの場合

```
cd ~/vagrant/ubuntu64_16
vagrant up
vagrant ssh
```

pwdコマンド

pwdは、Print Working Directory（プリント・ワーキング・ディレクトリ）の略称で、このコマンドが実行された時点での、現在のディレクトリを表示してくれます。現在いるディレクトリは英語で「Current Directory」と書くことから、カレントディレクトリとも呼びます。

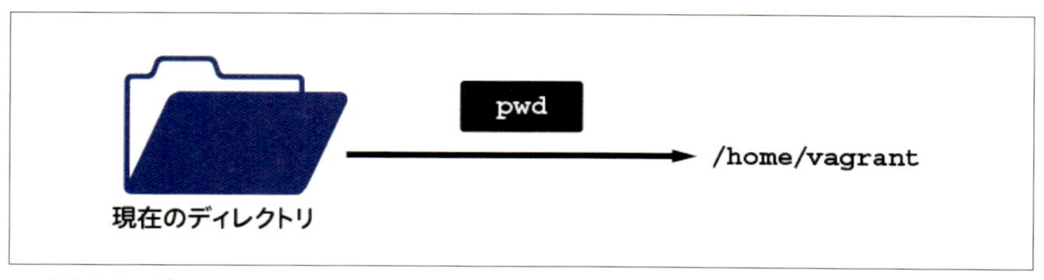

pwdのイメージ

Ubuntuのコンソールに入力

```
pwd
```

と入力すると、

「pwd」コマンドの実行結果

```
/home/vagrant
```

と表示されるのではないでしょうか。これが現在のディレクトリです。最上位から見て、「home」というディレクトリ内の「vagrant」の中にいる、ということを示しています（環境によっては、「/home/ubuntu」となる場合もあります。この場合は、「vagrant」を「ubuntu」に読み替えてください）。

なお最上位のディレクトリは、「**/**」と表し、**ルートディレクトリ**と呼びます。また、**/**でつながれたディレクトリの位置を表す文字列を**パス**と呼びます。

パスの書き方には、

- **絶対パス：ルートディレクトリからのパス**
- **相対パス：現在のディレクトリ（カレントディレクトリ）からのパス**

という2つの書き方があり、例えば、現在のディレクトリ（カレントディレクトリ）が「/home」のとき、絶対パス「/home/vagrant」を相対パスで表すと、「./vagrant」となります。また、「./」を省いて「vagrant」と書くこともできます。

ls コマンド

lsはLiStの略称から名付けられたコマンドで、現在のディレクトリにあるファイルとディレクトリの一覧（リスト）を表示してくれます。

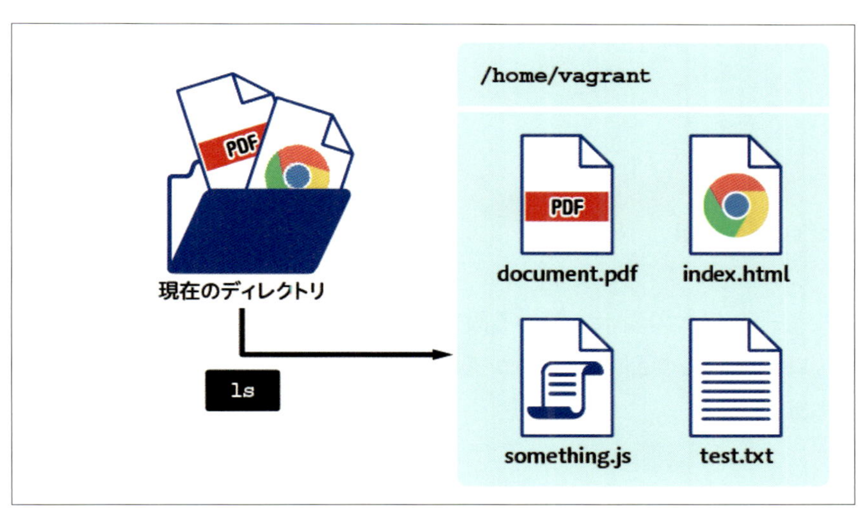

lsのイメージ

Ubuntuのコンソールに入力

```
ls -a
```

と入力してみましょう。「-a」は**.（ドット）**で始まるファイルも含めて、すべて表示するというオプションです。

「ls -a」コマンドの実行結果

```
.  ..  .bash_history  .bash_logout  .bashrc  .cache  .profile
.ssh  .sudo_as_admin_successful
```

と表示されたのではないでしょうか。これら「**.（ドット）**」で始まる名前のファイルは、特別なファイルです。

- **.は、現在のディレクトリを指し示すディレクトリ**
- **..は、1つ上の階層のディレクトリ**

です。その他の「.」で始まるファイル（ドットファイルと言います）は、ユーザーが作ることができますが、さまざまなソフトウェアによって作られる設定ファイルや、一時的なファイルであることが多いです。

例えば、次のようなファイルです。

- **.bash_history**
- **.bash_logout**
- **.bashrc**
- **.cache**
- **.profile**
- **.ssh**
- **.sudo_as_admin_successful**

これらはSSHやコンソール自体の表示に関わる設定や、入力したコマンドの履歴、一時的なファイルです。lsコマンドに「-a」オプションを付けない場合は、ドットファイルはlsの結果として表示されません。

cdコマンド

cdは、Change Directoryの略から名付けられたコマンドで、現在のディレクトリを変更します。第一引数に、移動先のディレクトリを記述します。

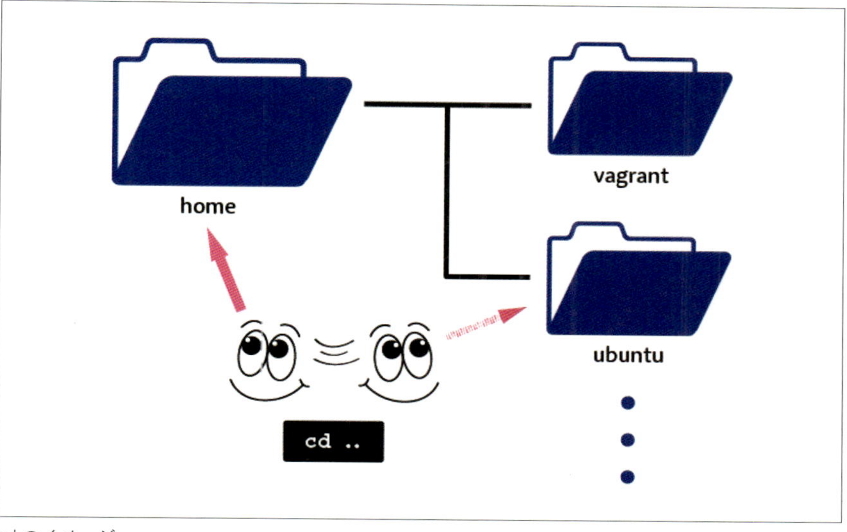

cd のイメージ

さっそく次のコマンドを入力してみましょう。

Ubuntu のコンソールに入力

```
cd ..
pwd
```

次のように表示されたのではないでしょうか。

コマンドの実行結果

```
/home
```

「..」は1つ上のディレクトリを表すので、これまでいた「/home/vagrant」の1つ上のディレクトリ「/home」に移動したのです。

また、この時点で次のように入力してみましょう。

Ubuntu のコンソールに入力

```
ls
```

次のように表示されるのではないかと思います。

「ls」コマンドの実行結果

```
vagrant
```

この「/home」ディレクトリの中には、「vagrant」ディレクトリが1つあることがわかります。

今度は、次のコマンドを入力してみましょう。

Ubuntu のコンソールに入力

```
cd vagrant
pwd
```

すると、次のように表示されるので、元のディレクトリに戻ってこられたことがわかります。

「pwd」コマンドの実行結果

```
/home/vagrant
```

さらに、次のコマンドを入力してみてください。

Ubuntu のコンソールに入力

```
cd /
pwd
```

すると、次のように表示されます。

「pwd」コマンドの実行結果

```
/
```

つまり、ルートディレクトリに移動したということです。ここで「ls」コマンドを入力してみましょう。

Ubuntu のコンソールに入力

```
ls
```

次のように表示され、ルートディレクトリには大量のディレクトリが存在していることがわかります。

「ls」コマンドの実行結果

```
bin   dev   home         lib     lost+found  mnt   proc   run    snap
sys   usr      var
boot  etc   initrd.img   lib64   media       opt   root   sbin   srv
tmp   vagrant  vmlinuz
```

上記の結果を確認したら、今度は次のコマンドを入力しましょう。

Ubuntuのコンソールに入力

```
cd ~
pwd
```

「pwd」の結果は、下記のように表示されるはずです。

「pwd」コマンドの実行結果

```
/home/vagrant
```

先ほどのコマンドに現れた**~(チルダ)**は、ホームディレクトリを表します。

ホームディレクトリは、このvagrantにアクセスしているユーザーが、自由にファイルシステムを利用してよい領域です。WindowsやMacで「ユーザーフォルダ」「個人フォルダ」などと呼ばれている場所に相当します。今は「vagrant」というユーザーでログインしているので、ホームディレクトリは「/home/vagrant」であり、「cd ~」は、「cd /home/vagrant」と同様の意味となります(環境によっては、「/home/ubuntu」となる場合もあります。この場合は、「vagrant」を「ubuntu」に読み替えてください)。

ディレクトリを移動していて困ったときは、「cd ~」を入力して、1度ホームディレクトリに戻ってきましょう。

mkdir コマンド

mkdirは、MaKe DIRectoryの略から名付けられたコマンドで、ディレクトリを作成することができます。第一引数に作成するディレクトリ名を記述して使います。

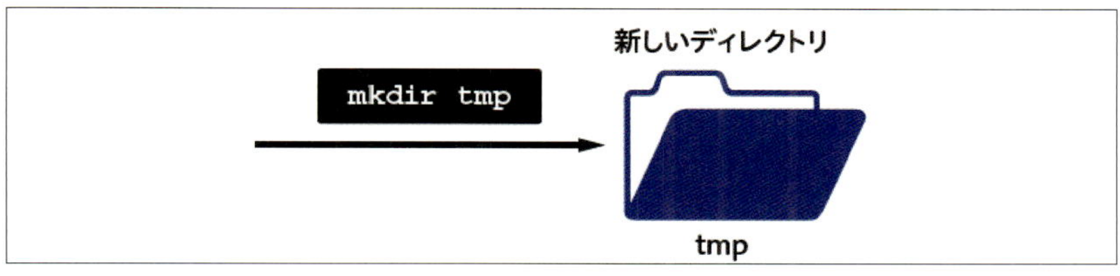

mkdirのイメージ

次のコマンドを入力してみましょう。

Ubuntu のコンソールに入力

```
mkdir workspace
mkdir tmp
ls
```

コマンドの結果が以下のように表示されるのではないでしょうか。

コマンドの実行結果

```
tmp workspace
```

tmpという一時ディレクトリとworkspaceという作業用ディレクトリが作成できました。なお**tmp**はtemporaryの略称でよく使われる書き方です。

rm コマンド

rmは、ReMoveの略から名付けられたコマンドで、ディレクトリやファイルを削除します。第一引数に削除するディレクトリまたはファイル名を記述して使います。

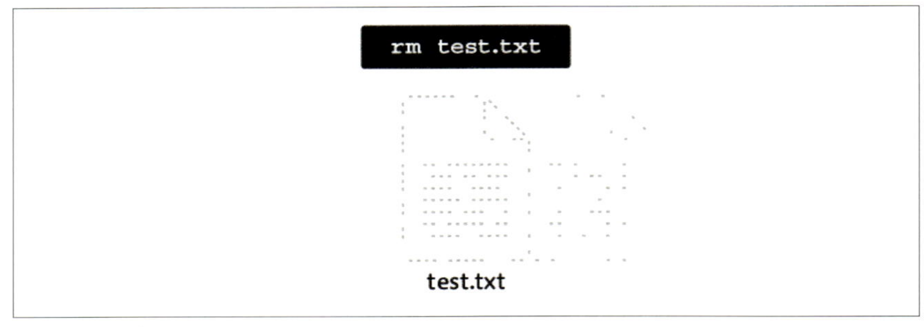

rm のイメージ

次のコマンドを入力してみましょう。

Ubuntu のコンソールに入力

```
cd tmp
mkdir a
mkdir b
ls
rm a
```

ここではまずtmpディレクトリ内に移動し、「a」と「b」というディレクトリを作り、「ls」でディレクトリが作成されたことを確認してから、rmコマンドでaを削除しようとしています。

コマンドの実行結果

```
rm: cannot remove ‘a’ : Is a directory
```

ところが、このように表示されてしまうかと思います。

「rmではaというディレクトリを削除できない」と表示されています。実は、ディレクトリはrmコマンドで消す際には「-r」というオプションを付けるか、**rmdir**という別のコマンドで削除しなくてはいけません。

Ubuntu のコンソールに入力

```
rm -r a
```

上記のコマンドで削除が行えました。確認してみましょう。

Ubuntu のコンソールに入力

```
ls
```

aは「rm -r」によって削除したので、残るbだけが表示されるはずです。

cp コマンド

cpは、CoPyの略から名付けられたコマンドで、ファイルやディレクトリをコピーすることができます。第一引数にコピー元のファイルやディレクトリ名を、第二引数にコピー先のファイルやディレクトリ名を記述します。

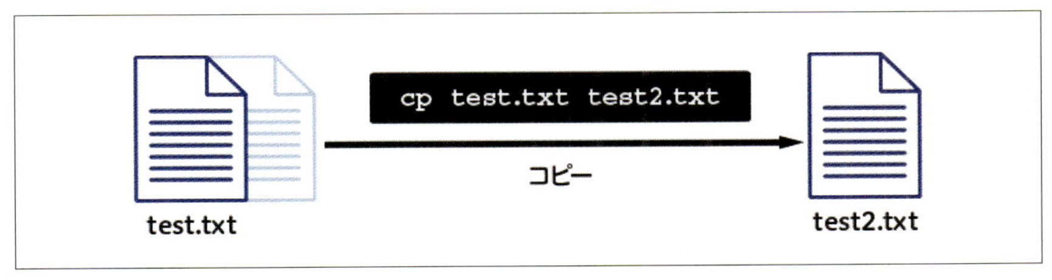

cp のイメージ

Ubuntu のコンソールに入力

```
cd ~
cp -r tmp workspace
```

上記のコマンドは、tmpディレクトリをworkspaceの中にコピーするというものです。「-r」はディレクトリの中身も含めて、再帰的にコピーするというオプションです。tmpディレクトリの中にはbというディレクトリがあるので、それも一緒にコピーしてしまいます。

Ubuntu のコンソールに入力

```
cd workspace
ls
```

これで、workspace内にもtmpディレクトリができていることがわかります。

コマンドの実行結果

```
tmp
```

mv コマンド

mvは、MoVeの略称で、ファイルやディレクトリを移動します。名前を変更するのにも使います。第一引数に移動するファイルやディレクトリ名を、第二引数に移動先のディレクトリか、変更するディレクトリ名、またはファイル名を記述します。

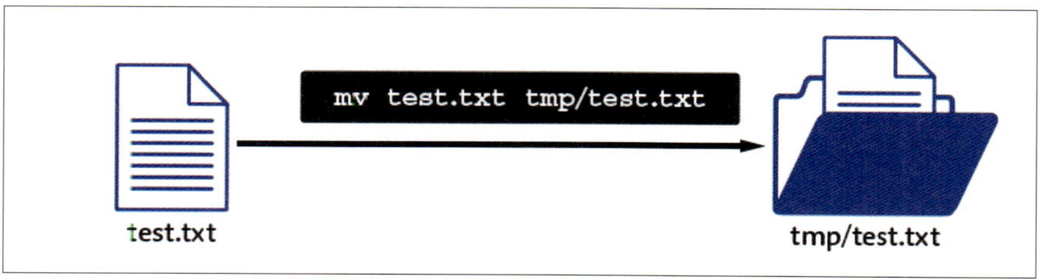

mv のイメージ

Ubuntu のコンソールに入力

```
cd ~/tmp
ls
```

以上のコマンドでbディレクトリがあることを確認したら、ディレクトリの移動を試してみましょう。

Ubuntuのコンソールに入力

```
mv b c
ls
```

bディレクトリがcディレクトリに名前が変更されたことがわかります。

Ubuntuのコンソールに入力

```
cd ~
mv tmp/c workspace/tmp
ls workspace/tmp
```

今度は、ホームディレクトリに移動したあと、tmp/cディレクトリを、workspace/tmpの中に移動するというコマンドです。「ls workspace/tmp」で確認した結果として、次のように表示されます。

コマンドの実行結果

```
b c
```

find コマンド

findは、ファイルを探すことができるコマンドです。英単語「find」がそのままコマンド名になっています。

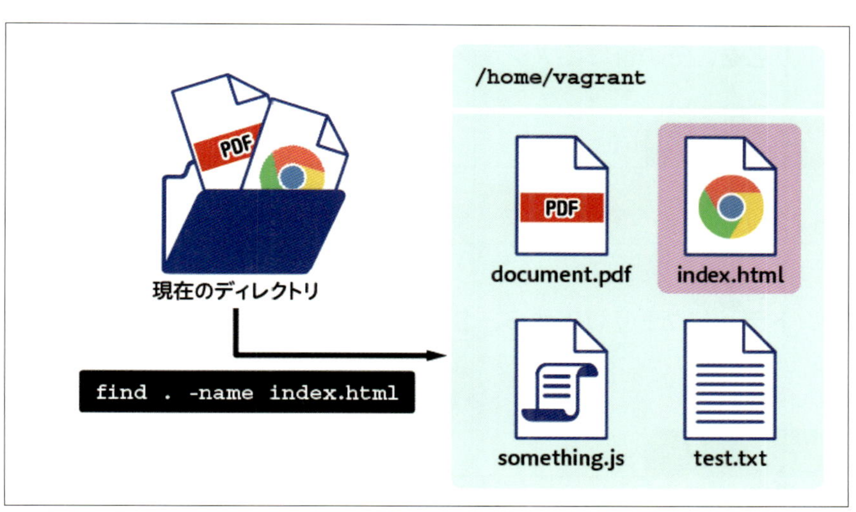

findのイメージ

findコマンドの働きを確認するために、次のコマンドを入力してみましょう。

Ubuntu のコンソールに入力

```
cd ~
find
```

次のようにカレントディレクトリ（現在、作業を行っているディレクトリのこと）のすべてのファイルが表示されます。

コマンドの実行結果

```
.
./tmp
./workspace
./workspace/tmp
./workspace/tmp/b
./workspace/tmp/c
./.ssh
./.ssh/authorized_keys
./.profile
./.cache
./.cache/motd.legal-displayed
./.bashrc
./.sudo_as_admin_successful
./.bash_history
./.bash_logout
```

なお、検索したいディレクトリや、条件を与えて検索することもできます。第一引数に検索したいディレクトリ名を、その後にオプションで検索条件を記述します。

Ubuntu のコンソールに入力

```
cd ~
find . -name b
```

こうすると、カレントディレクトリ以下から、名前がbのファイルとディレクトリが検索され、

コマンドの実行結果

```
./workspace/tmp/b
```

と表示されます。「find」はファイルを探すのに非常に便利です。

▶ TIPS

man コマンドを使ってみよう

コマンドの使い方を知るためのコマンドに man コマンドというコマンドがあります。man コマンドの使い方を見てみましょう。

Ubuntu のコンソールに入力

```
man man
```

上記のように書きます。man コマンドの第一引数に man という文字列を与えています。

```
MAN(1)                    マニュアルページユーティリティー                    MAN(1)

名前
       man - オンラインマニュアルのインターフェース

書式
       man  [-C  file]  [-d]  [-D]  [--warnings[=warnings]] [-R encoding] [-L
       locale] [-m system[,...]] [-M path] [-S list] [-e  extension]  [-i|-I]
       [--regex|--wildcard]  [--names-only]  [-a]  [-u]  [--no-subpages]  [-P
       pager]   [-r   prompt]   [-7]   [-E   encoding]   [--no-hyphenation]
       [--no-justification]   [-p  string]  [-t]  [-T[device]]  [-H[browser]]
       [-X[dpi]] [-Z] [[section] page ...] ...
       man -k [apropos options] regexp ...
       man -K [-w|-W] [-S list] [-i|-I] [--regex] [section] term ...
       man -f [whatis options] page ...
       man -l [-C file] [-d] [-D] [--warnings[=warnings]] [-R  encoding]  [-L
       locale]  [-P  pager]  [-r  prompt] [-7] [-E encoding] [-p string] [-t]
       [-T[device]] [-H[browser]] [-X[dpi]] [-Z] file ...
       man -w|-W [-C file] [-d] [-D] page ...
       man -c [-C file] [-d] [-D] page ...
       man [-?V]

説明
       man is the system's manual pager. Each page argument given to  man  is
```

man コマンドで man を調べた結果

このように表示されたのではないでしょうか。このマニュアルは、矢印キーの ↑ ↓、または J キーか K キーで上下に移動し、Q キーで終了することができます。
しかし残念ながら、説明の部分が英語になっているので、その部分をコピーし、Google 翻訳などのサイトで翻訳してみましょう。

```
man is the system's manual pager. Each page argument given to man
is normally the name of a program,  utility  or  function.  The
manual  page  associated with each of these arguments is then
found and displayed. A section, if provided, will direct man to
look only in that section of the manual.  The default action is
to search in all of the  available  sections  following  a  pre-
defined order  ("1  n  l 8 3 2 3posix 3pm 3perl 5 4 9 6 7" by
default, unless overridden by the SECTION directive in /etc/
manpath.config), and to show only the first page found, even if
page exists in several sections.
```

「Google 翻訳」と Google などの検索サイトで検索してアクセスし、先ほどの英語の部分を貼り付けてみると、次のように翻訳されます。

```
manはシステムの手動ページャです。 manに与えられた各ページ引数は通常、プログラム、
ユーティリティ、関数の名前です。これらの引数のそれぞれに関連するマニュアルページが
見つけられ、表示されます。セクションが提供されていれば、マニュアルのそのセクション
だけを見るように人に指示します。デフォルトのアクションは、/etc/manpath.config
のSECTIONディレクティブで上書きされないかぎり、あらかじめ定義された順序( "1 nl
8 3 2 3posix 3pm 3perl 5 4 9 6 7")に続くすべての利用可能なセクションを検
索することです)、ページが複数のセクションに存在する場合でも、最初に見つかったペー
ジのみを表示することができます。
```

これでだいたいの雰囲気をつかむことができるのではないかと思います。man はマニュアルをページごとに表示してくれて、引数としてプログラムの名前を渡すと使える、ということが読み取れれば十分です。
プログラミングの世界では英語の情報が非常に多く登場します。その際に1つ1つ翻訳しながら進めていくこともいいですが、ざっと概要を知るために翻訳サイトを利用するというのも1つの手です。また、man のように有名なコマンドの使い方であれば、Google などのサイトで「man コマンド」と検索することで日本語の説明を利用することができるでしょう。

共有フォルダを利用できるようにしてみよう

では、ファイルとディレクトリを理解したところで、vagrantと元のOSとの間に、共有フォルダ(共有ディレクトリ)を作成してみましょう。

Windows の場合

ここでは、コマンドプロンプトで次の2つのコマンドを実行します。まずはcdコマンドで次のディレクトリに移動します。

コマンドプロンプトに入力

```
cd %USERPROFILE%¥vagrant¥ubuntu64_16
```

この中にmkdirコマンドでworkspaceフォルダを作成しましょう。

コマンドプロンプトに入力

```
mkdir workspace
```

VS Codeで以下のファイルを開いてみましょう。

```
%USERPROFILE%¥vagrant¥ubuntu64_16¥Vagrantfile
```

なお、コンソールの立ち上げでも登場した「%USERPROFILE%」は「**C:¥Users¥あなたのWindowsログイン名**」というパスを示す特殊な記号です。ファイルエクスプローラーのアドレスバーや、「ファイルを開く」ダイアログにこの文字列をそのまま入力することができます。もちろん、手動で「C:¥Users¥あなたのWindowsログイン名」を指定してしまってもかまいません。

▶ TIPS

エディタ「VS Code」

VS Codeは、プログラムを書くための**エディタ**と呼ばれるソフトウェアで、本来の名前を「Visual Studio Code」と言います。
ブラウザのアドレスバーに「https://code.visualstudio.com/download」と入力し、VS Codeのダウンロードページを開きます。Windows用、Linux用、Mac用と3つのボタンが表示されるので、自分の環境に合ったボタンをクリックし、インストーラーをダウンロードします。

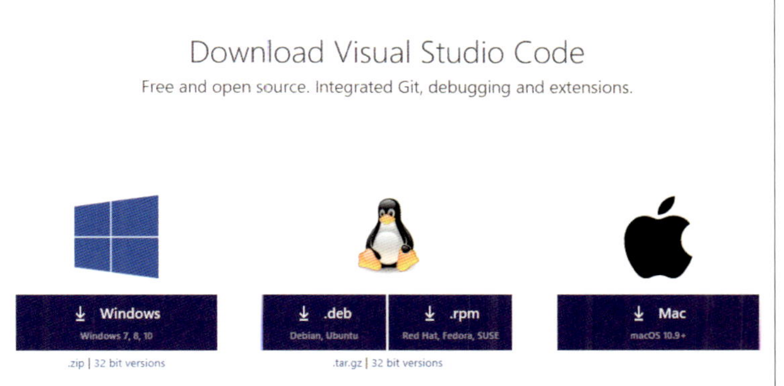

インストーラーをダウンロードする

インストーラーがダウンロードできたら、ダブルクリックし、画面の指示にそってインストールを行いましょう。

Mac の場合

Macの場合は、まず次のディレクトリに移動します。

```
/Users/{あなたのMacログイン名}/vagrant/ubuntu64_16
```

この中に、次のコマンドでworkspaceフォルダを作成しましょう。

ターミナルに入力

```
mkdir workspace
```

今度は、VS Codeで以下のファイルを開いてみましょう。

```
/Users/${あなたのMacログイン名}/vagrant/ubuntu64_16/Vagrantfile
```

WindowsとMacでそれぞれVS Codeで指定したファイルを開けたら、47行目のコメントがない行に、次のコードを追記してください。インストールしたタイミングによってはVagrantfileがアップデートされ、指示された行番号に該当の行が見当たらないこともあります。このようなときは「# config.vm.synced_folder "../data", "/vagrant_data"」の行を探し、次の行にコードを入力しましょう。

Vagrantfile：47行目

```
config.vm.synced_folder "./workspace", "/home/vagrant/workspace"
```

なお、この教材の最初でpwdコマンドを入力した際に「/home/ubuntu」と表示された環境の場合、この部分は「config.vm.synced_folder "./workspace", "/home/ubuntu/workspace"」と入力します。そういった環境の場合は以下も同様に、「vagrant」と書かれている部分を「ubuntu」に置き換えていくように気を付けてください。

46行目、47行目が以下のような状態になったら、次の手順に進みましょう。

Vagrantfile：46～47行目

```
# config.vm.synced_folder "../data", "/vagrant_data"
config.vm.synced_folder "./workspace", "/home/vagrant/workspace"
```

なおWindowsの場合は、次のとおり、特別な対応が必要なので注意してください。先ほど足した行の下に、さらに3行書いて、次のようにします（環境によっては、「/home/ubuntu」となる場合もあります。この場合は、「vagrant」を「ubuntu」に読み替えてください）。

Vagrantfile：48～50行目（Windowsの場合）

```
  config.vm.synced_folder "./workspace", "/home/vagrant/
workspace"
config.vm.provider :virtualbox do |vb|
  vb.customize ["setextradata", :id, "VBoxInternal2/SharedFolder
sEnableSymlinksCreate//home/vagrant/workspace","1"]
```

```
end
```

さらに加えて、今後このLinuxのマシンで利用できるメモリの量を増やすために、55〜61行目付近にある行を編集します。

Vagrantfile：55〜61行目（Windowsの場合）

```
  # config.vm.provider "virtualbox" do |vb|
  #   # Display the VirtualBox GUI when booting the machine
  #   vb.gui = true
  #
  #   # Customize the amount of memory on the VM:
  #   vb.memory = "1024"
  # end
```

「config.vm.provider」で始まる行と、「vb.memory」で始まる行と、「end」で始まる行の前についている行、計3カ所の「#」を取り除いてください。これはMacの場合も同様の編集を行います。

Vagrantfile：55〜61行目（Windowsの場合）

```
  config.vm.provider "virtualbox" do |vb|
  #   # Display the VirtualBox GUI when booting the machine
  #   vb.gui = true
  #
  #   # Customize the amount of memory on the VM:
    vb.memory = "1024"
  end
```

作業が完了したら、ファイルを上書き保存してください。「Vagrantfile」が以下のようになっていれば完成です。

Vagrantfile：Macの場合

```
# -*- mode: ruby -*-
# vi: set ft=ruby :

# All Vagrant configuration is done below. The "2" in Vagrant.
configure
# configures the configuration version (we support older styles
for
# backwards compatibility). Please don't change it unless you
know what
```

```
# you're doing.
Vagrant.configure(2) do |config|
  # The most common configuration options are documented and
commented below.
  # For a complete reference, please see the online documentation
at
  # https://docs.vagrantup.com.

  # Every Vagrant development environment requires a box. You can
search for
  # boxes at https://atlas.hashicorp.com/search.
  config.vm.box = "vagrant/xenial64"

  # Disable automatic box update checking. If you disable this,
then
  # boxes will only be checked for updates when the user runs
  # `vagrant box outdated`. This is not recommended.
  # config.vm.box_check_update = false

  # Create a forwarded port mapping which allows access to a
specific port
  # within the machine from a port on the host machine. In the
example below,
  # accessing "localhost:8080" will access port 80 on the guest
machine.
  # NOTE: This will enable public access to the opened port
  # config.vm.network "forwarded_port", guest: 80, host: 8080

  # Create a forwarded port mapping which allows access to a
specific port
  # within the machine from a port on the host machine and only
allow access
  # via 127.0.0.1 to disable public access
  # config.vm.network "forwarded_port", guest: 80, host: 8080,
host_ip: "127.0.0.1"
  # config.vm.network "private_network", ip: "192.168.33.10"

  # Create a public network, which generally matched to bridged
network.
  # Bridged networks make the machine appear as another physical
device on
  # your network.
  # config.vm.network "public_network"
```

```
  # Share an additional folder to the guest VM. The first
argument is
  # the path on the host to the actual folder. The second
argument is
  # the path on the guest to mount the folder. And the optional
third
  # argument is a set of non-required options.
  # config.vm.synced_folder "../data", "/vagrant_data"
  config.vm.synced_folder "./workspace", "/home/vagrant/
workspace"
  # Provider-specific configuration so you can fine-tune various
  # backing providers for Vagrant. These expose provider-
specific options.
  # Example for VirtualBox:
  #
  config.vm.provider "virtualbox" do |vb|
  #   # Display the VirtualBox GUI when booting the machine
  #   vb.gui = true
  #
  #   # Customize the amount of memory on the VM:
    vb.memory = "1024"
  end
  #
  # View the documentation for the provider you are using for
more
  # information on available options.

  # Enable provisioning with a shell script. Additional
provisioners such as
  # Puppet, Chef, Ansible, Salt, and Docker are also available.
Please see the
  # documentation for more information about their specific
syntax and use.
  # config.vm.provision "shell", inline: <<-SHELL
  #   sudo apt-get update
  #   sudo apt-get install -y apache2
  # SHELL
end
```

Vagrantfile：Windowsの場合

```
# -*- mode: ruby -*-
# vi: set ft=ruby :
```

```
# All Vagrant configuration is done below. The "2" in Vagrant.
configure
# configures the configuration version (we support older styles
for
# backwards compatibility). Please don't change it unless you
know what
# you're doing.
Vagrant.configure(2) do |config|
  # The most common configuration options are documented and
commented below.
  # For a complete reference, please see the online documentation
at
  # https://docs.vagrantup.com.

  # Every Vagrant development environment requires a box. You can
search for
  # boxes at https://atlas.hashicorp.com/search.
  config.vm.box = "vagrant/xenial64"

  # Disable automatic box update checking. If you disable this,
then
  # boxes will only be checked for updates when the user runs
  # `vagrant box outdated`. This is not recommended.
  # config.vm.box_check_update = false

  # Create a forwarded port mapping which allows access to a
specific port
  # within the machine from a port on the host machine. In the
example below,
  # accessing "localhost:8080" will access port 80 on the guest
machine.
  # NOTE: This will enable public access to the opened port
  # config.vm.network "forwarded_port", guest: 80, host: 8080

  # Create a forwarded port mapping which allows access to a
specific port
  # within the machine from a port on the host machine and only
allow access
  # via 127.0.0.1 to disable public access
  # config.vm.network "forwarded_port", guest: 80, host: 8080,
host_ip: "127.0.0.1"
  # config.vm.network "private_network", ip: "192.168.33.10"
```

```
  # Create a public network, which generally matched to bridged
network.
  # Bridged networks make the machine appear as another physical
device on
  # your network.
  # config.vm.network "public_network"

  # Share an additional folder to the guest VM. The first
argument is
  # the path on the host to the actual folder. The second
argument is
  # the path on the guest to mount the folder. And the optional
third
  # argument is a set of non-required options.
  # config.vm.synced_folder "../data", "/vagrant_data"
  config.vm.synced_folder "./workspace", "/home/vagrant/
workspace"
  config.vm.provider :virtualbox do |vb|
      vb.customize ["setextradata", :id, "VBoxInternal2/SharedFo
ldersEnableSymlinksCreate//home/vagrant/workspace","1"]
  end
  # Provider-specific configuration so you can fine-tune various
  # backing providers for Vagrant. These expose provider-
specific options.
  # Example for VirtualBox:
  #
  config.vm.provider "virtualbox" do |vb|
  #   # Display the VirtualBox GUI when booting the machine
  #   vb.gui = true
  #
  #   # Customize the amount of memory on the VM:
    vb.memory = "1024"
  end
  #
  # View the documentation for the provider you are using for
more
  # information on available options.

  # Enable provisioning with a shell script. Additional
provisioners such as
  # Puppet, Chef, Ansible, Salt, and Docker are also available.
Please see the
  # documentation for more information about their specific
syntax and use.
```

```
  # config.vm.provision "shell", inline: <<-SHELL
  #   sudo apt-get update
  #   sudo apt-get install -y apache2
  # SHELL
end
```

設定を反映させるため、vagrantを再起動します。

Windowsでは管理者として立ち上げたコマンドプロンプトへ、次のコマンドを入力します。

コマンドプロンプトに入力

```
fsutil behavior set SymlinkEvaluation L2L:1 R2R:1 L2R:1 R2L:1
cd %USERPROFILE%¥vagrant¥ubuntu64_16
vagrant reload --provision
```

このコマンドを1行ずつ入力し、実行してください。起動が終了したら、RLoginを起動し、vagrantと書いてある行をダブルクリックして、Ubuntuコンソールを開きます。

Macでは「ターミナル.app」へ次のコマンドを入力します。

ターミナルに入力

```
cd  ~/vagrant/ubuntu64_16
vagrant reload
vagrant ssh
```

これで、Vagrantfileが置いてあるフォルダのworkspaceフォルダは、Ubuntu内のworkspaceディレクトリとの間で、同期を取ってくれるようになりました。なお、いったんworkspaceフォルダの中身は空になってしまいます。

共有フォルダが機能していることを確かめてみましょう。Ubuntuのコンソールで次のとおり入力して、tmpディレクトリを作りましょう。

Ubuntuのコンソールに入力

```
cd ~
mkdir workspace/tmp
```

すると、WindowsまたはMacのworkspaceフォルダにもtmpフォルダが追加されるはずです。

まとめ

- ディレクトリは、ファイルをまとめて、入れ子にすることができる。
- 「.」はカレントディレクトリ、「..」は1つ上のディレクトリを表す。
- 「/」でつないで表したファイルやディレクトリの位置のことをパスという。

新しく習ったLinuxコマンド

コマンド	できる操作
pwd	現在のディレクトリの表示
ls	ファイル・ディレクトリの一覧の表示
cd	現在のディレクトリの変更
mkdir	ディレクトリの作成
rm	ファイルやディレクトリの削除
cp	ファイルやディレクトリのコピー
mv	ファイルやディレクトリの移動
find	ファイル・ディレクトリの検索

練習

workspace/tmpディレクトリの中に、以下のようなディレクトリ構成を作成してください。

```
.
./a
./a/a
./a/b
./a/c
./b
./b/a
./b/b
./b/c
```

1つずつ作成することもできますが、次のcpコマンドを使うことを考えてみましょう。

cp コマンドでディレクトリをコピーする

```
cp -r {コピー元のディレクトリ名} {コピーしたもののディレクトリ名}
```

また、↑を使うと前回使ったコマンドを呼び出すことができますので、それを利用した入力を試してみましょう。

解答

答えは次のとおり、6つのコマンドで完了です。

Ubuntu のコンソールに入力

```
cd ~/workspace/tmp/
mkdir a
mkdir a/a
mkdir a/b
mkdir a/c
cp -r a b
find
```

findコマンドを入力して、正しく作成されているかの確認も行いましょう。このような複雑なディレクトリ作成をする場合は、マウスで行うよりもコマンドでやったほうが安全、かつ速く行えます。

Section 04

標準出力

この回では、コマンドラインの利用に対する理解をさらに深めて、複数のコマンドを組み合わせて使うことができるようになります。

Linuxの出力

ここまででさまざまなコマンドを紹介しましたが、Linuxのコマンドは共通して、1つの入り口と2つの出口を持っています。

標準入力

前回、コマンドに引数を指定したり、オプションを指定したりしましたが、これらは**標準入力**といいます。

標準出力

また、コマンドを実行した結果、いろいろな表示がコンソールに出ていました。これを**標準出力**といいます。

標準エラー出力

オプションなしのrmコマンドなどでディレクトリを消そうとしたときにエラーが出たと思いますが、これを**標準エラー出力**といいます。

rm コマンドの実行結果

```
rm: cannot remove 'a': Is a directory
```

これはエラー出力として出力されていました。上記3つをまとめると、次の図のようになります。

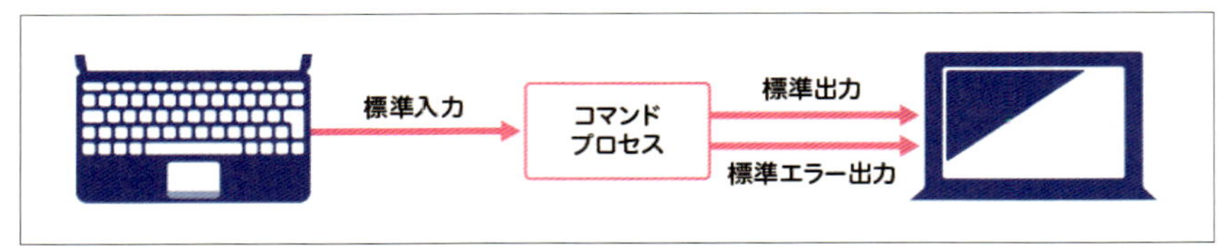

標準入出力

標準入力を受け取って、**標準出力**と**標準エラー出力**を出す。これが、Linuxのコマンドラインプログラムの仕組みになっています。上の図に「コマンドプロセス」とありますが、OSでは実行中のプログラムの実体を**プロセス**という単位で管理しています。

標準出力をファイルに書き出してみよう

標準出力をファイルに書き出すことを、**リダイレクト**と言います。いつもどおりの手順にそってUbuntuを起動し、コンソールにアクセスしましょう。

Windowsでは、管理者として立ち上げたコマンドプロンプトへ、以下のコマンドを入力します。次に、RLoginを起動し、「vagrant」と書いてある行をダブルクリックします。

コマンドプロンプトに入力

```
cd %USERPROFILE%¥vagrant¥ubuntu64_16
vagrant up
```

Macでは、「ターミナル.app」より以下のコマンドを入力します。

ターミナルに入力

```
cd  ~/vagrant/ubuntu64_16
vagrant up
vagrant ssh
```

リダイレクト

リダイレクトとは、コマンドの最後に「**>**」を記述することで、標準出力をファイルに保存する機能です。

Ubuntu のコンソールに入力

```
cd ~
ls tmp
```

```
ls > tmp/ls-output.txt
ls tmp
```

はじめの2行で、「tmp」ディレクトリが存在し、中身が空であることを確かめています。3行目でリダイレクトを使い、カレントディレクトリ（現在にディレクトリ）でlsコマンドを実行した結果を「tmp/ls-output.txt」に出力しました。最後のlsコマンドの結果は、

コマンドの実行結果

```
ls-output.txt
```

のようになり、リダイレクトによるファイル保存の結果、「tmp/ls-output.txt」が作られたことがわかります。

以下の記法を使えば、別の動作とすることもできます。

- **「>>」とすると、ファイルに追記して出力（元のファイル内容は保持され、その後ろに追加される）**
- **「2>」とすると、標準出力ではなく標準エラー出力を出力**
- **「2>&1」とすると、標準出力と標準エラー出力の両方を出力**

ここで、ファイルの中身を確認する**cat**コマンドを使ってみましょう。

cat コマンド

catは、Concatenateの略から名付けられたコマンドで、英単語の意味は「結合」です。複数のファイルの中身を結合して、標準出力に出力することができます。引数に複数ファイル名を書くことで、それら複数のファイルが結合の対象になりますが、ここでは1つのファイル名だけを指定して使います。

Ubuntu のコンソールに入力

```
cd ~
cat tmp/ls-output.txt
```

このコマンドを実行すると、「tmp/ls-output.txt」ファイルの中身が表示されます。「tmp/ls-output.txt」には先ほどリダイレクトで、lsコマンドの結果を保存しているので、次のように表示されます。

コマンドの実行結果

```
tmp
workspace
```

less コマンド

catのほかにも、表示量が多い場合に、ページ送りしながら表示するためのコマンド**less**もあります。lessコマンドは、与えられたファイルの中身をJとKキーで上下に移動、ページ送りしながら表示できるコマンドです。第一引数に、開きたいファイル名を記述します。終了したいときには、Qキーを入力します。

Ubuntu のコンソールに入力

```
ls /bin > tmp/ls-output-bin.txt
less tmp/ls-output-bin.txt
```

試しに上記のコマンドを実行してみましょう。「/bin」ディレクトリを表示するlsコマンドの結果を、まず「tmp/ls-output-bin.txt」に出力してから、lessコマンドで表示しています。なおコマンド入力の際に、すでに存在するファイルやディレクトリ名であればTabキーを押すと補完できるので利用してみましょう。

/binディレクトリのファイル一覧をページ送りしながら見ることができたでしょうか。このディレクトリには、Linuxで使用できるたくさんのコマンドが入っています。

コマンドの実行結果

```
bash
btrfs
btrfs-calc-size
btrfs-convert
btrfs-debug-tree
btrfs-find-root
btrfs-image
btrfs-map-logical
btrfs-select-super
btrfs-show-super
btrfs-zero-log
btrfsck
btrfstune
bunzip2
busybox
```

パイプを使ってみよう

標準出力を、別のコマンドの標準入力にすることができます。**パイプ**という機能です。

パイプは、記号**|**でコマンド同士をつないで、1つ目のコマンドの標準出力を、2つ目のコマンドの標準入力にできる機能です。**|**は[Shift]キーを押しながら、キーボード右上にある「¥」記号のあるキーを押すことで入力できます。

Ubuntu のコンソールに入力

```
ls /bin | less
```

これは「『ls /bin』の結果の出力を、そのままlessコマンドで開き、ページ送りをしながら見る」というコマンドになります。実際に入力し、動作を試してみましょう。

grep コマンド

次に紹介する**grep**コマンドは、第一引数に「含まれるかどうかを判定する単語」を、第二引数に「検索したいファイル名」を入力して使います。標準入力がある場合には、第二引数を省くこともできます。

試しに、/binディレクトリの中にあるファイルの中で、ssという文字列が含まれるファイルの一覧を表示してみましょう。

Ubuntu のコンソールに入力

```
ls /bin | grep ss
```

上記のように入力することで表示されます。

```
vagrant@ubuntu-xenial:~$ ls /bin | grep ss
bzless
less
lessecho
lessfile
lesskey
lesspipe
ss
systemd-ask-password
systemd-tty-ask-password-agent
uncompress
zless
vagrant@ubuntu-xenial:~$
```

「ls /bin | grep ss」の結果

結果はこの図のようになり、必ずどこかにssという文字列が含まれていることがわかります。grepコマンドは、第一引数で指定した文字列が含まれるかどうかを、1行ずつ処理します。また、正規表現でマッチさせることもできます。

以上で、標準出力と、リダイレクトと、パイプの説明は終わりです。これらは、コンソールコマンドを使いこなすために重要な機能なので、しっかり身に付けておきましょう。

まとめ

- **コマンドプロセスは、「標準入力」を受け取り、「標準出力」と「標準エラー出力」を出す。**
- **リダイレクトを使って、出力をファイルに書き出すことができる。**
- **パイプを使って、コマンドの標準出力を、別のコマンドの標準入力につなぐことができる。**

新しく習ったLinuxコマンド

コマンド	できる操作
cat	複数のファイルの中身を結合して、標準出力に出力する。
less	ファイルの中身をページ送りしながら表示する。
grep	ファイルや標準入力の中から特定の単語を検索する。

練習

/binディレクトリにある、ssが**含まれない**ファイルとディレクトリの一覧を「~/tmp/not-ss-command.txt」というファイルにパイプとリダイレクトを使って出力してください。「ssが含まれない」というgrepの書き方は次のようになります。

grepコマンドで「ss」が含まれない文字列を出力する

```
grep -v ss [ファイル名 or 標準入力]
```

また、パイプとリダイレクトは合わせて書くこともできます。次のようになります。

パイプとリダイレクトを組み合わせる

```
ls /bin | grep -v ss > [保存したいファイル名]
```

Ubuntu のコンソールに入力

```
ls /bin | grep -v ss > ~/tmp/not-ss-command.txt
```

となります。ちゃんとssという文字列が含まれていないファイル・ディレクトリのみが出力されているかを、次のコマンドで確認してみましょう。

Ubuntu のコンソールに入力

```
less ~/tmp/not-ss-command.txt
```

Section 05

viの使い方を学ぼう

この回では、コンソール上で使うことができるCUIのエディタviを使って、コンソール上でファイルを編集してみましょう。

Ubuntuにおけるvim

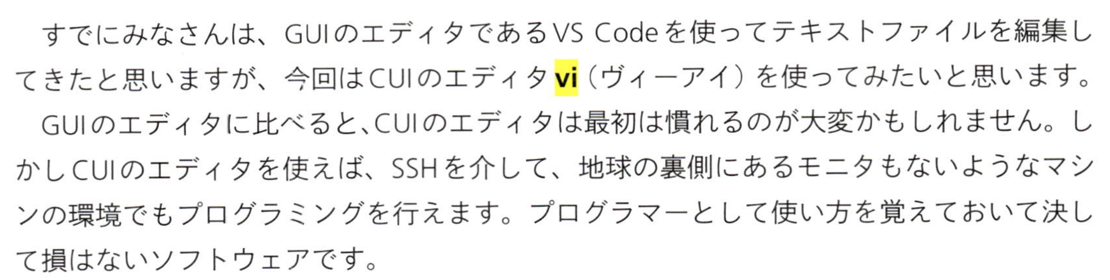

すでにみなさんは、GUIのエディタであるVS Codeを使ってテキストファイルを編集してきたと思いますが、今回はCUIのエディタ**vi**（ヴィーアイ）を使ってみたいと思います。

GUIのエディタに比べると、CUIのエディタは最初は慣れるのが大変かもしれません。しかしCUIのエディタを使えば、SSHを介して、地球の裏側にあるモニタもないようなマシンの環境でもプログラミングを行えます。プログラマーとして使い方を覚えておいて決して損はないソフトウェアです。

viエディタにはさまざまな実装がありますが、みなさんが今利用しているUbuntuには**vim**（ヴィム）というviクローン（同じ機能を持つソフトウェア）がインストールされています。

今回は、このvimを使ってviの基本動作を使ってみましょう。

vimを使ってみよう

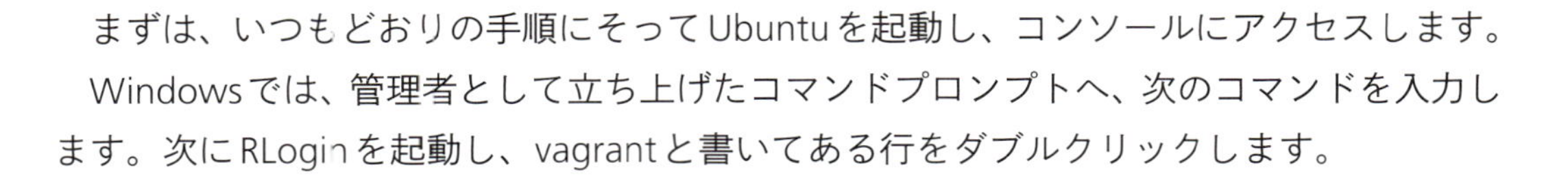

まずは、いつもどおりの手順にそってUbuntuを起動し、コンソールにアクセスします。

Windowsでは、管理者として立ち上げたコマンドプロンプトへ、次のコマンドを入力します。次にRLoginを起動し、vagrantと書いてある行をダブルクリックします。

コマンドプロンプトに入力

```
cd %USERPROFILE%¥vagrant¥ubuntu64_16
vagrant up
```

Macでは、「ターミナル.app」に次のコマンドを入力します。

ターミナルに入力

```
cd  ~/vagrant/ubuntu64_16
vagrant up
vagrant ssh
```

vimでファイルを開いてみよう

vimでのファイルの開き方は下記のようにvimコマンドに対して、ファイル名を第一引数として与えることで、ファイルを開くことができます。

Ubuntuのコンソールに入力

```
vim .profile
```

このコマンドをホームディレクトリで実行すると、下記のように書かれているのではないでしょうか？

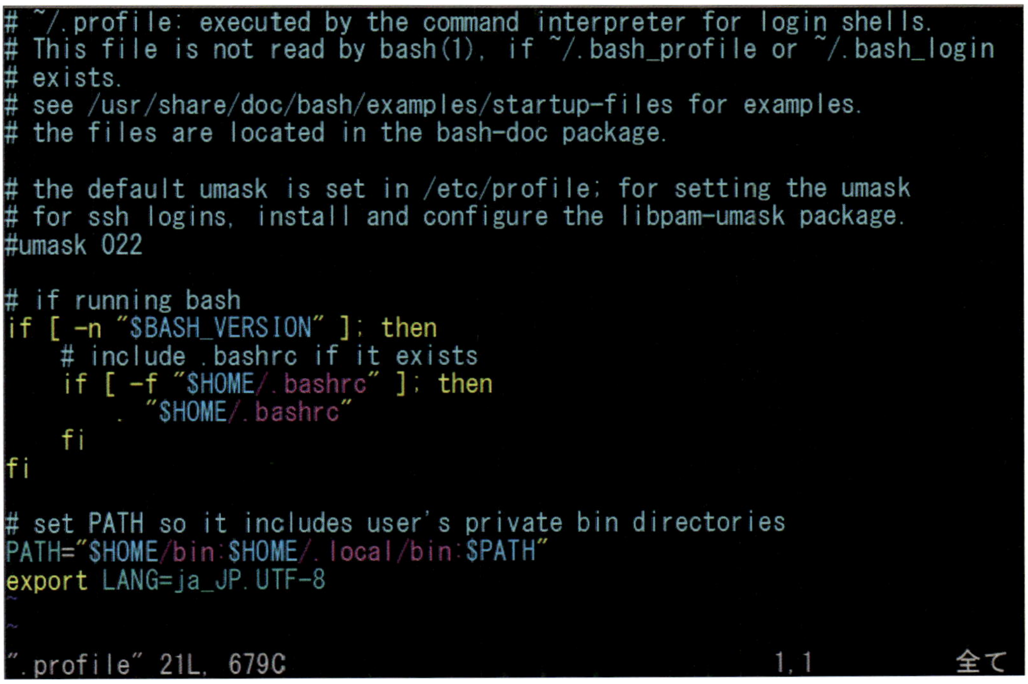

```
# ~/.profile: executed by the command interpreter for login shells.
# This file is not read by bash(1), if ~/.bash_profile or ~/.bash_login
# exists.
# see /usr/share/doc/bash/examples/startup-files for examples.
# the files are located in the bash-doc package.

# the default umask is set in /etc/profile; for setting the umask
# for ssh logins, install and configure the libpam-umask package.
#umask 022

# if running bash
if [ -n "$BASH_VERSION" ]; then
    # include .bashrc if it exists
    if [ -f "$HOME/.bashrc" ]; then
        . "$HOME/.bashrc"
    fi
fi

# set PATH so it includes user's private bin directories
PATH="$HOME/bin:$HOME/.local/bin:$PATH"
export LANG=ja_JP.UTF-8
~
~
".profile" 21L, 679C                                1,1           全て
```

vimで.profileを開いた

このファイル「.profile」は、Ubuntuを最初に使った際に、日本語の設定を追記したファイルです。「~」は何もない行を表しています。

画面のいちばん下にある、「".profile" 21L, 679C」は、「.profile」というファイルを開いており、21行679列であることを表しています。その右の方にある「1, 1」は、現在のカー

ソルのある場所です。さらにその右の「全て」は、今画面にファイル全体が表示されていることを示しています。

ファイルを開くことができたので、今度はファイルを閉じてみましょう。

vimでファイルを閉じてみよう

ファイルを開いている状態で、Escキーを押して、

Ubuntuのコンソールに入力

```
:q
```

と入力します。コロンで始まるコマンドの入力内容は、画面上部ではなく、左下に表示されますので注意しましょう。これらはlsやlessなどのLinuxコマンドではなく、vim用のコマンドです。うっかり何か編集をしてしまった場合には、次のように「!」も入力してEnterキーを押すことで、編集内容を破棄して終了することができます。

Ubuntuのコンソールに入力

```
:q!
```

なお、**q**は、英単語Quitの略で、「終了」を意味します。今度は新しいファイルを作ってみましょう。

vimでのファイルの作り方

Ubuntuのコンソールに入力

```
mkdir ~/workspace/vim-study
cd ~/workspace/vim-study
vim test.txt
```

「~/workspace/vim-study」ディレクトリを作って、その中に移動してから、「test.txt」という、まだ存在しないファイル名でvimを起動しています。

コンソール上のコマンド入力ではTabキーを押すことで、すでにあるファイルやフォルダ名を補完することができるので、利用していきましょう。

vimが起動したら、Escキーを押して、次のコマンドを入力してEnterキーを押しましょう。

vim の画面で入力

```
:w
```

wは英単語Writeの略で、「書き込み」の意味です。

```
~
~
~
"test.txt" [新] 0L, 0C 書込み                    0,0-1          全て
```

vim のステータスライン

このように画面のいちばん下の表示が変われば、ファイルへの保存が完了です。ただし今回は、中身を入力していないので、空のファイルとして保存されます。

先ほどと同じ操作で、vimを終了してみましょう。Escキーを押し、次のコマンドを入力してEnterキーを押すことで、vimを終了できます。

vim の画面で入力

```
:q
```

「~/workspace/vim-study」がカレントディレクトリになっていることを確認して、lsコマンドを実行してみましょう。

Ubuntu のコンソールに入力

```
ls
```

すると、次のように表示され、ファイルが作成されたことがわかります。

コマンドの実行結果

```
test.txt
```

vimのモード

vimには大きく分けて「コマンドモード」と「インサートモード」という2つのモードが存在します。

コマンドモード

コマンドモードとは、vimを起動した時点でのモードです。Escキーを押すことで、確実にコマンドモードになります。コマンドモードでは、次のような操作を行えます。

- **カーソルを動かす**
- **ファイルへ保存したり、vimを終了したりする**
- **他のモードへの切り替えをする**

また、こうした基本的な機能以外にも、次のような多彩な機能を利用できます。

- **切り取りや、貼り付けをする**
- **繰り返し編集、検索、置換などをする**

インサートモード

インサートモードとは、コマンドモードで編集したい場所へカーソルを動かしたあと、IまたはAキーを押すことで入るモードで、文字をファイルに入力することができます。カーソルを動かすことはできませんが、キーボードで現在のカーソル位置に文字を入力していくことができます。また、Escキーを押すことで、インサートモードからコマンドモードに戻ります。

IはInsert（挿入）、**A**はAppend（追加）の意味で、次の位置に文字を入力することができます。

- **Iでインサートモードに入った場合は、カーソルの前側**
- **Aでインサートモードに入った場合は、カーソルの後ろ側**

つまり、下図のような関係になっています。

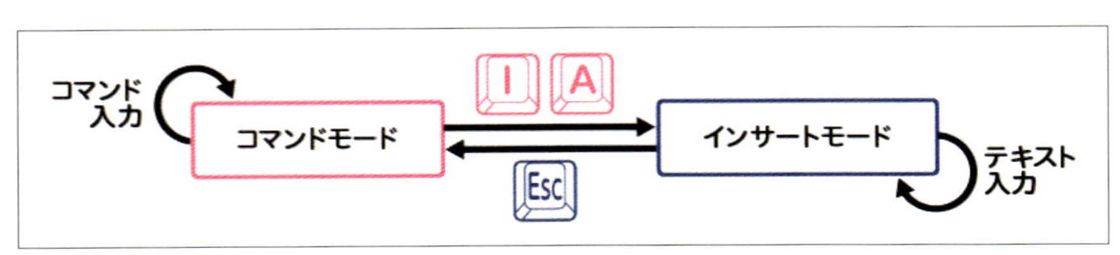

viのモード

と言っても、なかなか慣れないうちは難しいと思います。不慣れなユーザーのため、ていねいなvimのチュートリアル**vimtutor**が用意されていますので、これをやってみましょう。

vimtutorをやってみよう

Ubuntu のコンソールに入力

```
cd ~/workspace/vim-study
vimtutor
```

上記のコマンドを入力して**vimtutor**を起動してみてください。

vimtutor が始まる

```
===============================================================================
=    V I M 教 本 (チュートリアル) へ よ う こ そ          -    Version
1.7      =
===============================================================================

     Vim は、このチュートリアルで説明するには多すぎる程のコマンドを備えた非常
     に強力なエディターです。このチュートリアルは、あなたが Vim を万能エディ
     ターとして使いこなせるようになるのに十分なコマンドについて説明をするよう
     なっています。
```

コンソールに上記のように表示されるので、読み進めていきましょう。lessコマンドと同じで、Jでカーソルを下へ、Kでカーソルを上へ移動しながら読み進むことができます。

レッスン 1.1: カーソルの移動

チュートリアルにしたがって、H,J,K,Lでカーソルを移動してみましょう。

vimtutor

```
     ** カーソルを移動するには、示される様に h,j,k,l を押します **
           ^
           k                  ヒント:  h キーは左方向に移動します。
     < h         l >                   l キーは右方向に移動します。
           j                           j キーは下矢印キーのようなキーです。
           v
```

それぞれの移動を試してみたら、Jでページを進めて、「レッスン1.2」に行きましょう。

レッスン 1.2: vim の起動と終了

これはすでに学んだ内容ですので、飛ばしてかまいません。

レッスン 1.3: テキスト編集 - 削除

コマンドモードでカーソルを合わせてXキーを押すことで、現在位置の文字を削除することができます。

vimtutor

```
---> その ううさぎ は つつきき を こええてて とびはねたた
```

と書いてある行に移動して、不要な文字をXキーで削除し、

vimtutor

```
---> その うさぎ は つき を こえて とびはねた
```

のように直してみましょう。できましたでしょうか。

レッスン 1.4: テキスト編集 - 挿入

ついにインサートモードの登場です。コマンドモードでカーソルを合わせてからIでインサートモードにします。文字を入力し、終わったらEscキーでコマンドモードに戻ります。これを繰り返してみましょう。

なおインサートモードのときは、表示エリアのいちばん下に「-- 挿入 --」と表示されます。

vimtutor

```
---> この には 足りない テキスト ある。
---> この 行 には 幾つか 足りない テキスト が ある。
```

上の間違いを次のように修正できたでしょうか。

vimtutor

```
---> この 行 には 幾つか 足りない テキスト が ある。
---> この 行 には 幾つか 足りない テキスト が ある。
```

レッスン 1.5: テキスト編集 - 追加

挿入はIでしたが、カーソルの後ろに追加するのはAになります。また、Shiftと同時に押すと行頭、Shiftと同時にAだと行末への入力となります。ここでは、Shift + Aを使ってみましょう。

vimtutor

```
---> ここには間違ったテキストがあり
ここには間違ったテキストがあります。
---> ここにも間違ったテキス
ここにも間違ったテキストがあります。
```

上の間違ったテキストを下のように編集することができたでしょうか。

vimtutor

```
---> ここには間違ったテキストがあります。
ここには間違ったテキストがあります。
---> ここにも間違ったテキストがあります。
ここにも間違ったテキストがあります。
```

レッスン 1.6: ファイルの編集

すでに学んだ内容ですので、飛ばしてかまいません。なお、ファイルに書く（保存する）コマンド「:w」と、終了するコマンド「:q」は合わせて、次のように書くことができます。

vim のノーマルモードで入力

```
:wq
```

レッスン1の要約

最後にレッスン1の要約を読んでみましょう。

vimtutor

```
  1. カーソルは矢印キーもしくは hjkl キーで移動します。
         h (左)       j (下)       k (上)       l (右)

  2. Vim を起動するにはプロンプトから vim ファイル名 <ENTER> とタイプします。

  3. Vim を終了するには     <ESC> :q!      <ENTER>   とタイプします(変更を破棄)。
         もしくは     <ESC> :wq      <ENTER>   とタイプします(変更を保存)。

  4. カーソルの下の文字を削除するには、ノーマルモードで x とタイプします。

  5. カーソルの位置に文字を挿入するには、ノーマルモードで i とタイプします。
         i     テキストのタイプ <ESC>         カーソル位置に追加
         A     テキストの追加   <ESC>         行末に追加
```

以上でvimの基本的な使い方の説明は終わりです。次のコマンドを実行して、vimtutorを終了しましょう。

vimのノーマルモードで入力

```
:wq
```

これで、ちょっとしたファイルの編集であれば、vimを通じてコンソール上からCUIで行うことができるようになりました。

vimの使い方に十分に慣れると、GUIのエディタよりも素早くテキストを編集できるようになります。もっとvimについて学んでみたいという方は、ぜひこのvimtutorを最後までやってみてください。

まとめ

- viはCUIのエディタであり、vimはviと同様の機能を持つソフトウェアである。
- vimにはコマンドモードとインサートモードがあり、Escキーでコマンドモードに、IまたはAでインサートモードになる。
- vimのコマンドモードで「:q」とすると終了でき、「:w」とすると保存が行える。

新しく習ったLinuxコマンド

コマンド	できる操作
vim	CUI上でテキスト編集を行うvimエディタを起動する。

練習

再度、vimtutorを起動し、次の2つのレッスンをやってみましょう。

- **レッスン2.6:行の操作**
- **レッスン3.1:貼り付けコマンド**

vimtutorを起動したあと、コマンドモードで、「/2.6」と入力してEnterキーを押すことで、2.6という文字列を検索して、その位置までジャンプすることができます。

解答

レッスン 2.6: 行の操作

```
--->  1) バラは赤い、
--->  3) スミレは青い、
--->  6) 砂糖は甘い
--->  7) オマエモナー
```

レッスン 3.1: 貼り付けコマンド

a) バラは赤い、
b) スミレは青い、
c) 知恵とは学ぶもの、
d) 貴方も学ぶことができる?

以上のように編集することができれば終了です。最後にコマンドモードで「:wq」を入力して終了しましょう。

```
                     レッスン 3.1: 貼り付けコマンド

  ** 最後に削除された行をカーソルの後に貼り付けるには p をタイプします **

1. 以下の段落の最初の行にカーソルを移動しましょう。

2. dd  とタイプして行を削除し、Vim のバッファに格納しましょう。

3. 削除した行が本来あるべき位置の上の行まで、カーソルを移動させましょう。

4. ノーマルモードで p をタイプして格納した行を画面に戻します。

5. 順番が正しくなる様にステップ 2 から 4 を繰り返しましょう。

    a) バラは赤い、
    b) スミレは青い、
    c) 知恵とは学ぶもの、
    d) 貴方も学ぶことができる?
```

vimtutor レッスン 3.1: 貼り付けコマンド

Chapter 2

シェル プログラミングを やってみよう

Section 01 シェルプログラミング

今回は、ここまでで習ったコンソールのコマンドを使って、プログラムを作ってみましょう。

シェルプログラミング

コンソールのコマンドの機能を使って行うプログラミングを**シェルプログラミング**と呼びます。その前に、シェルとはそもそもどういうものなのでしょうか？

シェル

シェル（Shell）とは、英語で「貝殻」のことを指しています。LinuxのOSとのやり取りには、OSの中核となる部分（カーネル）を包み込み、OSとの対話をする機能が必要です。この、OSのカーネルを包み込み対話をする機能を、**シェル**と呼びます。

これまでコンソール上でコマンドを使ってきましたが、それにはbash（バッシュ）と呼ばれるシェルが利用されていました。このbashを利用したプログラミングをやってみましょう。

まずはいつもどおりの手順にそってUbuntuを起動し、コンソールにアクセスしましょう。

Windowsでは、管理者として立ち上げたコマンドプロンプトへ、次のコマンドを入力します。次にRLoginを起動し、「vagrant」と書いてある行をダブルクリックします。

コマンドプロンプトに入力

```
cd %USERPROFILE%¥vagrant¥ubuntu64_16
vagrant up
```

Macでは、「ターミナル.app」に次のコマンドを入力します。

ターミナルに入力

```
cd  ~/vagrant/ubuntu64_16
vagrant up
vagrant ssh
```

シェルプログラミングをするための作業ディレクトリを作成しましょう。

Ubuntuのコンソールに入力

```
mkdir workspace/my-first-shell
cd workspace/my-first-shell
```

上記のように、「my-first-shell」ディレクトリを作成し、そこをカレントディレクトリ（現在のディレクトリ）としてください。

次に、プログラムのソースコードとなるファイルを作成します。次のコマンドを実行してください。

Ubuntuのコンソールに入力

```
touch my-first.sh
```

touchコマンドは、引数で渡された名前のファイルが存在しなかった場合には、空ファイルを作成します。存在した場合には、そのファイルやディレクトリの更新日時を更新します。

なおこの「my-first.sh」ファイルが置いてある「workspace/my-first-shell」ディレクトリは、以前設定した共有フォルダ機能により、お使いのOSのVagrantfileがあるフォルダと同期されているはずです。確認してみましょう。

- **Windowsの場合：**
  - ・%USERPROFILE%¥vagrant¥ubuntu64_16¥workspace¥my-first-shell¥my-first.sh
- **Macの場合：**
  - ・/Users/${あなたのMacログイン名}/vagrant/ubuntu64_16/workspace/my-first-shell/my-first.sh

上記のパスにmy-first.shがあることが確認できたら、VS Codeを起動し、先ほどの「my-first-shell」フォルダを開いてみましょう。すると、左の「エクスプローラー」欄に［my-first.sh］ファイルが表示されるので、クリックして開きましょう。

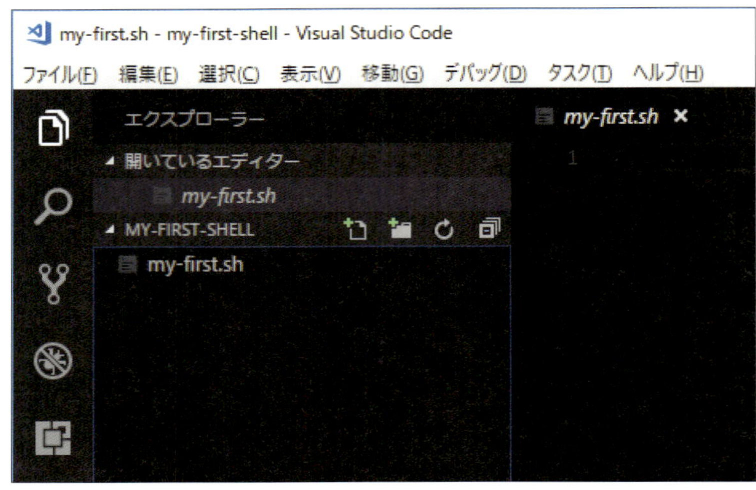

左の「エクスプローラー」欄で「my-first.sh」ファイルをクリックして開く

最初に、lsコマンドとdateコマンドを実行するだけの簡単なシェルスクリプトを書いてみます。以下の内容をmy-first.shファイルに記述してみましょう。

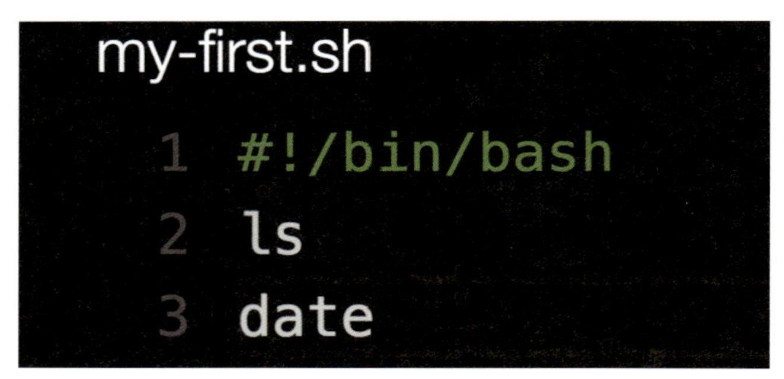

はじめてのシェルスクリプト

Windowsの場合は、下図のようにVS Codeの右下から改行コードをCRLFからLFに設定します。

Windowsの場合は、上図のようにVS Codeの右下から［CRLF］をクリックし、改行コードをLFに変更する

作成したシェルスクリプトを1行ずつ見ていきましょう。1行目のコードは、“このシェルスクリプトを/bin/bashにあるbashシェルで実行してほしい”という記述です。

my-first.sh：1行目

```
#!/bin/bash
```

Linuxのスクリプトでは、この「**#!**」で始まる1行目のことを**シバン（shebang）**と言います。2行目以降のコードは、lsコマンドを実行したあとに、dateコマンドを実行するという記述です。

my-first.sh：2～3行目

```
ls
date
```

ここまで書けたら、保存しましょう。

さて、シェルスクリプトのプログラムを動かすためには、その実行を許可するような権限がファイルに付与されている必要があります。では、ファイルの権限について見ていきましょう。

Linuxのファイル権限

Linuxのすべてのファイルには、

- **ファイルの所有ユーザー**
- **所属グループ**
- **その他のユーザー**

の3つのアカウントの集団に対して、

- **読み込み可能**
- **書き込み可能**
- **実行可能**

という3つの権限を管理しています。

ここでは、すべてのユーザーが、このファイルを実行可能なように設定してみましょう。

Ubuntuのコンソールに入力

```
chmod a+x my-first.sh
```

コンソールで上記のコマンドを実行しましょう。このコマンドは、ファイル「my-first.sh」がどのようなユーザー、どのようなグループであっても実行可能なように、ファイルの権限を設定しています。

これで準備は整ったので、このシェルスクリプトを実行してみましょう。実行するときは次のように、「./」を含めた相対パスで実行する必要があります。

Ubuntuのコンソールに入力

```
./my-first.sh
```

「./」を含めないで入力すると、次のようにエラー出力が表示されます。

コマンドの実行結果

```
my-first.sh: command not found
```

「./」を付けずに実行できるのは、どのディレクトリにいるときにも共通して使えるように設定した、特定のディレクトリ内にある実行ファイルのみです。

例えば「/bin」ディレクトリにある実行ファイルは、コマンドとして使うことができます。このように、コマンドとなる実行ファイルが置いてあるディレクトリを、「**パスが通ったディレクトリ**」と呼びます。

さて、正しく「my-first.sh」が実行できると、次のように、lsコマンドとdateコマンドの結果が続けて表示されます。

コマンドの実行結果

```
my-first.sh
2018年 3月 29日 木曜日 12:26:32 UTC
```

```
vagrant@ubuntu-xenial:~/workspace/my-first-shell$ chmod a+x my-first.sh
vagrant@ubuntu-xenial:~/workspace/my-first-shell$ ./my-first.sh
my-first.sh
2018年  3月 29日 木曜日 12:26:32 UTC
vagrant@ubuntu-xenial:~/workspace/my-first-shell$
```

my-first.shの実行結果

シェルスクリプトでは、好きな文字列を表示したり、文字列を受け取ったりすることもできるので、それも試してみましょう。

echoコマンド

echoとは、英語で「反響」の意味です。第一引数で与えられた文字列を、そのまま標準出力に出力します。先ほどの「my-first.sh」に、1行追加して実行してみましょう。

Ubuntuのコンソールに入力

```
#!/bin/bash
ls
date
echo メッセージを入力して下さい。
```

「メッセージを入力して下さい。」という文字を表示する行を追加しました。変更して保存したら、次のコマンドでスクリプトを実行してみましょう。

Ubuntuのコンソールに入力

```
./my-first.sh
```

すると、次のように表示されます。無事表示されたでしょうか。

コマンドの実行結果

```
my-first.sh
2018年 3月 29日 木曜日 12:26:32 UTC
メッセージを入力して下さい。
```

readコマンド

次は、文字を受け取るコマンド**read**コマンドを使ってみましょう。

readとは、英語で「読み込み」の意味です。第一引数で与えられた名前の変数に、標準入力で与えられた文字を代入します。**変数**とは、値を入れておくことができる入れ物のことです。『高校生からはじめるプログラミング』で学んだJavaScriptにも変数がありましたが、シェルスクリプトにも変数があります。

シェルスプリクトでの変数への代入は、多くのプログラミング言語と同じように「**=**」を使います。

シェルスクリプトで変数aに代入する

```
a="hoge"
```

一方、readコマンドを使って代入する場合には、次のようなコードになります。

「read」コマンドで変数messageに代入

```
#!/bin/bash
ls
date
echo メッセージを入力して下さい。
read message
```

これで読み込みができるようになり、「message」という変数にキーボードから入力された値が代入されます。「message」という変数の値を、画面に表示させてみましょう。さらに1行書き加えて以下のようにします。

Ubuntuのコンソールに入力

```
#!/bin/bash
ls
date
echo メッセージを入力して下さい。
read message
echo 入力されたメッセージ: $message
```

変数の名前の前に「$」を付けることで、変数の値を使うことができます。

Ubuntuのコンソールに入力

```
echo 入力されたメッセージ: $message
```

「入力されたメッセージ: 」という文字列とともに、入力された値を標準出力に表示しています。

Ubuntuのコンソールに入力

```
./my-first.sh
```

今度は上記のコマンドを実行してみましょう。すると、次のように表示されます。

Ubuntu のコンソールに入力

```
my-first.sh
2018年 3月 29日 木曜日 12:28:32 UTC
メッセージを入力して下さい。
```

ここで、「Stay hungry, stay foolish.」と入力して Enter キーを押してみましょう。すると、以下のように表示されるはずです。

メッセージが表示された

```
入力されたメッセージ: Stay hungry, stay foolish.
```

無事表示されたでしょうか。これで入力を受け取って出力をするプログラムが完成しました。

```
vagrant@ubuntu-xenial:~/workspace/my-first-shell$ ./my-first.sh
my-first.sh
2018年 3月 29日 木曜日 12:28:15 UTC
メッセージを入力して下さい。
Stay hungry, stay foolish.
入力されたメッセージ: Stay hungry, stay foolish.
vagrant@ubuntu-xenial:~/workspace/my-first-shell$
```

read の実行結果

シェルスクリプトでは、変数をはじめ、条件分岐や繰り返しなど、ほかのプログラミング言語でも使えるさまざまな機能が利用できます。ここではもう 1 つ、if 文をシェルスクリプトで使って、簡単なクイズゲームを作成してみましょう。

クイズゲームを作ってみよう

ここまで学んできたシェルスクリプトを使って、クイズゲームを作ってみましょう。クイズゲームの仕様は、以下のようにしてみましょう。

- **「日本で二番目に高い山は槍ヶ岳でしょうか？ [y/n]」と表示して、答えを入力させる**
- **n が入力され正解ならば、「正解です。日本で二番目に高い山は北岳です」と表示する**
- **n 以外が入力され不正解ならば、「不正解です。日本で二番目に高い山は北岳です」と表示する**

[y/n] という表記は、“yes ならば y、no ならば n を入力してください” という意味です。
まずは、ファイルを作成して、実行権限を付けます。

Ubuntuのコンソールに入力

```
touch quiz.sh
chmod a+x quiz.sh
```

続いて、VS Codeで編集して**シバン**を入力します。

quiz.sh

```
#!/bin/bash
```

仕様を実装していきます。まずは、以下の仕様を実装しましょう。

- **「日本で二番目に高い山は槍ヶ岳でしょうか？ [y/n]」と、クイズを表示して答えを入力させる**

readコマンドは、「**-p "表示したい文字列"**」というオプションを付けることで、文字を表示しながら入力を変数に受け取ることができます。それを利用すると、次のようにコードを書けます。

quiz.sh

```
#!/bin/bash
read -p "日本で二番目に高い山は槍ヶ岳でしょうか？ [y/n]" yn
```

入力の結果が「yn」という変数に代入されます。なお、ここで文字列をダブルクォーテーションで囲っているのは、「[y/n]」部を文字列として扱うためです。シェルで意味を持っている記号などの文字を文字列の一部として扱うためには、このようにダブルクォーテーションで囲みます。

次にif文で条件分岐させ、正解か不正解かで異なる文章をechoコマンドで表示させてみましょう。

quiz.sh

```
#!/bin/bash
read -p "日本で二番目に高い山は槍ヶ岳でしょうか？ [y/n]" yn
if [ $yn = "n" ]; then
    echo 正解です。日本で二番目に高い山は北岳です。
else
    echo 不正解です。日本で二番目に高い山は北岳です。
fi
```

このようになります。1行ずつ何が書いてあるか読み解いていきましょう。

quiz.sh：3行目

```
if [ $yn = "n" ]; then
```

これは、if文の宣言の部分です。if文はifの記述のあとに真偽値を返す条件式を与え、値が真の場合にその後の処理を行います。シェルスクリプトのif文はほかのプログラミング言語のif文と似てはいますが、細かな書き方は異なるので注意しましょう。シェルスクリプトでは、ifと書いたあとに、条件式を「[ ]」で囲みます。また、「変数ynがnという文字である」という条件の記述は、「$yn = "n"」となります。

そして、「; then」を書いてから、次の行に条件が真となるときの処理を記述します。

quiz.sh：4～7行目

```
    echo 正解です。日本で二番目に高い山は北岳です。
else
    echo 不正解です。日本で二番目に高い山は北岳です。
fi
```

先ほどの続きで、条件が真のときは次のように記述します。

コマンドの実行結果：条件が真のとき

```
echo 正解です。日本で二番目に高い山は北岳です。
```

そうでないときの分岐は、elseと記述し、続けて次のように記述します。

コマンドの実行結果：条件が偽のとき

```
echo 不正解です。日本で二番目に高い山は北岳です。
```

最後はifの逆の「fi」という宣言で締めくくります。書けたら、これを実行してみましょう。

Ubuntuのコンソールに入力

```
./quiz.sh
```

質問に対して、Nと入力してEnterキーを押すと正解で、それ以外の入力をしてEnterキーを押すと不正解になることを確認してみましょう。

正しく動いたでしょうか。これでシェルプログラミングでもif文が使えることがわかりました。

シェルスクリプトには、ifのほかにforループや関数などもありますが、ここでは説明を省略します。必要になったときには「シェルスクリプト関数」などで検索して、書き方を調べてみてください。

まとめ

- シェルとは、OSとの対話をするための機能を持ったソフトウェア。
- シェルプログラミングでは、コマンドを利用したプログラミングができる。
- シェルプログラミングでは、入力を受け取ったり表示したりすることができる。

新しく習ったLinuxコマンド

コマンド	できる操作
touch	引数で渡された名前のファイルが存在しなかった場合には、空ファイルを作成し、存在した場合には、そのファイルやディレクトリの更新日時を更新する。
chmod	ファイル権限を変更する。
echo	第一引数で与えられた文字列を、そのまま標準出力に出力する。
read	第一引数で与えられた名前の変数に、標準入力で与えられた文字を代入する。

練習

以下の仕様のシェルスクリプトを実装してみましょう。

- 「テンプレートディレクトリのディレクトリ名を入力して下さい。」と表示して、ディレクトリ名を入力で受け取る
- 入力されたディレクトリ名のディレクトリを作成する
- 作成されたディレクトリの中に、「1」と「2」と「3」という名前の3つのディレクトリを作成する

シェルスクリプトのファイル名は、「mk-template-dir.sh」としてください。

次のコマンドでファイルを作成し、以下の内容となります。

Ubuntu のコンソールに入力

```
touch mk-template-dir.sh
chmod a+x mk-template-dir.sh
```

mk-template-dir.sh

```
#!/bin/bash
read -p "テンプレートディレクトリのディレクトリ名を入力して下さい。" template
mkdir $template
mkdir $template/1
mkdir $template/2
mkdir $template/3
```

以下のコマンドで、作成したシェルスクリプトを実行します。

Ubuntu のコンソールに入力

```
./mk-template-dir.sh
```

すると、ディレクトリ名を入力するように求められます。好きなディレクトリ名でよいですが、例として「test」と入力して確定しましょう。そして「test」ディレクトリの中に、「1」と「2」と「3」という名前の3つのディレクトリができているかを確認してみましょう。

Section 02
通信とネットワーク

ここからはいろいろなものとつながるプログラムにチャレンジします。まずはその準備として、通信とネットワークの仕組みを知り、コンピューター同士の通信に挑戦してみましょう。

通信

通信とは何でしょうか？　通信とは、送り手が情報を送り、受け手がその情報を受け取ることです。電気的な手段を用いて行われる通信のことを**電気通信**と言います。電話・無線・インターネットなどはすべて電気通信手段の1つです。

電気通信手段には、2つの方式があります。

- **回線交換方式**
- **パケット交換方式**

回線交換方式では、通信を始める前に、回線の占有を行います。電話などがこの方式を利用しています。一方**パケット交換方式**は、情報を細かく**パケット**という単位に分割して、さまざまな経路を通じて送る方法です。インターネットは、この**パケット交換方式**を利用しています。

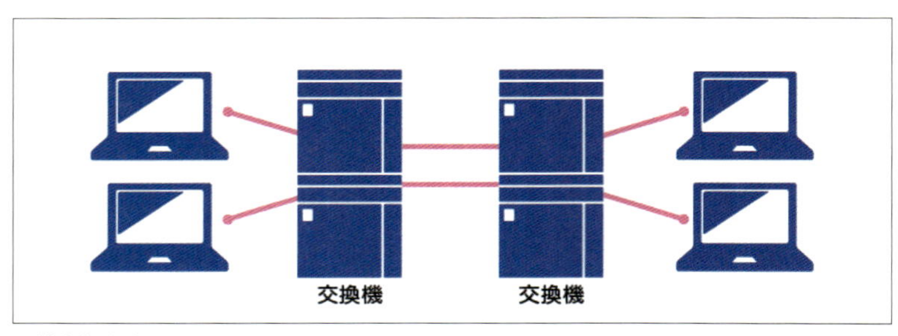

回線交換方式

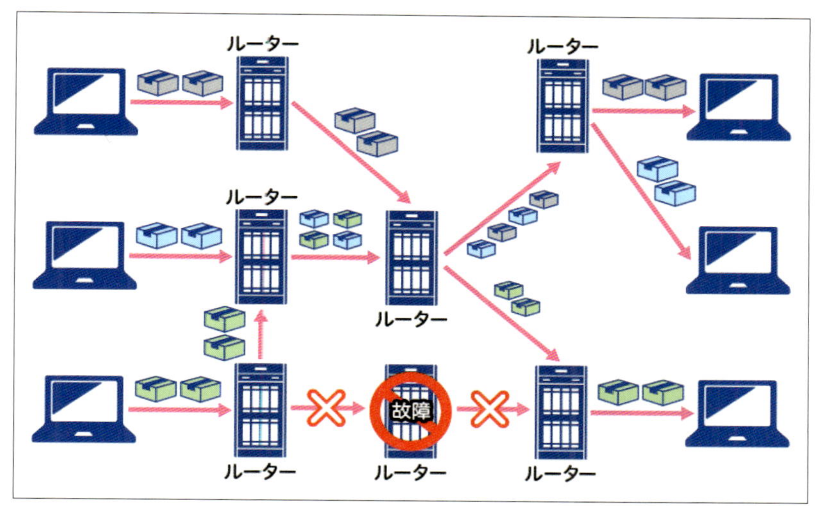

パケット交換方式

パケット交換方式が、いまいちイメージできないかもしれませんね。パケットは情報を細かく分割した上で、それぞれのパケットに送信元と送信先の情報なども付けて、一緒に送ります。そのため、バラバラな経路で送ったとしても問題なく通信を行うことができるのです。

どうしてこのようにするのでしょうか？　パケット交換方式は、回線交換方式に比べて手間がかかるぶん、回線を占有しないので多くの人が使うことができます。また災害時に、ある経路が遮断されたときなどにも使い続けることができるというメリットがあります。

そのため、特に災害時において、このインターネットによる通信が非常に注目されています。では、このパケットというものが実際どういうものなのかを見てみましょう。

通信をしているところを見てみよう

通信をしているところを見たいので、まず、通信をする命令を出すコンソールと、それをのぞいてみるコンソールを用意する必要があります。

いつもの方法で2つのコンソールを立ち上げてみましょう。

Windowsでは、管理者として起動したコマンドプロンプトへ、次のコマンドを入力します。RLoginを起動し、「vagrant」と書いてある行をダブルクリックします。

コマンドプロンプトに入力

```
cd %USERPROFILE%¥vagrant¥ubuntu64_16
vagrant up
```

Macでは、「ターミナル.app」へ次のコマンドを入力します。

ターミナルに入力

```
cd ~/vagrant/ubuntu64_16
vagrant up
vagrant ssh
```

同じ方法で2つ目のコンソールを起動しましょう。Windowsでは、RLoginをもう1つ起動して、「vagrant」と書いてある行をダブルクリックします。

Macでは、「ターミナル.app」のメニューより、「シェル」の中の「新規ウィンドウ」を選択してウィンドウを追加し、次のコマンドを実行します。

ターミナルに入力

```
cd ~/vagrant/ubuntu64_16
vagrant ssh
```

無事2つのコンソールが起動できたでしょうか。では、どちらか1つのコンソールに、次のように入力しましょう。

Ubuntu のコンソール 1 に入力

```
sudo tcpdump src www.nicovideo.jp -X
```

sudo（スードゥー）という管理者として実行するというコマンドを利用して、**tcpdump**（ティーシーピーダンプ）というコマンドを実行しています。

tcpdump コマンド

tcpdumpは、TCPという取り決めで通信する際の、パケットの内容を見るためのコマンドです。「src」のあとに続くオプションで、送信元のサイトを限定します。

今回の例では、「www.nicovideo.jp」から送られてくるパケットだけを見る、という設定にしています。また最後の-Xオプションは、より詳細にパケットの中身を表示するというオプションです。

Ubuntu のコンソール 1 に入力

```
sudo tcpdump src www.nicovideo.jp -X
```

これを入力すると、コマンドが打てる状態に戻らず、止まったままになるのではないでしょうか。これは通信の監視が待ち受けの状況になっているためで、問題ありません。

```
vagrant@vagrant-ubuntu-trusty-64:~$ sudo tcpdump src www.nicovideo.jp -X
tcpdump: verbose output suppressed, use -v or -vv for full protocol decode
listening on eth0, link-type EN10MB (Ethernet), capture size 65535 bytes
█
```

tcpdumpを実行する

次にもう1つのウィンドウで、次のコマンドを実行します。

Ubuntuのコンソール2に入力

```
curl http://www.nicovideo.jp/
```

ここで使っているのはcurl（カール）というコマンドで、「http://www.nicovideo.jp/」のWebサイトの内容をコンソールに表示する、というコマンドです。オプションがない場合、HTMLの文字列をそのまま標準出力に表示します。

これを実行すると、両方のコンソールにたくさんの文字が表示されたのではないでしょうか。

curlを実行した際のコンソールには、HTMLが文字列としてコンソールに表示されています。tcpdumpを実行していたコンソールには、それぞれのパケットの情報が表示されていますので、こちらを詳しく見てみましょう。

表示のいちばん下に、最後にやり取りしたパケットが表示されています。

tcpdumpで表示されたパケット

```
10:53:58.220639 IP 202.248.110.243.http > 10.0.2.15.35528: Flags
[.], ack 82, win 65535, length 0
0x0000:  4500 0028 a3a6 0000 4006 912f caf8 6ef3  E..(....@../..
n.
0x0010:  0a00 020f 0050 afc9 9ddc 66bd 73da 10dd
.....P....f.s...
0x0020:  5010 ffff 306f 0000 0000 0000 0000       P...0o........
```

このパケットは「ack」という、「通信が完了した」というメッセージを送ったパケットなのですが、最後の3行に、16進数の数字が並んでいます。これがパケットのデータの中身です。

コンピューターにおける情報は内部的にはすべて0と1の2進数で表現されていますが、それを16進数に書きなおした情報と、英数字に書きなおした情報が、それぞれ最後の3行にまとめられています。

tcpdumpで表示されたパケット

```
0x0000:  4500 0028 a3a6 0000 4006 912f caf8 6ef3  E..(....@../..
n.
0x0010:  0a00 020f 0050 afc9 9ddc 66bd 73da 10dd
.....P....f.s...
0x0020:  5010 ffff 306f 0000 0000 0000 0000        P...0o........
```

これがインターネットでの通信を実現するパケットの実体です。そしてこのパケットの中には、情報自体と、送信先と、送信元の情報が含まれています。それを書きだしたものが、最初にある次の部分になります。

tcpdumpで表示されたパケットの冒頭部分

```
10:53:58.220639 IP 202.248.110.243.http > 10.0.2.15.35528: Flags
[.], ack 82, win 65535, length 0
```

そしてこの中をよく見ると、

送信元のIPアドレス

```
202.248.110.243
```

と書いてある部分があります。これを**IPアドレス**と言います。これが送信元の情報です。IPアドレスとは何なのでしょうか？

IPアドレス

IPアドレスとは、0〜255の整数4つで構成された32bitサイズのインターネット上の住所です。IPはInternet Protocolの略称で、IPアドレスはインターネットの契約における住所、という意味になります。また**Protocol**は、日本語でも**プロトコル**と呼び、通信をする際の取り決めとなる規則のことです。

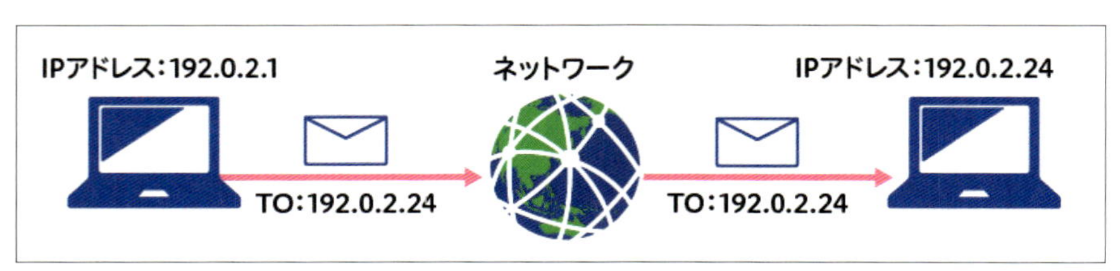

IPアドレス

パケットは、内部に送信元のIPアドレスと送信先のIPアドレスを持っており、中継経路のコンピューターはこの情報を元に、パケットを必要なネットワークへと渡していきます。この仕組みを詳しく理解するためには、ネットワークとは何かを知る必要があります。

ネットワーク

ネットワーク（Network）とは「網」という意味の英単語ですが、コンピューターの世界では、複数のコンピューターや電子機器が接続された、網状の構造体のことを言います。コンピューター同士はネットワークアダプタを通じて、ほかのコンピューターとつながることができ、そのリンクがたくさん集まることで網状の構造体を構成します。

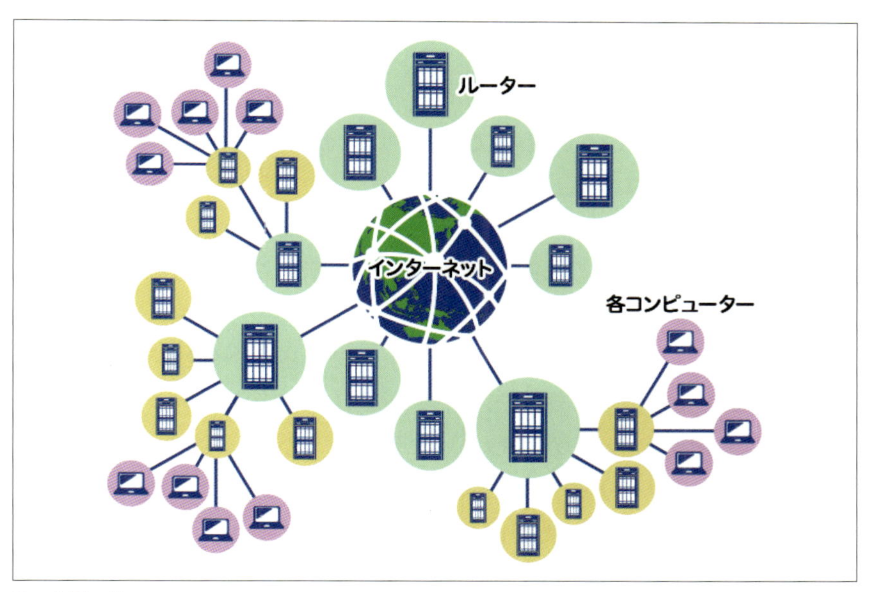

ネットワーク

IPアドレスは、ネットワーク上における住所です。あるコンピューターが、ネットワーク上のほかのコンピューターに情報を送る際には、その送信先のIPアドレスを記述したパケットを送信することになります。パケットは送信されると、ネットワーク同士をつなげる「ルーター」という機器に到達します。

パケットを受け取ったルーターはIPアドレスの内容を確認して、適切なネットワークに向けてそのパケットを送信します。これが繰り返され、最終的に目的のネットワークにたどり着くと、その中でIPアドレスに適合するコンピューターに対してパケットが送信されます。

このようにして、インターネット全体の通信が行われているのです。

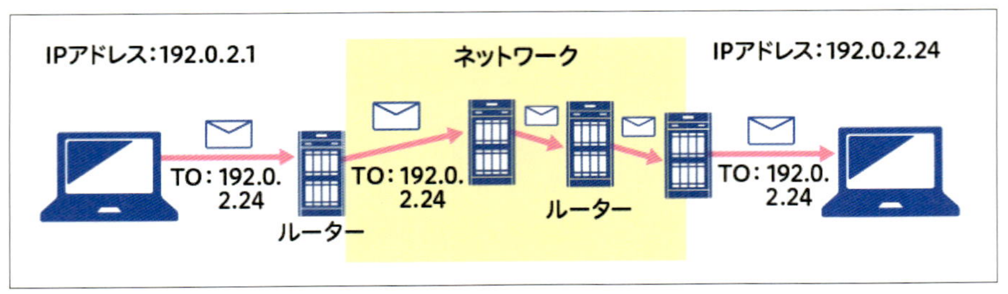

ネットワーク同士をつなげるルーターという機器がパケットを送付する

また、インターネットではさらにデータ通信の安全性を高めるために、**TCP**という仕組みが利用されています。

TCP

TCPとは、Transmission Control Protocolの略称です。IPによるパケットを使った通信で、相手の通信状況を確認して接続を確立して、データの転送が終わったら切断するというプロトコルです。相手との接続を確立しないでいきなりデータを送る方式に、**UDP**（User Datagram Protocol）というものもあり、こちらは確実性よりも転送効率を重視する場合に用いられます。

ここまでIPとTCPについて説明しました。なお、このインターネットの仕組みからわかるとおり、実際に通信を開始するまでは、送信先のIPアドレスがネットワークとして近い場所にあるかどうかや、通信が可能かどうかがわかりません。

そのため、あるIPアドレスへのネットワークの通信にどれぐらいの時間がかかるのか、そもそも疎通が取れているのか確認するために**ping**（ピン）というコマンドが用意されています。

pingコマンド

pingは、パケットを発行し、ネットワーク疎通を確認したいホストに対して、パケットが届くのかの確認をしたり、その応答時間を調査することができるコマンドです。

このpingというコマンドは、第一引数にIPアドレス、またはホスト名を書いて使います。ホスト名は、ネットワーク上の住所をわかりやすく文字列で表現したもので、IPアドレスに変換することができます。以下のように、curlコマンドを実行したコンソールに打ち込んでみましょう。

Ubuntu のコンソール 2 に入力

```
ping www.google.co.jp
```

すると、次のように表示されたのではないでしょうか。

コマンドの実行結果

```
ubuntu@ubuntu-xenial:~$ ping www.google.co.jp
PING www.google.co.jp (216.58.221.163) 56(84) bytes of data.
64 bytes from 216.58.221.163: icmp_seq=1 ttl=56 time=8.89 ms
```

これは、「216.58.221.163」というIPアドレスのコンピューターと問題なく通信できていることを示しています。

いちばん上の結果だけ紹介すると、「64バイトの情報が、1回目で、**TTL**（Time To Live）と呼ばれる生存期間56のうちに、8.89ミリ秒で届いた」という意味です。

この**TTL**は、ルーターを経由するたびに1減っていく数字で、0になったときにはパケットが破棄されます。TTLはIPの送付が無限ループに陥らないために設定されています。

上記の例では、8.89ミリ秒と、かなり遅延の少ない通信をすることができています。これは感覚ですが、5ミリ秒以内であれば、相当近いネットワークに相手のコンピューターがあることがわかります。このようにpingコマンドを使うとさまざまなIPアドレスとの疎通を確認することができるのです。

無事確認が済んだら、tcpdumpとpingを Ctrl ＋ C キーを押して終了してください。この Ctrl ＋ C のショートカットで、ほとんどのコマンドプログラムは終了させることができます。

まとめ

- インターネットはパケット交換方式で通信をしている。
- IPアドレスはインターネット上における住所。
- パケットには、送信元と送信先のIPアドレスが含まれている。
- pingコマンドで相手と通信ができるかを確認できる。

新しく習ったLinuxコマンド

コマンド	できる操作
tcpdump	TCPやUDPで行われる通信のパケットの内容を見ることができる。
curl	第一引数に指定されたURLにアクセスして、コンテンツを取得する。
ping	ネットワーク疎通を確認したいホストに対して、パケットが届くのかの確認をしたり、その応答時間を調査できる。

練習

さまざまなホストに対してpingを送ってみて、その反応速度から、どれぐらいネットワークの遠いところにあるのか想像してみましょう。

Ubuntuのコンソールに入力

```
ping www.u-tokyo.ac.jp
ping stanford.edu
ping www.ox.ac.uk
```

解答

コマンドの実行結果

```
ping www.u-tokyo.ac.jp
64 bytes from 210.152.135.178: icmp_seq=1 ttl=63 time=14.8 ms
```

このアドレスは、日本の東京にある東京大学のWebサイトのホスト名です。14.8ミリ秒かかっています。

コマンドの実行結果

```
ping stanford.edu
64 bytes from web.stanford.edu (171.67.215.200): icmp_seq=1
ttl=63 time=102 ms
```

このアドレスは、アメリカの西海岸にあるスタンフォード大学のWebサイトのホスト名です。102ミリ秒かかっています。

コマンドの実行結果

```
ping www.ox.ac.uk
64 bytes from aurochs-web-154.nsms.ox.ac.uk (129.67.242.154):
icmp_seq=1 ttl=63 time=269 ms
```

このアドレスは、イギリスにあるオックスフォード大学の Web サイトのホスト名です。269 ミリ秒かかっています。

結果をまとめると、東京までは14.8ミリ秒、アメリカ西海岸までは102ミリ秒、イギリスまでは269ミリ秒かかっています。ただしホスト名が海外のものであるからといって、応答するコンピューターが必ずしも遠くにあるとは限らないので、注意が必要です。

Section 03 サーバーとクライアント

通信について理解ができたところで、今度は多数の人に特定のサービスを提供する仕組みを作ってみましょう。

通信の仕組みは2種類

サービスを提供するための通信の仕組みは、次の2種類があります。

- **サーバークライアント型通信**
- **P2P（Peer to Peer）型通信**

サーバークライアント型通信

サーバークライアント型は、サービスを提供するコンピューターを**サーバー**と呼び、サービスを受ける側のコンピューターを**クライアント**と呼ぶ通信方式です。ネットワークは、サーバーから放射状にクライアントにつながる形になります。

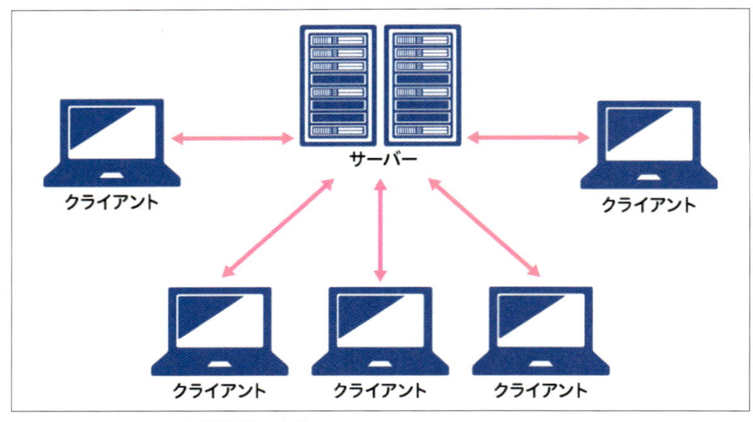

サーバークライアント型通信の方向

P2P（Peer to Peer）型通信

P2P型は、すべてのコンピューターがサーバーでもありクライアントでもあり、相互に通信しあいます。ネットワークはメッシュ状となります。

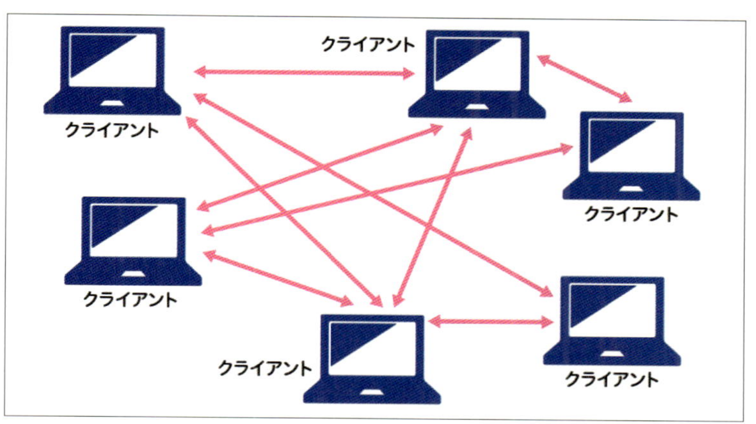

P2P 型通信の方向

tmux

今回は、サーバークライアント型のプログラムを動かしてみましょう。Webサービスを使っていると、よくサーバーという言葉を耳にしますが、このサーバーとはサービスを提供しているコンピューターのことです。

早速TCP/IPで通信を行うサーバーとクライアントをLinuxのコンソールで再現してみましょう。

Windowsでは、管理者として立ち上げたコマンドプロンプトへ、次のコマンドを入力します。次にRLoginを起動し、「vagrant」と書いてある行をダブルクリックします。

コマンドプロンプトに入力

```
cd %USERPROFILE%¥vagrant¥ubuntu64_16
vagrant up
```

Macでは、「ターミナル.app」で次のコマンドを入力します。

ターミナルに入力

```
cd  ~/vagrant/ubuntu64_16
vagrant up
vagrant ssh
```

コンソールが起動したでしょうか。今回は、2つウィンドウを立ち上げるのではなく、1つのウィンドウで、タブのように2つのウィンドウを動かすためのソフトウェア**tmux**を紹介しますので、これを使ってみましょう。

tmuxとは、仮想端末ソフトと呼ばれるソフトウェアです。1つのコンソールで、複数のコンソールを操作したり、コンソールの状態を維持したままにしたりすることができます。コンソールの状態を維持してくれるので、モバイル環境などの不安定なネットワークで作業する際にはとても役に立ちます。例えば、中断するとソフトウェアが壊れてしまうような大事なインストール作業中に、うっかりネットワーク接続が切れて、ソフトウェアが壊れるようなことを防いでくれます。

Ubuntu のコンソールに入力

```
tmux
```

上記のコマンドを入力して、tmuxを起動しましょう。tmuxが起動すると画面が切り替わり、画面いちばん下の行がtmuxの情報を表示する緑色のエリアになります。

tmuxの中へ、次のコマンドを入力して今の日付を表示させてみましょう。

Ubuntu のコンソールに入力

```
date
```

このようにtmuxを起動したあとのコマンドは、仮想的なコンソールで実行されます。

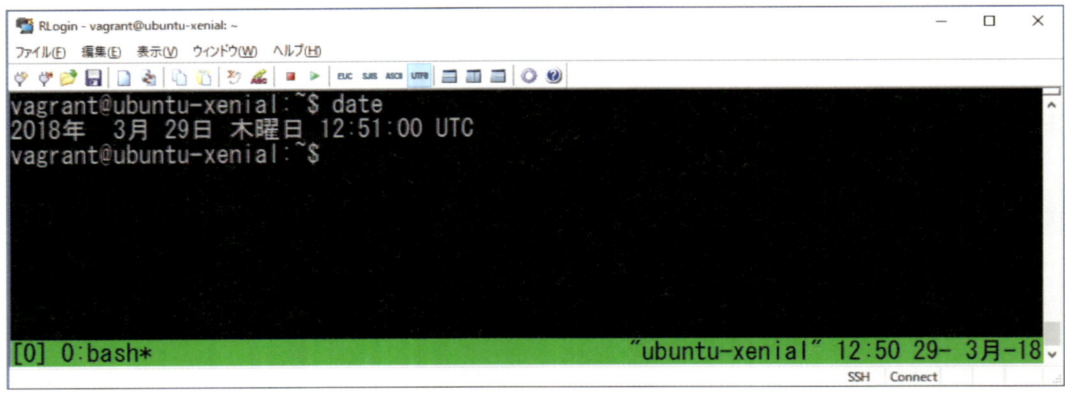

tmux を使ってみた

このtmuxの仮想端末から抜けるためには、Ctrl + Bを押したあと、Dを入力します。元の画面に戻ったのではないでしょうか。このように、仮想のコンソールから離れることを**デタッチ**と呼びます。

さて、ここからまた先ほどの仮想端末に戻る方法は、

Ubuntu のコンソールに入力

```
tmux a
```

と入力します。すると、先ほどdateコマンドで表示されていた日付が表示されたコンソールに戻ってきたのではないかと思います。このように仮想のコンソールに再度接続することを**アタッチ**といいます。

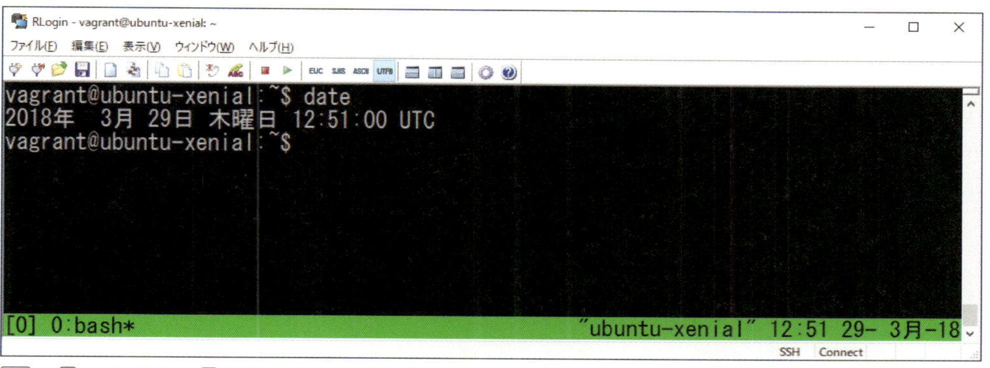

Ctrl + B を押したあと D を押して、tmux からデタッチ

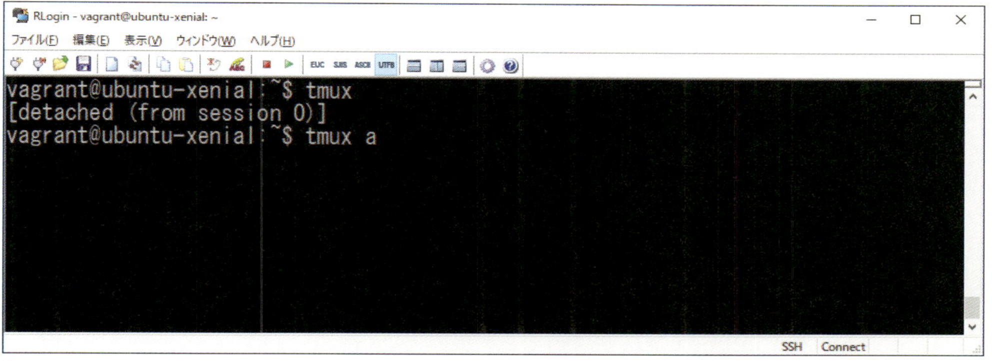

「tmux a」コマンドで tmux にアタッチする

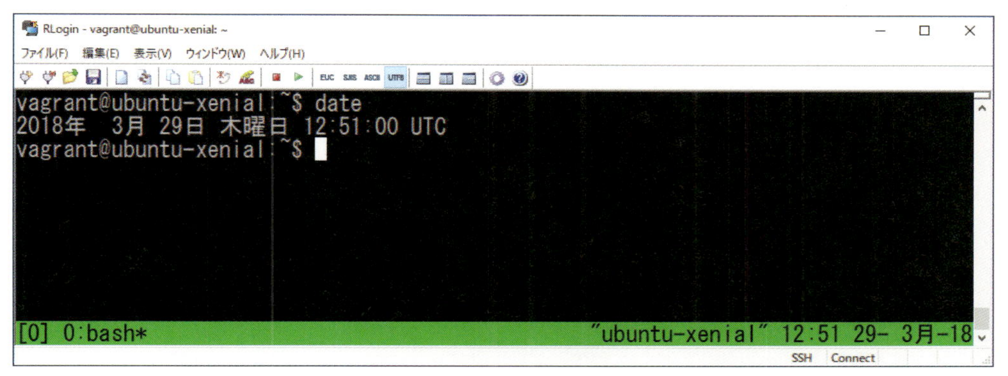

tmux にアタッチされた

tmux の使い方

以下が、tmuxの基本的な使い方です。

入力	処理	タイミング
tmux	起動	コンソール
Ctrl＋B→D	デタッチ（離れる）	仮想端末内
tmux a	アタッチ（接続する）	コンソール
Ctrl＋B→C	ウィンドウ作成	仮想端末内
Ctrl＋B→数字	数字のウィンドウ表示	仮想端末内
Ctrl＋B→P	前の数字に移動	仮想端末内
Ctrl＋B→N	後の数字に移動	仮想端末内
Ctrl＋B→X	ウィンドウを閉じる	仮想端末内

これらを学ぶために、少しtmuxの操作方法を練習してみましょう。

tmuxの使い方を練習しよう

まずは、「tmux a」でtmuxにアタッチします。

Ubuntu のコンソールに入力

```
tmux a
```

このコマンドは先ほど入力したため、すでにtmuxの仮想端末にアタッチしている状態であれば、入力は不要です。アタッチすると、コンソールは次のような状態になっているはずです。

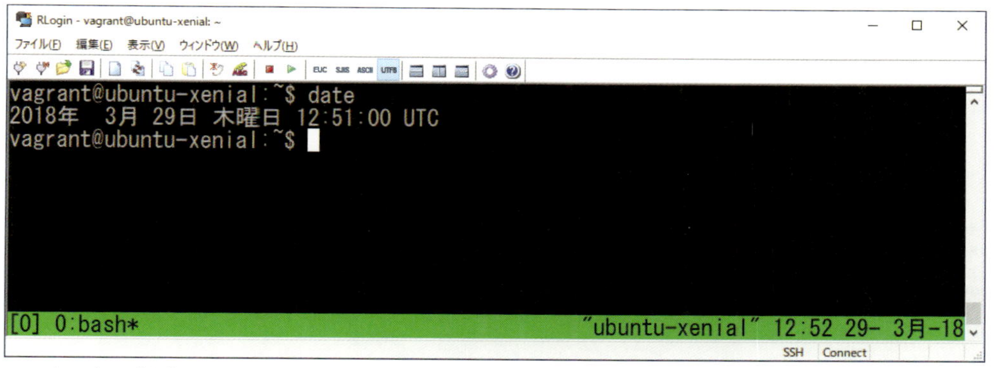

tmux にアタッチした

tmux で新たにウィンドウを作ってみよう

ここから、まずはウィンドウを新たに作るCtrl＋B→Cを試してみてください。cは「作る」という英語のCreateの頭文字です。するといちばん下に表示されているtmuxのステータス表示行の状態が、次のように変わったと思います。

tmux で新しいウィンドウを作成した

「1:bash」が増えていますね。このステータス行は、左側から、

- **セッション名**
- **ウィンドウ名**
- **マシン名**
- **日時と日付**

を表示しています。また、現在開いているウィンドウには「*」が表示されます。つまり、今表示されている「1:bash*」という表示は、今は2つ目（インデックスの番号でいうと1番）の場所にウィンドウがあることを示しています。では、ウィンドウを移動してみましょう。

tmux でウィンドウを移動してみよう

わかりやすいように、dateコマンドを利用して、1番のウィンドウの表示を変えておきます。

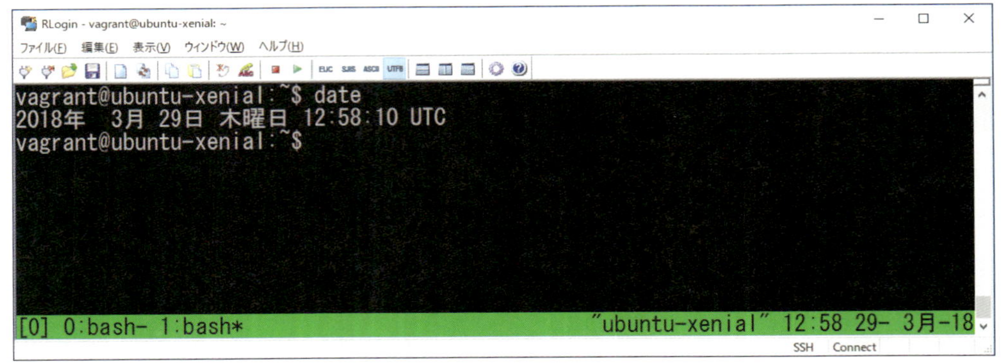

tmux の 1 番ウィンドウで date コマンドを実行する

それから Ctrl + B → 0 と押してみてください。インデックス0番のウィンドウに移動したのではないでしょうか。tmuxのステータス行の表示も、次の図のように0番に「*」がついた表示に変わっているはずです。

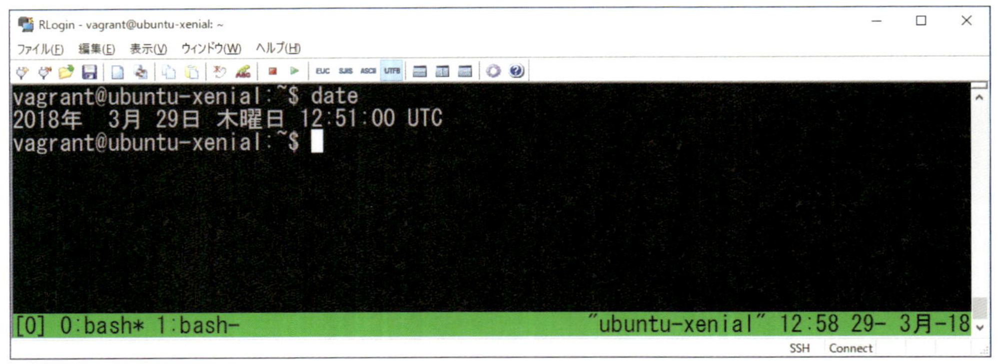

tmux の 0 番ウィンドウに移動した

さらにウィンドウを量産して、追加で3つ作ってみましょう。Ctrl + B → C を3回繰り返してみてください。すると、次のような状態になると思います。

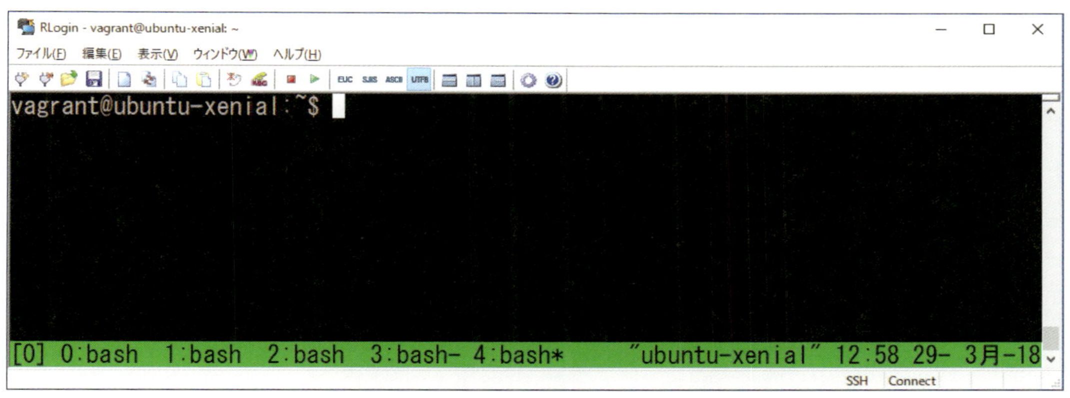

tmux で 5 つのウィンドウを作成した

Ctrl + B → P で1つ前の番号のインデックスのウィンドウに戻れるので、何度か移動して1番のウィンドウに合わせてみましょう。行き過ぎた場合は、Ctrl + B → N で逆に1つ後ろのほうに進むことができます。Previous と Next の頭文字ですね。

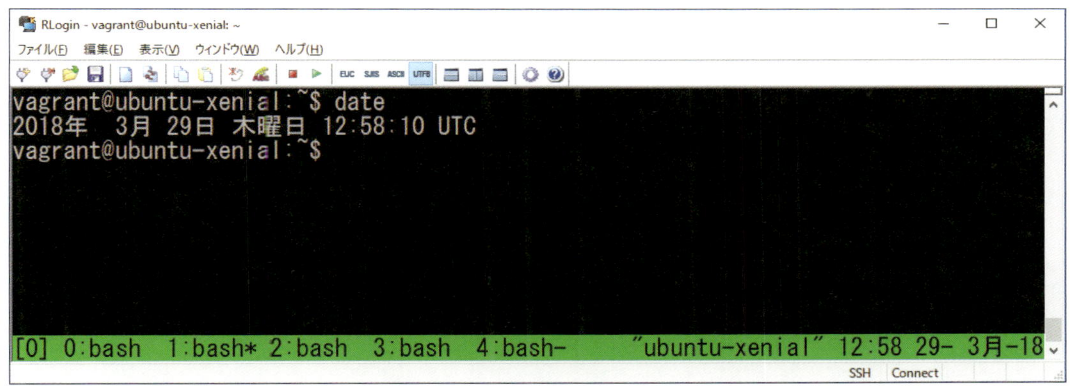

tmux で 1 番ウィンドウに移動した

このように、インデックスが1番のウィンドウに戻せたでしょうか。

いったん、ここでデタッチとアタッチをしてみましょう。Ctrl + B → D でデタッチし、仮想端末から離れて、通常のコンソールから次のコマンドを実行して再度アタッチします。

Ubuntu のコンソールに入力

```
tmux a
```

戻ってくることに成功したでしょうか？

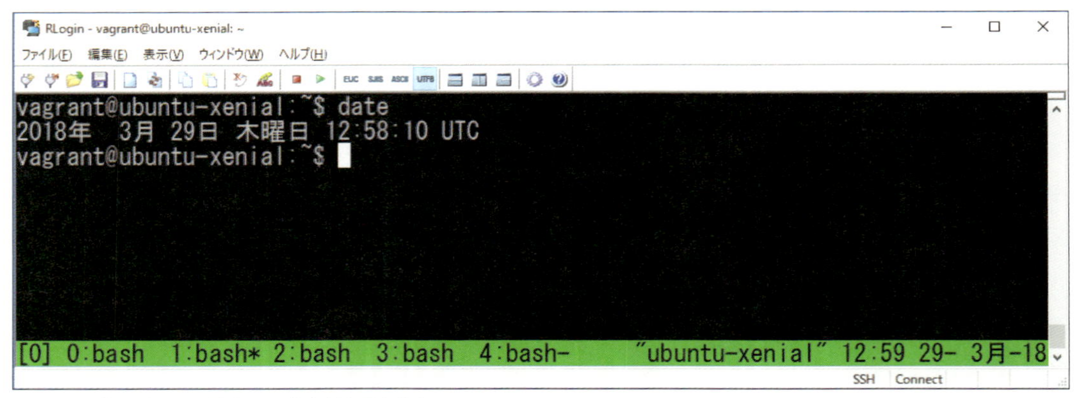

tmux にアタッチし、1 番ウィンドウが表示された

最後に増えたウィンドウを閉じる方法を見てみましょう。

tmux のウィンドウを閉じてみよう

1番のウィンドウを閉じてみましょう。1番のウィンドウを開いている状態でCtrl + B→Xを入力すると、画面の下部にウィンドウの削除を確認するメニューが表示されるので、「y」を入力してください。

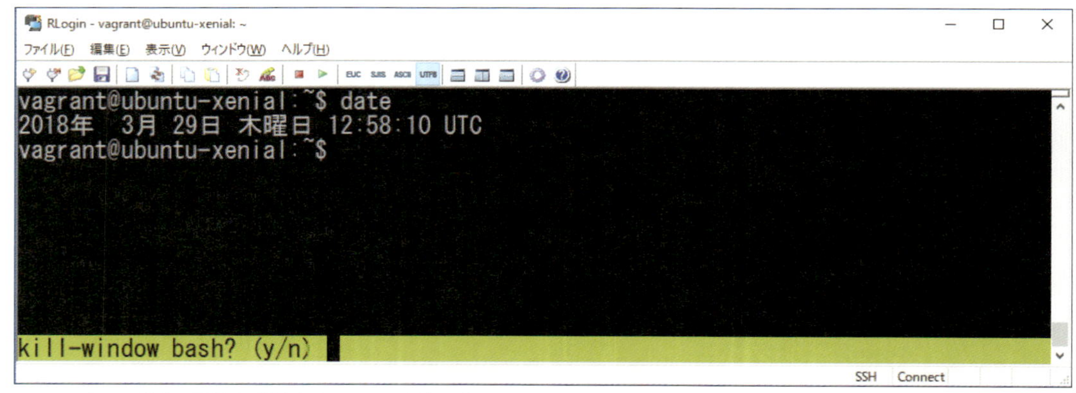

tmux でウィンドウの削除を確認するメニューが表示される

すると1番のウィンドウが消えて、次のようになります。

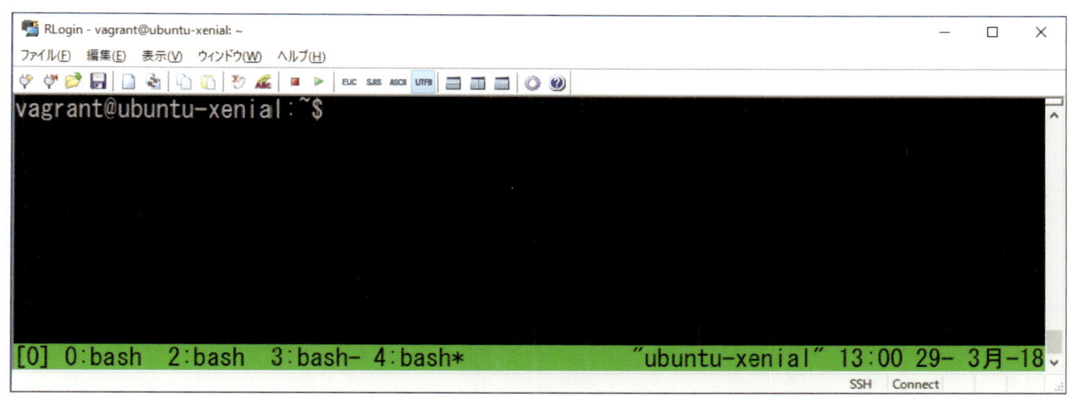

tmux で 1 番のウィンドウが削除された

1番は消えて、0, 2, 3, 4番は残っていることを確認しましょう。

それでは、すべてのウィンドウを閉じて、tmuxを終えてみましょう。Ctrl + B→Xをひたすら実行して、すべてのウィンドウを閉じるとtmuxは終了します。

```
RLogin - vagrant@ubuntu-xenial: ~
vagrant@ubuntu-xenial:~$ tmux
[detached (from session 0)]
vagrant@ubuntu-xenial:~$ tmux a
[exited]
vagrant@ubuntu-xenial:~$
```

すべてのウィンドウを閉じると、tmux が終了する

できましたでしょうか。以上がtmuxの基本的な使い方です。

tmux の help を見てみよう

またtmuxを起動します。

Ubuntu のコンソールに入力

```
tmux
```

tmuxを立ち上げた状態でCtrl + B→?と入力すると、ヘルプを表示することができます。↑ ↓で上下にスクロールできるほか、Qで終了できます。

```
RLogin - vagrant@ubuntu-xenial: ~
ファイル(F) 編集(E) 表示(V) ウィンドウ(W) ヘルプ(H)
bind-key    -T prefix C-b          send-prefix                                  [66/66]
bind-key    -T prefix C-o          rotate-window
bind-key    -T prefix C-z          suspend-client
bind-key    -T prefix Space        next-layout
bind-key    -T prefix !            break-pane
bind-key    -T prefix "            split-window
bind-key    -T prefix #            list-buffers
bind-key    -T prefix $            command-prompt -I #S "rename-session '%%'"
bind-key    -T prefix %            split-window -h
bind-key    -T prefix &            confirm-before -p "kill-window #W? (y/n)" kill-window
bind-key    -T prefix '            command-prompt -p index "select-window -t ':%%'"
bind-key    -T prefix (            switch-client -p
bind-key    -T prefix )            switch-client -n
bind-key    -T prefix ,            command-prompt -I #W "rename-window '%%'"
bind-key    -T prefix -            delete-buffer
bind-key    -T prefix .            command-prompt "move-window -t '%%'"
bind-key    -T prefix 0            select-window -t :=0
bind-key    -T prefix 1            select-window -t :=1
bind-key    -T prefix 2            select-window -t :=2
bind-key    -T prefix 3            select-window -t :=3
[0] 0:[tmux]*                                     "ubuntu-xenial" 13:02 29- 3月-18
SSH Connect
```

tmux のヘルプ

Qでヘルプを閉じてください。今後もtmuxの操作がわからなくなったらCtrl＋B→?でショートカットを確認してみましょう。また、何度もCtrl＋Bで始まる入力をしましたが、このような仮想端末上のショートカットの最初に付ける入力を**prefix**と呼びます。

tmuxを使ったサーバークライアント通信

練習が終わったところで、このtmuxを使ってサーバーとクライアントを実行してみましょう。tmuxを起動した状態で、Ctrl＋B→Cと押し、ウィンドウを2つにします。

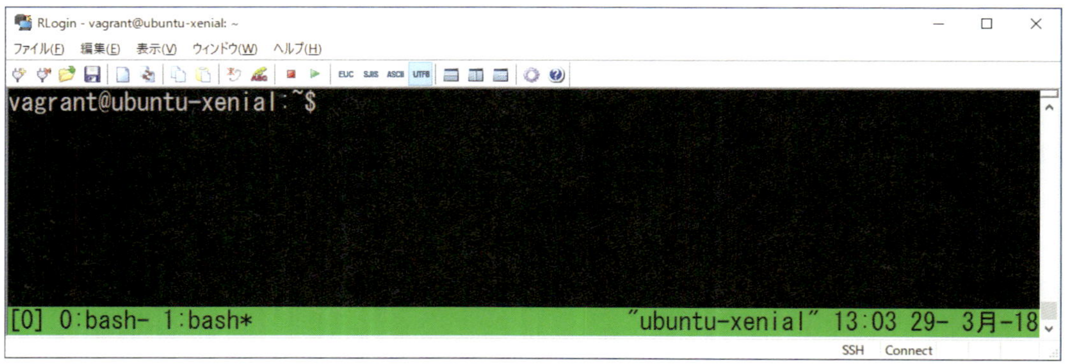

tmux を起動し、ウィンドウを 2 つにする

これから、1番をサーバー、0番をクライアントにしたいと思います。1番で以下のコマンドを実行してみましょう。

1番ウィンドウに入力する

```
while :; do (echo "Thank you for your access!") | nc -l 8000 ;
done
```

実行すると、ずっとクライアントからのアクセスを待ち受けている状態になります。これは、シェルスクリプトで書いたサーバーです。

「while :; do」と「 done」の部分は、while句というループを行うためのシェルスクリプトの構文です。終了メッセージを受け取るまでずっと、中に書いたコマンドを実行し続けます。

「(echo "Thank you for your access!") | nc -l 8000」の部分は、**ncコマンド**に対して、「"Thank you for your access!"」という標準入力を渡しています。

ncコマンドについて説明が必要ですね。

nc コマンド

ncはNetCatというTCPやUDPの読み書きを行うコマンドです。ネットワークに関してさまざまな場面で役立つコマンドで、Webサーバーからの情報の取得や、簡易Webサーバーの設置、メールの送信などさまざまな機能があります。ここでは、「8000という**ポート**を使ってサーバーとして起動し、アクセスがあったら、標準出力の内容を返して終了する」という動作をncコマンドで行っています。

ポート

ポートとは、TCPやJDPにおける通信の取り決めの1つで、0番から65535番のいずれかの数値を設定して通信を行います。通信をするためには、必ずなにかしらのポートを利用しなくてはいけません。プロトコルやソフトウェアによって、このポートが決まっているものもたくさんあります。ここでは8000番ポートを利用しています。

無事サーバーが起動したところで、今度はクライアントを起動してみましょう。まずCtrl+b→0でクライアントの0番ウィンドウに移動します。

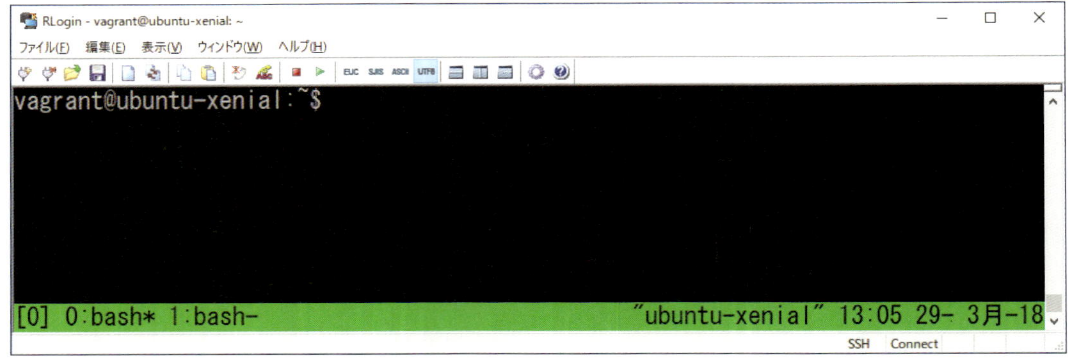

tmux の 0 番ウィンドウに移動する

このように表示されているでしょうか。次に、以下のコマンドを入力します。

tmux の 0 番ウィンドウに入力する

```
telnet 127.0.0.1 8000
```

これは、“**telnet**を使って、127.0.0.1というIPアドレスの8000番ポートにアクセスしてください”という意味のコマンドです。「127.0.0.1」は自分自身を指し示す特別なIPアドレスです。

ここでまた新しいコマンド**telnetコマンド**が登場したので、解説します。

telnet コマンド

telnetは、リモートのコンピューターにアクセスし、ターミナルのセッションを開始するためのコマンドです。テキストベースの通信をすることができますが、簡単なものであれば、ncコマンドのほうが簡単に実行することができます。

ncコマンドと比べ、遠隔ログインに特化したコマンドですが、すべての通信を平文で送信してしまうため、セキュリティ上の理由から現在ではsshなどの代替プロトコルを使う場合がほとんどです。

tmux の 0 番ウィンドウに入力する

```
telnet 127.0.0.1 8000
```

上記のコマンドを実行すると、次のように表示されたのではないでしょうか。

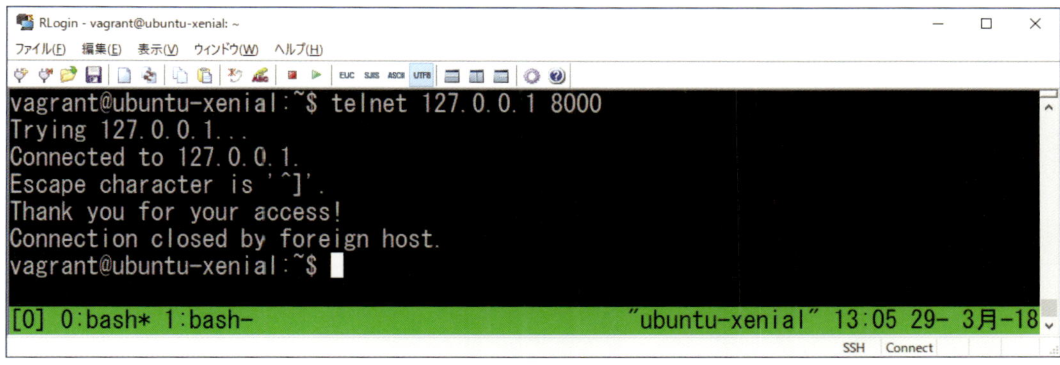

telnetコマンドの実行結果

接続を実行して、「Thank you for your access!」というメッセージが表示されていれば成功です。

サーバーでは、常に、「Thank you for your access!」というメッセージを返すようにコマンドが動いています。クライアントがそのサーバーへアクセスして、その文字列を受け取った結果、クライアント側に「Thank you for your access!」と表示されるのです。これがサーバークライアント間通信です。

以上を確認できたら、1番のウィンドウでサーバーとして動作しているコマンドプロセスを終了させましょう。Ctrl＋B→1でサーバーの動いているウィンドウへ移動したあと、Ctrl＋Cで終了できます。

なお現在は、自分のコンピューター内で通信を行っていますが、この通信はインターネットを介しても行うことができます。実際、このようにしてサーバーとクライアントを使ったさまざまなサービスが実現されています。

まとめ

- **サーバーはサービスを提供するコンピューター。**
- **クライアントはサービスを受けるコンピューター。**
- **tmuxを使って仮想端末を利用すると、1つのコンソールから複数のコンソールを使える。**

新しく習ったLinuxコマンド

コマンド	できる操作
nc	TCPやUDPの読み書きを行う。
telnet	リモートのコンピューターにアクセスし、ターミナルのセッションを開始する。

練習

ncコマンドを使ってチャットサービスを作ってみましょう。サーバーである1番のウィンドウで、次のコマンドを実行します。

tmuxの1番のウィンドウに入力

```
nc -l -p 8000
```

今度はクライアントである0番のウィンドウに切り替え、次のコマンドを実行してください。

tmuxの0番のウィンドウに入力

```
nc 127.0.0.1 8000
```

その後、キーボードで文字を打って[Enter]キーを押し、どちらかのウィンドウの標準入力へ入力を行うと、もう片方のコンソールにも情報が表示されます。確認してみましょう。

解答

[Ctrl]+[B]→[1]を入力後、

tmuxの1番のウィンドウに入力

```
nc -l -p 8000
```

[Ctrl]+[B]→[0]を入力後、

tmuxの0番のウィンドウに入力

```
nc 127.0.0.1 8000
```

これで、チャットサービスが実現されます。両方のコンソールにいろいろな文章を書き込んでみましょう。終了するときは[Ctrl]+[C]で、サーバーもクライアントも終了することができます。不要になったウィンドウは[Ctrl]+[B]→[X]で終了して、tmuxを終了してください。

サーバークライアント通信でチャット

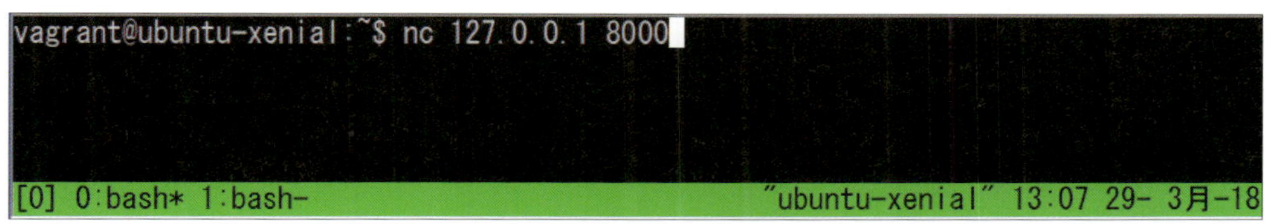
vagrant@ubuntu-xenial:~$ nc -l -p 8000
[0] 0:bash- 1:bash*
"ubuntu-xenial" 13:06 29- 3月-18

Ctrl + B → 1 で 1 番目のウィンドウに切り替えて、「nc -l -p 8000」を入力する

vagrant@ubuntu-xenial:~$ nc 127.0.0.1 8000
[0] 0:bash* 1:bash-
"ubuntu-xenial" 13:07 29- 3月-18

Ctrl + B → 0 で 0 番目のウィンドウに切り替えて、「nc 127.0.0.1 8000」を入力する

```
vagrant@ubuntu-xenial:~$ nc 127.0.0.1 8000
こんにちは

[0] 0:nc* 1:bash-                              "ubuntu-xenial" 13:07 29- 3月-18
```

0 番目のウィンドウで「こんにちは」と入力する

```
vagrant@ubuntu-xenial:~$ nc -l -p 8000
こんにちは

[0] 0:nc- 1:nc*                                "ubuntu-xenial" 13:08 29- 3月-18
```

1 番目のウィンドウに切り替えると、「こんにちは」のメッセージが届いている

```
vagrant@ubuntu-xenial:~$ nc -l -p 8000
こんにちは
こんばんは

[0] 0:nc- 1:nc*                                "ubuntu-xenial" 13:08 29- 3月-18
```

1 番目のウィンドウで「こんばんは」と入力する

```
vagrant@ubuntu-xenial:~$ nc 127.0.0.1 8000
こんにちは
こんばんは

[0] 0:nc* 1:nc-                                "ubuntu-xenial" 13:08 29- 3月-18
```

0 番目のウィンドウに切り替えると「こんばんは」のメッセージが届いている

Section 04 HTTP通信

今回は、通信の中でも特にHTTPというプロトコルを使ったサーバーとクライアントを自分で用意できるようになります。

HTTP

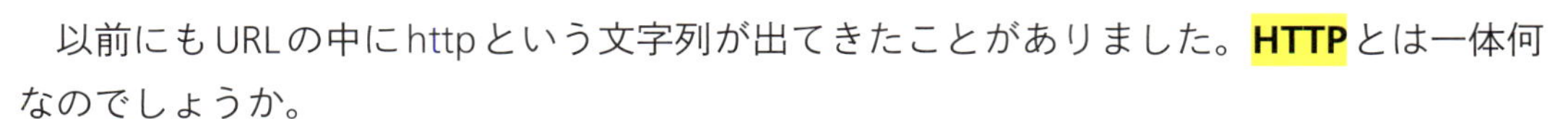

以前にもURLの中にhttpという文字列が出てきたことがありました。**HTTP**とは一体何なのでしょうか。

HTTPとは、HyperText Transfer Protocolの略称で、HTMLなどのHyperTextを受け渡すためのTCP/IP上で実現するプロトコルの1つです。すでに習った、「http://hostname/path」という形式のURLにおける「http」の部分が、この**HTTP**のプロトコルを指し示す部分となっています。HTTPでは、デフォルトでは80番のポートを使う決まりになっています。

前回のncを使ったサーバーとクライアントの通信では、ただ単にテキストでやり取りをしているだけでしたが、**HTTP**では、メタ情報を持つヘッダなどを含め、一緒に送ることができます。

HTTP通信をやってみよう

早速HTTPでの通信を試してみましょう。

Windowsでは、管理者として起動したコマンドプロンプトへ、次のコマンドを入力します。次にRLoginを起動し、「vagrant」と書いてある行をダブルクリックします。

コマンドプロンプトに入力

```
cd %USERPROFILE%¥vagrant¥ubuntu64_16
vagrant up
```

Macでは、「ターミナル.app」へ次のコマンドを入力します。

ターミナルに入力

```
cd  ~/vagrant/ubuntu64_16
vagrant up
vagrant ssh
```

コンソールが開けたら、以下のコマンドを入力してみましょう。

Ubuntu のコンソールに入力

```
nc nnn.ed.jp 80
```

これは「nnn.ed.jp」というホスト名で表されるサーバーの80番ポートに接続する、というncコマンドです。ncコマンドはTCP/IPの通信を開始し、待機状態になります。

Ubuntu のコンソールに入力

```
GET / HTTP/1.1
```

と入力してから、Enterキーを2回押して、改行を2つ入れてみましょう。これはHTTPの**GETメソッド**と呼ばれる情報取得のための宣言で、「/」という場所、すなわちドキュメントのルートの情報をHTTPプロトコルのバージョン1.1で取得する、という要求です。このような要求のことを、**リクエスト**と呼びます。

先ほどのリクエストを送信すると、以下のように表示されます。なお、サイト側の変更などによって細部の表示は以下と異なっていることがあるかもしれません。

コマンドの実行結果

```
HTTP/1.1 400 Bad Request
Date: Tue, 11 Jul 2017 09:58:41 GMT
Content-Type: text/html
Content-Length: 177
Connection: close
Server: -nginx
CF-RAY: -

<html>
<head><title>400 Bad Request</title></head>
<body bgcolor="white">
<center><h1>400 Bad Request</h1></center>
<hr><center>cloudflare-nginx</center>
</body>
```

```
</html>
```

これは、**HTTPのレスポンス**と呼ばれるもので、リクエストの結果です。上から簡単に説明していきます。

コマンドの実行結果：ヘッダ

```
HTTP/1.1 400 Bad Request
```

これは、サーバーが受け取ったリクエストが、悪いリクエストだったよという**ヘッダ**です。400と書いてあるのは、**HTTPのステータスコード**と呼ばれる番号です。簡単に言えば、不適切なリクエストでしたという意味です。セキュリティのため、対応するWebブラウザでアクセスをしていない場合は、このように表示されることがほとんどです。

コマンドの実行結果：ヘッダ情報

```
Date: Tue, 11 Jul 2017 09:58:41 GMT
Content-Type: text/html
Content-Length: 177
Connection: close
Server: -nginx
CF-RAY: -
```

この部分は**ヘッダ情報**と呼ばれ、送られた日付やサーバーの情報、レスポンスとして返されるデータの大きさ、コネクションの状態、このヘッダに続く内容となるレスポンス本体のコンテンツ形式などが記載されています。

コマンドの実行結果：ヘッダ情報

```
<html>
<head><title>400 Bad Request</title></head>
<body bgcolor="white">
<center><h1>400 Bad Request</h1></center>
<hr><center>cloudflare-nginx</center>
</body>
</html>
```

この部分は、ブラウザに表示されるレスポンスの内容です。今回のリクエストに対しては、レスポンスがHTMLで返ってきて、「あなたのブラウザから不適切なリクエストが送られましたよ」というメッセージがHTMLの中に記述してあります。

この、レスポンスの本体部分のことを**Content**と呼びます。これが、HTTPの通信のリクエストとレスポンスの例です。

なお、このHTTPのリクエストは、TCP/IPを使い、通常のテキストでやり取りされていますが、これを暗号化したものもあります。それが、**HTTPS**というプロトコルです。

HTTPS

HTTPSとは、**HTTP**をSSLやTLSという方式で暗号化して通信を行うプロトコルです。認証局による証明書を利用して暗号化を行うことで、通信経路上の盗聴や第三者によるなりすましを防止するために用いられます。Webサイトなどで流出してはいけないパスワード情報や、個人情報をやり取りするページでは**HTTPS**で通信する必要があります。デフォルトのポートは、443番が利用されています。

このHTTPSは、HTTPを利用して重要な情報を扱う際には、非常に重要な技術になります。ただしソフトウェアの開発中に関しては、ほとんどの場合、利便性からHTTPSではなくHTTPで開発をします。

先ほどは、以下のコマンドを実行しましたね。

Ubuntu のコンソールに入力

```
nc nnn.ed.jp 80
```

ここではncコマンドにIPアドレスではなく**ホスト名**と呼ばれる文字列を渡しました。

ホスト名は**DNS**と呼ばれる仕組みによって、IPアドレスに変換が可能なのです。したがって内部的な通信は、やはりIPアドレスを使って行われています。

DNS

DNSとは、Domain Name Systemの頭文字を取ったものです。ホスト名をIPアドレスに変換するシステムです。なお、このホスト名のことを、**ドメイン**と呼ぶこともあります。

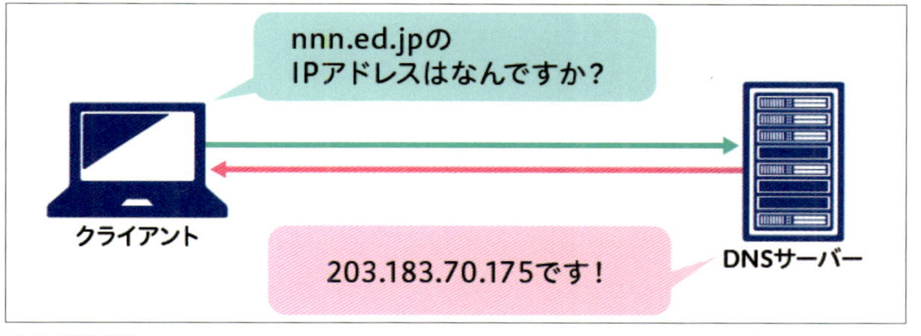

DNS の概念図

インターネット上の最上位のドメインのDNSは13台のDNSサーバーによって運用されています。なおインターネット上のDNS以外にも、特定のネットワーク内で使うためのローカルなDNSも存在します。

また以前localhostというホスト名を利用しましたが、これも内部的には127.0.0.1という、自分を指し示すIPアドレスに変換されています。その設定情報は「/etc/hosts」というファイルに書かれています。次のコマンドを入力して「/etc/hosts」ファイルを表示して確認してみましょう。

Ubuntu のコンソールに入力

```
less /etc/hosts
```

最初の行が、localhostに対しての設定になっています。

コマンドの実行結果

```
127.0.0.1 localhost

# The following lines are desirable for IPv6 capable hosts
::1 ip6-localhost ip6-loopback
fe00::0 ip6-localnet
ff00::0 ip6-mcastprefix
ff02::1 ip6-allnodes
ff02::2 ip6-allrouters
ff02::3 ip6-allhosts
```

今度は実際にHTTPのサーバーを立ててみましょう。サーバーを構築して実行することを、日本のIT業界では慣例的に「立てる」と表現します。

HTTPサーバーを立ててみよう

Ubuntu のコンソールに入力

```
mkdir ~/workspace/httpd
cd ~/workspace/httpd
```

このように作業フォルダを作成して移動します。次に、このディレクトリに対応するフォルダをVS Codeから開いて、以下のファイルを用意しましょう。

index.html

```
<!DOCTYPE html>
<html lang="ja">
<head>
    <meta charset="UTF-8">
    <title>はじめてのサーバー</title>
</head>
<body>
    <p>サーバーが動いています。</p>
</body>
</html>
```

VS Codeでフォルダを開き、ファイルを作成して、「html:5」と入力したあと、Tabキーを押すことで出てくるひな形を利用して簡単に作ることができます。

HTMLファイルが用意できたら、tmuxを起動してCtrl＋B→Cでウィンドウを作成し、作った1番ウィンドウで、以下のコマンドを実行します。

Ubuntuのコンソールに入力

```
sudo apt install ruby
```

以上でrubyというプログラムをインストールしたら、続けて以下のコマンドを実行します。

Ubuntuのコンソールに入力

```
cd ~/workspace/httpd
ruby -run -e httpd . -p 8000
```

以下のように表示されたら、サーバーが起動できています。

コマンドの実行結果

```
ubuntu@ubuntu-xenial:~/workspace/httpd$ ruby -run -e httpd . -p
8000
[2015-11-12 03:21:56] INFO  WEBrick 1.3.1
[2015-11-12 03:21:56] INFO  ruby 1.9.3 (2013-11-22) [x86_64-
linux]
[2015-11-12 03:21:56] WARN  TCPServer Error: Address already in
use - bind(2)
[2015-11-12 03:21:56] INFO  WEBrick::HTTPServer#start: pid=5963
port=8000
```

```
[0] 0:bash- 1:ruby* "vagrant-ubuntu-trusty-" 03:22 12-Nov-155
```

ruby で http サーバーを立ち上げるコマンド

```
ruby -run -e httpd . -p 8000
```

このコマンドは、rubyというプログラムを使い、httpのサーバーをカレントディレクトリ「.」のファイルを使って、8000番ポートで立ち上げるという意味になります。

これでサーバーが立ち上がったので、今度はウィンドウ0番をクライアントにして、サーバーにアクセスしてみます。Ctrl＋B→0でウィンドウ0番へ切り替えてから、

Ubuntu のコンソールに入力

```
curl http://localhost:8000/index.html
```

と入力しましょう。すると、次のように表示されます。

コマンドの実行結果

```
<!DOCTYPE html>
<html lang="ja">
<head>
    <meta charset="UTF-8">
    <title>はじめてのサーバー</title>
</head>
<body>
<p>サーバーが動いています。</p>
</body>
```

先ほど立てたHTTPサーバーが、作成したindex.htmlの情報を返してくれているのです。これで、HTTPのサーバーとクライアントの動作を試すことができましたが、実際にブラウザから見てみたいですね。そのために、Ubuntuサーバーの8000番ポートを、あなたがお使いのマシンの8000番ポートに対応させてみましょう。

VS Codeで以下のファイルを開きます。

Windows の場合

```
%USERPROFILE%¥vagrant¥ubuntu64_16¥Vagrantfile
```

Mac の場合

```
/Users/${あなたのMacログイン名}/vagrant/ubuntu64_16/Vagrantfile
```

27行目のコメントがない行に、

Vagrantfile：27 行目

```
config.vm.network "forwarded_port", guest: 8000, host: 8000
```

と入力してください。この設定は、仮想化されたUbuntuのポートへの通信を、実際に使っているWindowsやMacのポートに転送する設定で、**ポートフォワード**と呼ばれています。

```
21
22      # Create a forwarded port mapping which allows access to a specific
23      # within the machine from a port on the host machine. In the example
24      # accessing "localhost:8080" will access port 80 on the guest machin
25      # NOTE: This will enable public access to the opened port
26      # config.vm.network "forwarded_port", guest: 80, host: 8080
27      config.vm.network "forwarded_port", guest: 8000, host: 8000
28
```

Vagrantfile の設定

編集できたら、ファイルを保存してください。この設定を反映させるため、Vagrantを再起動します。Windowsでは、管理者として起動したコマンドプロンプトへ、次のコマンドを入力します。

コマンドプロンプトに入力

```
cd %USERPROFILE%¥vagrant¥ubuntu64_16
vagrant reload --provision
```

すると先ほどまで使っていたRLoginのコンソールは接続が切れて、ウィンドウが消えます。Vagrantの再起動が完了したら再度RLoginを起動し、vagrantと書いてある行をダブルクリックして接続します。

Macでは、「ターミナル.app」へ以下を入力します。

ターミナルに入力

```
cd ~/vagrant/ubuntu64_16
vagrant reload --provision
vagrant ssh
```

以上でポートフォワードの設定ができました。再度httpサーバーを立てましょう。

Ubuntuのコンソールに入力

```
cd ~/workspace/httpd
ruby -run -e httpd . -p 8000
```

問題なければ、Chromeを起動して、アドレスバーに、

```
http://localhost:8000/
```

と入力してみましょう。うまくいかないときは、再度「vagrant reload」を実行してみてください。また、httpサーバーを立てるコマンドやChromeへ入力するURLが間違っていないか、確認してみてください。

無事、「サーバーが動いています」と表示されたでしょうか。

なお、気付いたかもしれませんが、HTTPのパスにおいて「index.html」というファイル名は特別です。このファイル名にしておくと、1つ上のディレクトリ名までのURLで、そのディレクトリ内の「index.html」ファイルを開いてくれます。つまり、「http://localhost:8000/」で「http://localhost:8000/index.html」を指し示すことができるのです。

はじめてのサーバー
localhost:8000
サーバーが動いています。

自分で立てたサーバーにブラウザからアクセス

以上で、ついにHTTPサーバーを立てることができるようになりました。Webサービス作りに近づいてきましたね。

まとめ

- **HTTPは、HTMLなどの情報をやり取りするTCP/IP上のプロトコル。**
- **HTTPSは、HTTPを暗号化したもの。**
- **DNSは、ホスト名をIPアドレスに引き換えてくれる。**

練習

Ubuntuの「~/workspace/httpd」ディレクトリに対応するフォルダに、『高校生からはじめるプログラミング』で作った「あなたのいいところ診断」アプリを置いて動かしてみましょう。

アプリを作っていない方は、次のURLにアクセスしてください。「Clone or download」→「Download ZIP」をクリックすると、ソースコードを圧縮したzipファイルがダウンロードできます。このファイルのダウンロードが完了したら、展開して練習を解いてみましょう。

- **https://github.com/progedu/assessment-for-donwload**

また、「あなたのいいところ診断」アプリがどのようなアプリかは、次のURLから確認することができます。これらのURLを入力するのが大変な場合は、ブラウザーで「https://github.com/progedu/commands」にアクセスし、該当のリンクをクリックしましょう。

- **https://progedu.github.io/assessment-for-download/assessment.html**

すでにhttpサーバーが動いている状態であれば、サーバーを再起動する必要はありません。関係している3つのファイル「assessment.html」「assessment.css」「assessment.js」をすべてコピーしてきて、次のURLにアクセスしてみましょう。

```
http://localhost:8000/assessment.html
```

解答

無事、「あなたのいいところ診断」アプリが動けば成功です。

Section 05 通信をするボットの開発

前回までで、HTTPに関するサーバーとクライアントを作ることができるようになりました。今回はその知識を生かして、自動的に情報を集めるプログラムを作ってみましょう。

ボット

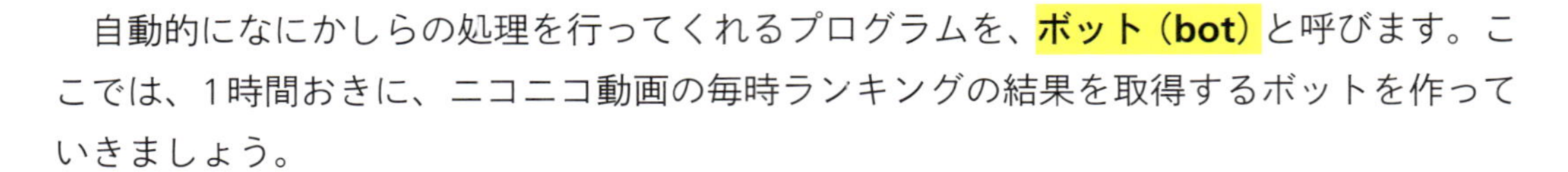

自動的になにかしらの処理を行ってくれるプログラムを、**ボット（bot）**と呼びます。ここでは、1時間おきに、ニコニコ動画の毎時ランキングの結果を取得するボットを作っていきましょう。

準備

Windowsでは、管理者として起動したコマンドプロンプトへ次のコマンドを入力します。次にRLoginを起動し、「vagrant」と書いてある行をダブルクリックします。

コマンドプロンプトに入力

```
cd %USERPROFILE%¥vagrant¥ubuntu64_16
vagrant up
```

Macでは、「ターミナル.app」へ次のコマンドを入力します。

ターミナルに入力

```
cd  ~/vagrant/ubuntu64_16
vagrant up
```

```
vagrant ssh
```

Ubuntuのコンソールが開けたら、開発用のディレクトリを作成します。

Ubuntuのコンソールに入力

```
mkdir ~/workspace/bot
cd ~/workspace/bot
```

以前に習ったシェルスクリプトを使います。シェルスクリプトのファイルを「touch」コマンドで作成して、「chmod」コマンドで実行権限を付けましょう。

Ubuntuのコンソールに入力

```
touch niconico-ranking.sh
chmod a+x niconico-ranking.sh
```

作成したファイル「niconico-ranking.sh」をVS Codeで開いて、シバンを入力します。

niconico-ranking.sh

```
#!/bin/bash
```

ここまでは、シェルスクリプトを書く際のお決まりの手順ですね。ここで、どのように作っていくか決めるために、要件を考えてみましょう。

要件定義

今回の要件は以下の3つとしましょう。

- **データの保存先となるディレクトリを作る**
- **現在の時刻から、データを保存するファイル名を決める**
- **そのファイルに、ニコニコ動画の毎時ランキングのデータを保存する**

ニコニコ動画のランキング情報を取得しよう

ニコニコ動画のランキング情報は、以下のURLで提供されている**RSS**という形式のXMLファイルが利用できます。

ニコニコ動画のランキング情報

```
http://www.nicovideo.jp/ranking/fav/hourly/all?rss=2.0&lang=ja-
jp
```

RSSとは、Really Simple Syndicationの略で、Webサイトの見出しや要約をXML（Extensible Markup Language）というマークアップ言語で記述した形式です。HTMLとは親戚のような関係にあたり、ファイルの中身の見た目も似ています。

データの保存先ディレクトリを作ろう

第1の要件、ディレクトリを作る処理を書いてみます。

niconico-ranking.sh

```
#!/bin/bash
dirname="/home/vagrant/workspace/niconico-ranking-rss"
mkdir -p $dirname
```

これでどうでしょうか。保存先ディレクトリを示す変数として「dirname」を使っています。さらに「mkdir」コマンドに「-p」オプションを与えることで、すでにディレクトリが存在したときにも、問題なく動作するようになっています。

これを試しに動かしてみましょう。ただしWindowsの場合、ファイルの改行コードをCRLFからLFに変更する必要があります。

Ubuntuのコンソールに入力

```
cd ~/workspace/bot
./niconico-ranking.sh
ls ~/workspace
```

うまく実行できていれば、最後のlsコマンドの結果表示にniconico-ranking-rssが含まれているはずです。

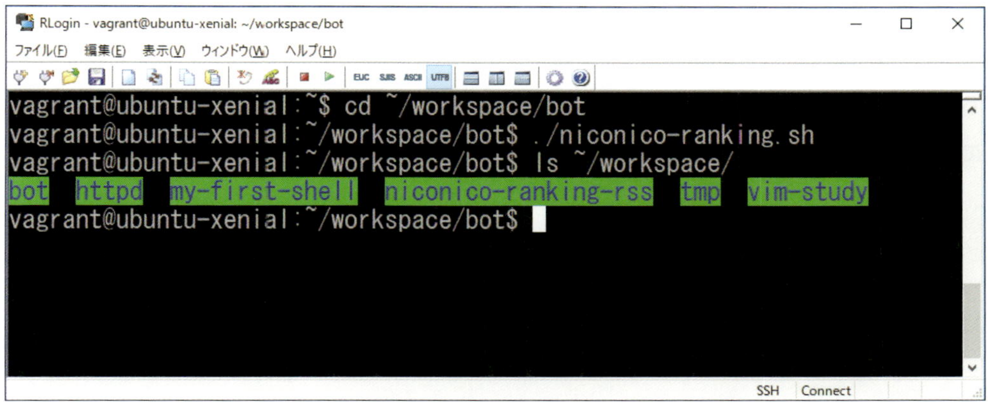

workspace ディレクトリに「niconico-ranking-rss」が作成されている

現在の時間からファイル名を作成しよう

続けて、保存先となるファイル名を作成して、変数に代入してみましょう。

niconico-ranking.sh

```
#!/bin/bash
dirname="/home/vagrant/workspace/niconico-ranking-rss"
mkdir -p $dirname
filename="${dirname}/hourly-ranking-`date +'%Y%m%d%H%M'`.xml"
echo "Save to $filename"
```

シングルクォーテーション「'」、ダブルクォーテーション「"」、バッククォーテーション「`」が入り交じっているので、間違えないよう注意して入力してください。バッククォーテーション「`」は見慣れない記号かもしれませんが、日本語キーボードであれば Shift キーを押しながら @（アットマーク）キーを押すことで入力できます。

変数dirnameが「${dirname}」のような書き方になっていますね。変数の値を使うとき、区切りがスペースなどではないときは、今回の例のように変数名を **{}** で囲むことによって正しく呼び出すことができます。

また、バッククォーテーション「`」で囲んだ部分は、“コマンドを実行した標準出力を文字列として取得して使う”という構文です。具体的に見てみましょう。バッククォーテーションの中に、下記のコマンドが書かれています。

niconico-ranking.sh：4行目の date コマンド

```
date +'%Y%m%d%H%M'
```

このコマンドを実行すると、「201803291337」のような文字列が標準出力に出力されます。バッククォーテーションによって、この実行結果が文字列として取り込まれることになりますので、結果として「hourly-ranking-201803291337.xml」のようなファイル名ができあがります。

実際にこの時点で動かしてみましょう。

Ubuntuのコンソールに入力

```
cd ~/workspace/bot
./niconico-ranking.sh
```

このコマンドを実行して、次のように表示されれば成功です。

コマンドの実行結果

```
Save to /home/vagrant/workspace/niconico-ranking-rss/hourly-
ranking-201803291337.xml
```

なお、「date」で表示される時刻は、デフォルトでは日本標準時（JST）ではなく、協定世界時（UTC）になっています。日本に住んでいる場合は、実際の時刻より9時間遅い時刻が表示されていると思いますが、今回はあまり影響しないのでこのまま進めていきます。

ニコニコ動画のランキング情報を保存しよう

今度は、ニコニコ動画の毎時ランキングのURLを指定して、インターネットからデータを取得してみましょう。

niconico-ranking.sh

```
#!/bin/bash
dirname="/home/vagrant/workspace/niconico-ranking-rss"
mkdir -p $dirname
filename="${dirname}/hourly-ranking-`date +'%Y%m%d%H%M'`.xml"
echo "Save to $filename"
curl -s -o $filename -H "User-Agent: CrawlBot; your@mail"
http://www.nicovideo.jp/ranking/fav/hourly/all?rss=2.0&lang=ja-
jp
```

最後の1行を追加しました。これまでも使用したcurlコマンドに、何も表示せずに実行するための「-s」オプションと、結果を指定したファイルへ保存する「-o」オプションを指定しています。さらに「-H」オプションに続けて次の文字列を書くことで、HTTPのリクエストに、「User-Agent」というヘッダを追加しています。

niconico-ranking.sh：User-Agent の指定

```
"User-Agent: CrawlBot; your@mail"
```

「your@mail」の部分は、必ずあなたのメールアドレスに変更してください。このようなボットには思わぬバグがあり、サーバーに対して大きな負荷をかけてしまう可能性があります。そのような場合に、サーバーの管理者がこのボットからのアクセスを遮断しやすくするため、この設定をしました。

それでは、実際に動かしてみましょう。

Ubuntu のコンソールに入力

```
cd ~/workspace/bot
./niconico-ranking.sh
ls ~/workspace/niconico-ranking-rss
```

xml ファイルが取得されているのが確認できると思います。このxml ファイルを VS Code などで開いてみましょう。次のような内容になっていて、ニコニコ動画のランキング情報が取得できていることがわかります。

niconico-ranking.sh で取得した xml ファイル

```
<?xml version="1.0" encoding="utf-8"?>
<rss version="2.0" xmlns:atom="http://www.w3.org/2005/Atom">
    <channel>

        <title>カテゴリ合算の総合ランキング(毎時) - ニコニコ動画</title>
        <link>http://www.nicovideo.jp/ranking/fav/hourly/all</
link>
        <description>毎時更新</description>
        <pubDate>Thu, 29 Mar 2018 22:09:01 +0900</pubDate>
        <lastBuildDate>Thu, 29 Mar 2018 22:09:01 +0900</
lastBuildDate>
        <generator>ニコニコ動画</generator>
```

シェルスクリプトの実行を自動化してみよう

最後に、このシェルスクリプトを自動的に実行するように設定してみましょう。そのために **cron**（クロン）というプログラムを利用します。

cron

cronとは、プログラムを決められたスケジュールに合わせて自動実行してくれるプロセスです。週のいつ、月のいつ、何日何時何分に何を実行するのか、設定することができます。

cronの設定方法を見ていきます。まず、次のコマンドを入力しましょう。

Ubuntuのコンソールに入力

```
crontab -e
```

すると、cronの設定をするためにどのエディタを使用するか選択を求められるので、3のviを選択します。

コマンドの実行結果

```
no crontab for vagrant - using an empty one

Select an editor.  To change later, run 'select-editor'.
1. /bin/ed
2. /bin/nano        <---- easiest
3. /usr/bin/vim.basic
4. /usr/bin/vim.tiny

Choose 1-4 [2]:
```

③と入力してEnterキーを入力すると、vimが開いて以下のような表示になります（もしエディタの選択を間違ってしまった際には、「select-editor」コマンドを実行し、再設定してください）。

cronの設定画面

```
# Edit this file to introduce tasks to be run by cron.
#
# Each task to run has to be defined through a single line
# indicating with different fields when the task will be run
# and what command to run for the task
#
# To define the time you can provide concrete values for
# minute (m), hour (h), day of month (dom), month (mon),
# and day of week (dow) or use '*' in these fields (for 'any').#
# Notice that tasks will be started based on the cron's system
```

```
# daemon's notion of time and timezones.
#
# Output of the crontab jobs (including errors) is sent through
# email to the user the crontab file belongs to (unless
redirected).
#
# For example, you can run a backup of all your user accounts
# at 5 a.m every week with:
# 0 5 * * 1 tar -zcf /var/backups/home.tgz /home/
#
# For more information see the manual pages of crontab(5) and
cron(8)
#
# m h  dom mon dow   command
```

この最後の行までJで移動して、Oを押してみましょう。Oは、現在位置の次の行に空行を作って、そこでインサートモードに入る、というvimのコマンドです。

cronの設定画面：最終行にコマンドを追記

```
16 * * * * /home/vagrant/workspace/bot/niconico-ranking.sh
```

以上のように入力します。毎時16分に、指定のプログラム「/home/vagrant/workspace/bot/niconico-ranking.sh」を実行せよ、という内容です。

16分という設定は一例なので、今のあなたにとって、もうすぐやってくる時刻に変更してしまいましょう。例えば、今が10時30分であれば、35分くらいに設定します。終わったらEscキーを入力してコマンドモードに戻り、「:wq」とコマンドを入力してからEnterキーを押し、保存・終了します。

これで、指定した時刻になれば、自動的に先ほどのスクリプトが実行されます。

自動化に成功できたでしょうか。これで、過去のニコニコ動画のランキング情報を自分のデータベースとしてずっと収集し続けることができます。すごいですね。

cronの設定方法については「cron設定方法」などと検索すると、さまざまなバリエーションの設定方法が出てくると思います。もしよかったら調べてみてください。また、このcronはLinux OSが実行されていないと動きませんので、「vagrant halt」コマンドを使ってLinuxを終了している間には動きません。気を付けてください。

まとめ

- **curl を使ったボットを作る際には、リクエストのヘッダでボットであることを伝える。**
- **cron を利用すると、シェルスクリプトなどをスケジュールに合わせて動かすことができる。**

新しく習ったLinuxコマンド

コマンド	できる操作
crontab	プログラムを自動実行するスケジュールを設定する。

練習

iTunesストアのトップソングのRSSを1時間ごとに保存するボットを作ってみましょう。itunes-topsong.shというシェルスクリプトを新しく作り、「~/workspace/itunes-topsong-rss/」というディレクトリに、「hourly-topsong-201803291347.xml」のようなファイル名で保存するようにしてください。

iTunesストアのトップソングのRSSは、次のURLから取得することができます。

iTunesストアのトップソング

```
https://itunes.apple.com/jp/rss/topsongs/limit=10/xml
```

解答

以下のコマンドを実行してシェルスクリプトを作成しましょう。

Ubuntu のコンソールに入力

```
cd ~/workspace/bot
touch itunes-topsong.sh
chmod a+x itunes-topsong.sh
```

内容は以下のように書きます。

itunes-topsong.sh

```
#!/bin/bash
dirname="/home/vagrant/workspace/itunes-topsong-rss"
mkdir -p $dirname
filename="${dirname}/hourly-topsong-`date +'%Y%m%d%H%M'`.xml"
echo "Save to $filename"
curl -s -H "User-Agent: CrawlBot; your@mail" -o $filename
https://itunes.apple.com/jp/rss/topsongs/limit=10/xml
```

このシェルスクリプトの動作を確認できたら、cronの設定を行いましょう。

Ubuntu のコンソールに入力

```
crontab -e
```

上記のコマンドを実行し、cronの設定画面で以下のように、いちばん下の行に追記します。

cron の設定画面：最終行にコマンドを追記

```
48 * * * * /home/vagrant/workspace/bot/itunes-topsong.sh
```

これで1時間ごとにiTunesストアのトップソングの情報が収集できるようになりました。

TIPS 常時起動しているLinuxサーバーを用意したいとき

ここまででcronを使ったボットスクリプトを作ってみましたが、残念なことに動かしているパソコンの電源を落としたり、仮想環境上のUbuntu自体を終了したりしてしまうと、cronを利用して定期実行しているサービスも停止してしまいます。

もちろんパソコンを付けっぱなしにしておけばサービスは継続できますが、実際には電気代もかかりますしそうもいきません。そんなときに便利なのが、VPSやIaaSと呼ばれる有償のサービスです。 VPSは、Virtual Private Serverの略称で、vagrantを利用して立てる仮想サーバーと同様のものを貸し出してくれるサービスです。日本では、さくらインターネットやConoHaというサービスが有名です。ひと月1000円程度から仮想のLinuxサーバーを借りることが可能です。仮想環境と同様にsshクライアントを利用して接続することができます。

IaaSは、Infrastructure as a Serviceの略称で、物理的なマシンを借り受けることができるサービスです。VPSと同様にOSがインストールされたサーバーを借りることができます。Amazon Web ServiceのEC2というサービスが有名です。同様にsshクライアントを利用して接続できます。

もし常時起動するサーバーを用意したい場合には、このようなVPSやIaaSの有償サービスを利用することも考えてみてください。なお料金には電気代も含まれるため、家の電気代やマシンからの発熱に悩まされることがないというメリットもあります。ただしインターネットに接続されているサービスを提供するという性質上、OSやソフトウェアのアップデートによるセキュリティ対策は自分で行う必要がある、という点には気を付けましょう。

Chapter 3

GitHubで始める
ソーシャル
コーディング

Section 01 GitHubでWebサイトを公開する

この回では、GitHubというWebサービスを利用して、自分自身のWebページを全世界に公開することができるようになります。

GitHub

GitHubは「ギットハブ」と読み、ソースコードを共有することができるWebサービスです。多くのオープンソースのソフトウェアが、このGitHubでソースコードの公開を行っています。

例えば、サーバーを動かすのに使っているLinuxというOSも、このように、GitHub上で、作者のリーナス・トーバルズさんが公開しています。ほかにも、われわれの生活の中で欠かせない多くのソフトウェアのソースコードが、このGitHub上で公開されています。

GitHubのイメージキャラクター「オクトキャット」

ソースコードを公開するということ

ソースコードを公開するとどんなよいことがあるのでしょうか？　先ほどのLinuxの例で言うと、ソースコードを公開することで、だれでも無償で利用することができますね。これはわかりやすい事実ですが、さらに重要なことがあります。

だれでも自由にソースコードのコピーを作って、それを修正することができるということです。これが本当にすごいことなのです。

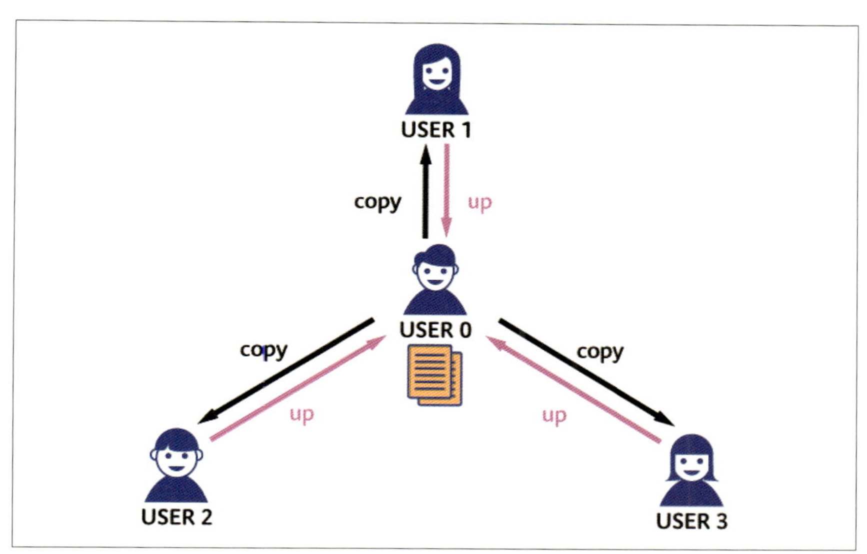

ソースコードのコピー

このGitHubで修正した内容は、コピー元にも通知されますし、多くの開発者の中で共有されます。また、オリジナルへの修正依頼を出して、オリジナルの作者がOKすれば、オリジナルへ修正点を取り入れてもらうことすらできるのです。

このような、オープンソースのソフトウェアを多くの人で修正しあう文化は、もともと**パッチ文化**と呼ばれていました。**パッチ（patch）**とは、ソースコードを修正するための差分修正を行うファイルのことを言います。パッチを送りあうこのパッチ文化は、昔は特定の知り合いだけの閉じられた世界で完結していました。

GitHubは、ソーシャルネットワーキングサービス（SNS）の機能と、ソフトウェアを管理する機能が一緒になり、多くの人が簡単に、オープンソースのソフトウェアの改善に参加できます。

ある日突然、新参者がソースコードへの修正依頼を出しても、簡単にその人がどのようなソースコードの修正をしたのかを確認できますし、その人がどのような人とつながっているのかも確認することができるのです。

そして、その修正のやり取りも多くの人に公開され、議論のプロセスも共有されるため、多くの知見を世界中の人と共有することができます。

このGitHubでは、ソースコードで構成されるものであれば、何でも公開することが可能です。例えばHTMLやJavaScriptなども該当します。そのため、HTMLやJavaScriptで構成される多くのコンテンツを、無料で世界に公開するための、最高の**プラットフォーム**でもあるのです。プラットフォームとは、「基盤」や「土台」を意味します。

なお、ソースコードを公開したくない場合にも、有料のGitHubのサービスを利用すれば非公開に設定することも可能です。では早速、GitHubのアカウントを作成し、簡単なWebサイトを公開してみましょう。

GitHubのアカウントを作ろう

まずはGitHubのWebサイト「https://github.com/」にアクセスしてください。表示されたページから、アカウントの登録を行います。

以下の3つの欄に情報を入力して、[Sign up for GitHub] ボタンをクリックします。

- 「**Username**」には、アルファベッドのハンドルネーム
- 「**Email**」には、利用するメールアドレス
- 「**Password**」には、利用するパスワード

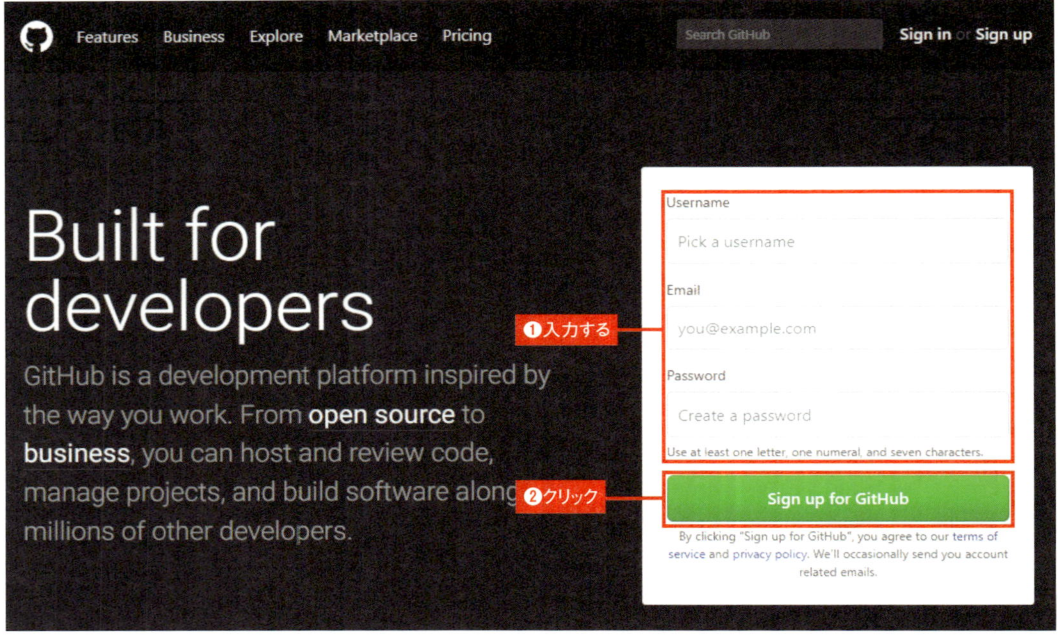

GitHub にサインアップ

「Welcome to GitHub」と書かれたページが表示されるので、[Unlimited public repositories for free.] ボタンを選択した状態にしてください（デフォルトでそうなっているかと思います）。その後、[Continue] ボタンをクリックします。

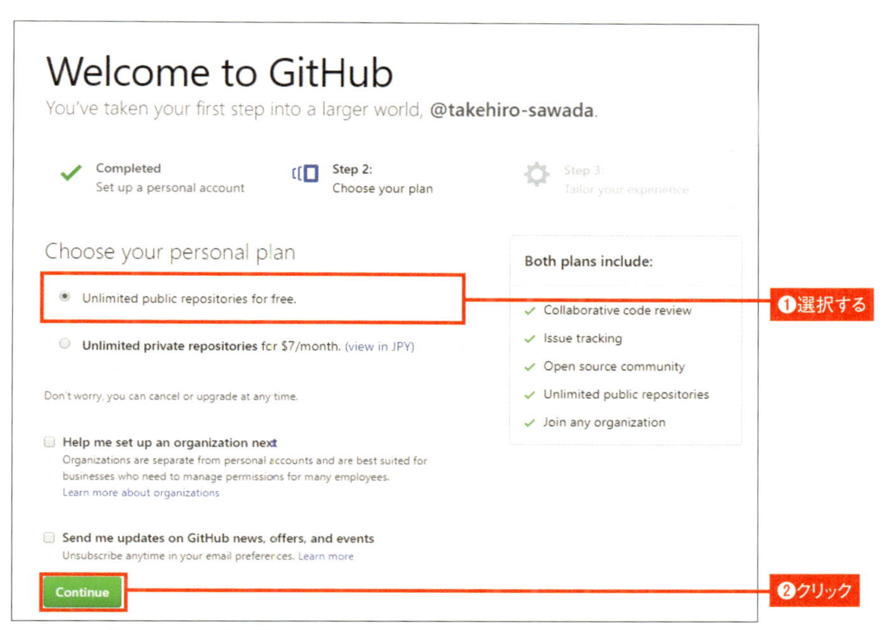

GitHubのプランでFreeを選択

最後にアンケート画面が出てきます。各項目を選択して［Submit］ボタンをクリックすることで提出できますが、いちばん下の［skip this step］をクリックして飛ばしても大丈夫です。

Welcome to GitHub
You'll find endless opportunities to learn, code, and create, @takehiro-sawada.
Completed
Set up a personal account
Step 2:
Choose your plan
Step 3:
Tailor your experience
How would you describe your level of programming experience?
Totally new to programming
Somewhat experienced
Very experienced
What do you plan to use GitHub for? (check all that apply)
Development
School projects
Design
Research
Project Management
Other (please specify)
Which is closest to how you would describe yourself?
I'm a student
I'm a hobbyist
I'm a professional
Other (please specify)
What are you interested in?
e.g. tutorials, android, ruby, web-development, machine-learning, open-source
Submit
skip this step
クリック

アンケート画面

登録に成功すると、先ほど登録したメールアドレスに、「[GitHub] Please verify your email address.」というタイトルのメールが届きます。届いたメールの［Verify email address］ボタンをクリックしましょう。これで登録は完了です。

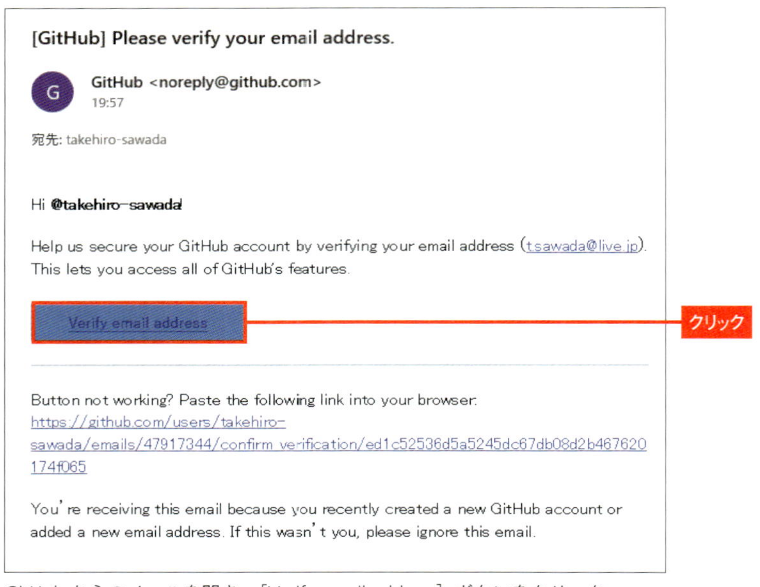

GitHub からのメールを開き、［Verify email address］ボタンをクリック

GitHub を使ってみよう

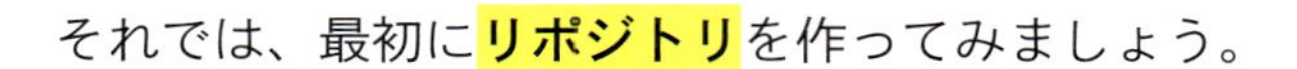

それでは、最初に**リポジトリ**を作ってみましょう。

リポジトリ

リポジトリは、英語でRepositoryと書きます。決して新種の鳥の名前ではありません。ソフトウェア開発において、ソースコードや開発に関わるデータをまとめて管理するための、データ置き場のことです。GitHubでは、なにかしらのソフトウェアを作る際には、必ずこのリポジトリを利用します。

リポジトリを作るにはいくつか方法があるのですが、ここでは、他人のリポジトリをコピーして自分のリポジトリを作る、**Fork**（フォーク）という方法を使います。

食事で使うフォークは、先が複数に分岐していると思います。ソースコードも、どこかの時点でコピーをして編集を行っていくと、元とコピーの2つが分岐して、それぞれ独自に変化します。そのため、このようなコピーの方法を「フォーク」と呼びます。

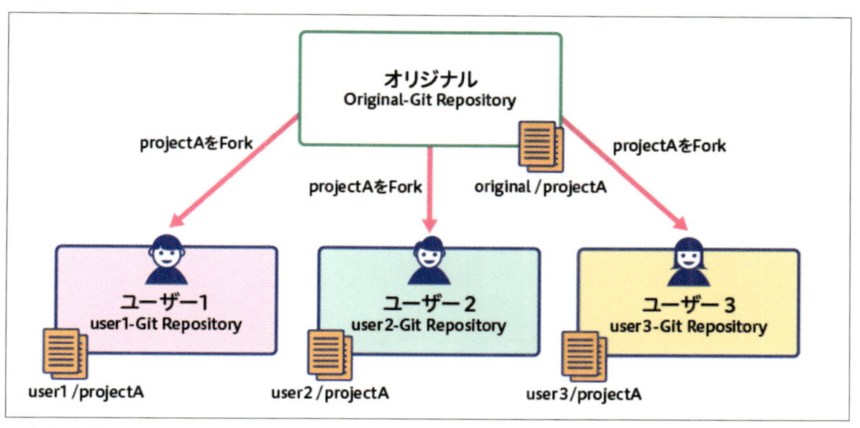

Fork の分岐

では、GitHubにログインしている状態で、「https://github.com/progedu/assessment」を開いて、右側にある［Fork］ボタンをクリックしてみましょう。

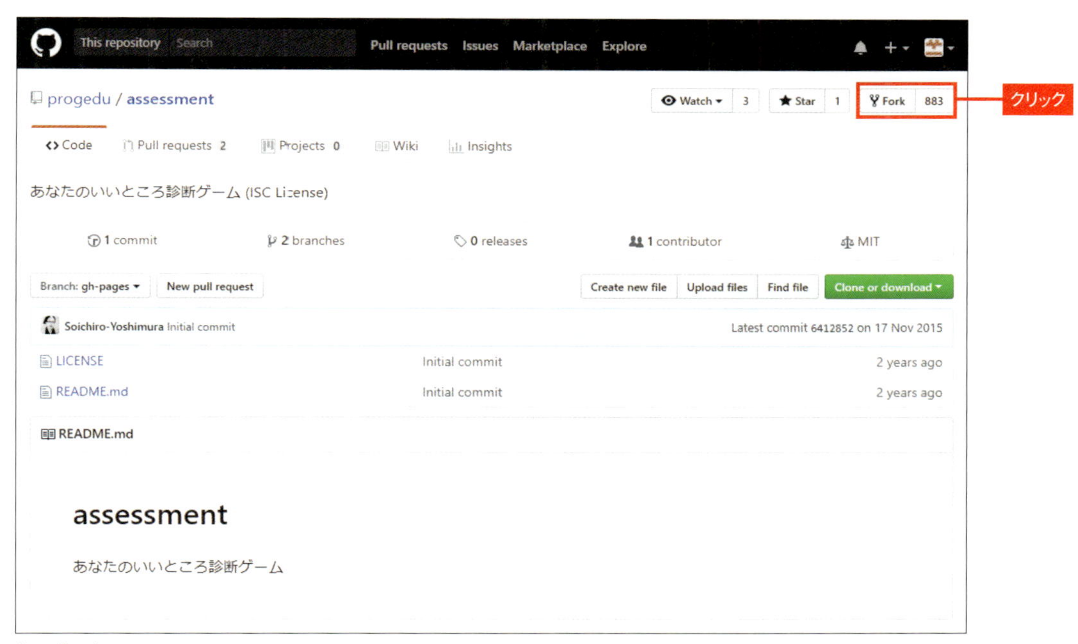

［Fork］ボタン

少し待つと画面が更新され、自分のリポジトリにコピーが作成されます。フォークされたものは、次のようなURLになるはずです。

```
https://github.com/${あなたのusername}/assessment
```

「${あなたのusername}」は、先ほど設定したハンドルネームです。ブラウザーのアドレスバーの内容を確認してみてください。また、フォーク後の画面は、次のように左上の表示が変化しているはずです。

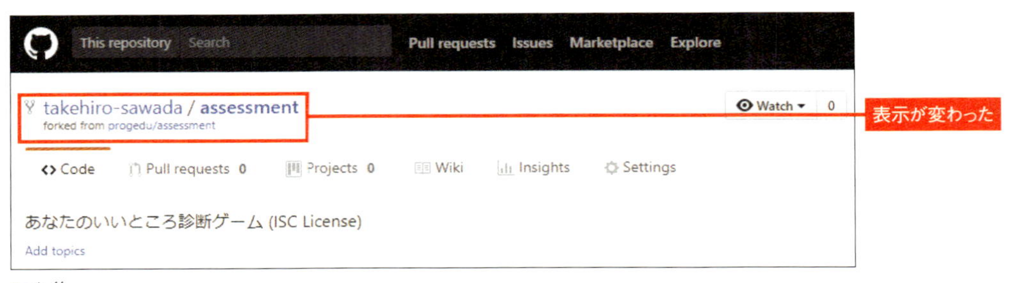

Fork 後

ではこのリポジトリに、「あなたのいいところ診断」アプリを追加していきます。

GitHub に「あなたのいいところ診断」を置いてみよう

まず新規ファイルを作成します。ページの中ほどにある［Create new file］ボタンをクリックしましょう。

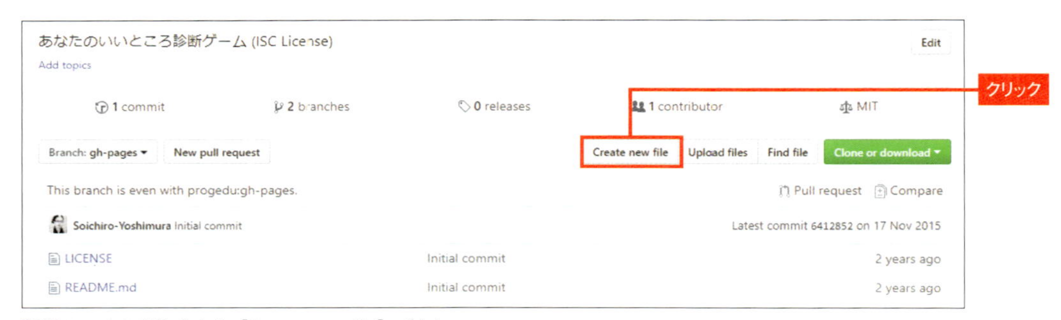

新規ファイルを作成する［Create new file］ボタン

「Name your file...」と表示されている入力欄に「assessment.html」と入力し、「Edit new file」と表示されている部分に、Chapter2 の Section04 の練習で作成した assessment.html の内容をコピーしてきて、貼り付けます。

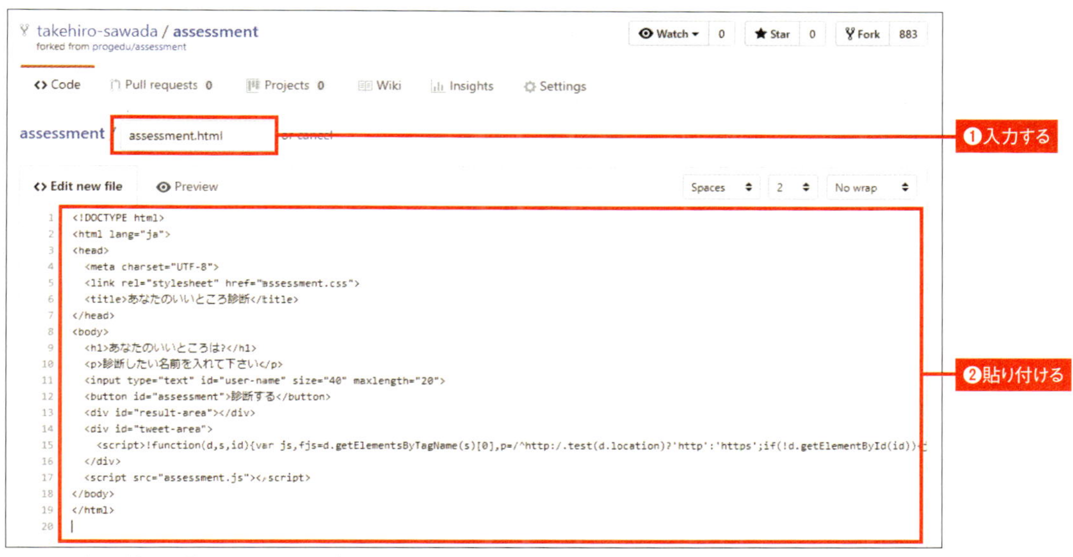

ファイル名入力欄に「assessment.html」とファイル名を入力し、assessment.htmlの内容を貼り付ける

assessment.html

```
<!DOCTYPE html>
<html lang="ja">
<head>
    <meta charset="UTF-8">
    <link rel="stylesheet" href="assessment.css">
    <title>あなたのいいところ診断</title>
</head>
<body>
    <h1>あなたのいいところは?</h1>
    <p>診断したい名前を入れて下さい</p>
    <input type="text" id="user-name" size="40" maxlength="20">
    <button id="assessment">診断する</button>
    <div id="result-area"></div>
    <div id="tweet-area">
        <script>!function(d,s,id){var js,fjs=d.
getElementsByTagName(s)[0],p=/^http:/.test(d.
location)?'http':'https';if(!d.getElementById(id)){js=d.
createElement(s);js.id=id;js.src=p+'://platform.twitter.com/
widgets.js';fjs.parentNode.insertBefore(js,fjs);}}(document,
'script', 'twitter-wjs');</script>
    </div>
    <script src="assessment.js"></script>
</body>
</html>
```

内容を記入したら、ページ下方にある［Commit new file］ボタンをクリックします。

Commit new file

Create assessment.html

Add an optional extended description...

Commit directly to the gh-pages branch.

Create a new branch for this commit and start a pull request. Learn more about pull requests.

クリック

Commit new file　Cancel

変更をコミットする［Commit new file］ボタン

Commitは「コミット」と読みます。リポジトリになにかしらの変更を入れることを、コミットと呼びます。

同様に操作して、assessment.cssを追加します。ページの中ほどにある［Create new file］ボタンをクリックしましょう。「Name your file...」と書かれている部分に、「assessment.css」と記入し、「Edit new file」と書かれた内容の部分に、Chapter2のSection04の練習で準備したassessment.cssの内容をコピーしてきて、貼り付けます。

assessment.css

```
body {
    background-color: #04A6EB;
    color: #FDFFFF;
    width: 500px;
    margin-right: auto;
    margin-left : auto;
}
button {
    padding: 5px 20px;
    background-color: #337AB7;
    color: #FDFFFF;
    border-color: #2E6DA4;
    border-style: none;
}
input {
    height: 20px;
}
```

入力できたら、ページ下方にある［Commit new file］ボタンをクリックしてコミットしましょう。

同じことの繰り返しですが、assessment.jsも追加しましょう。ページの中ほどにある「Create new file」と書かれているボタンをクリックしましょう。「Name your file...」と書かれている部分に「assessment.js」と記入し、「Edit new file」と書かれた内容の部分に、Chapter2のSection04の練習で準備したassessment.jsの内容をコピーしてきて、貼り付けます。

assessment.js

```
(function () {
    'use strict';
    const userNameInput = document.getElementById('user-name');
    const assessmentButton = document.
getElementById('assessment');
    const resultDivided = document.getElementById('result-
area');
    const tweetDivided = document.getElementById('tweet-area');

    /**
    * 指定した要素の子どもを全て除去する
    * @param {HTMLElement} element HTMLの要素
    */
    function removeAllChildren(element) {
        while (element.firstChild) { // 子どもの要素があるかぎり削除
            element.removeChild(element.firstChild);
        }
    }

    assessmentButton.onclick = () => {
        const userName = userNameInput.value;
        if (userName.length === 0) { // 名前が空の時は処理を終了する
            return;
        }

        // 診断結果表示エリアの作成
        removeAllChildren(resultDivided);
        const header = document.createElement('h3');
        header.innerText = '診断結果';
        resultDivided.appendChild(header);

        const paragraph = document.createElement('p');
        const result = assessment(userName);
```

```
        paragraph.innerText = result;
        resultDivided.appendChild(paragraph);

        // ツイートエリアの作成
        removeAllChildren(tweetDivided);
        const anchor = document.createElement('a');
        const hrefValue = 'https://twitter.com/intent/
tweet?button_hashtag=%E3%81%82%E3%81%AA%E3%81%9F%E3%81%AE%E3%81%
84%E3%81%84%E3%81%A8%E3%81%93%E3%82%8D&text='
        + encodeURIComponent(result);
        anchor.setAttribute('href', hrefValue);
        anchor.className = 'twitter-hashtag-button';
        anchor.innerText = 'Tweet #%E3%81%82%E3%81%AA%E3%81%9F%E
3%81%AE%E3%81%84%E3%81%84%E3%81%A8%E3%81%93%E3%82%8D';
        tweetDivided.appendChild(anchor);

        twttr.widgets.load();
    };

    userNameInput.onkeydown = (event) => {
        if (event.keyCode === 13) {
            assessmentButton.onclick();
        }
    };

    const answers = [
        '{userName}のいいところは声です。{userName}の特徴的な声はみなを惹
きつけ、心に残ります。',
        '{userName}のいいところはまなざしです。{userName}に見つめられた人
は、気になって仕方がないでしょう。',
        '{userName}のいいところは情熱です。{userName}の情熱に周りの人は感
化されます。',
        '{userName}のいいところは厳しさです。{userName}の厳しさがものごと
をいつも成功に導きます。',
        '{userName}のいいところは知識です。博識な{userName}を多くの人が頼
りにしています。',
        '{userName}のいいところはユニークさです。{userName}だけのその特徴
が皆を楽しくさせます。',
        '{userName}のいいところは用心深さです。{userName}の洞察に、多くの
人が助けられます。',
        '{userName}のいいところは見た目です。内側から溢れ出る{userName}の
良さに皆が気を惹かれます。',
        '{userName}のいいところは決断力です。{userName}がする決断にいつも
助けられる人がいます。',
```

```
        '{userName}のいいところは思いやりです。{userName}に気をかけてもら
った多くの人が感謝しています。',
        '{userName}のいいところは感受性です。{userName}が感じたことに皆が
共感し、わかりあうことができます。',
        '{userName}のいいところは節度です。強引すぎない{userName}の考えに
皆が感謝しています。',
        '{userName}のいいところは好奇心です。新しいことに向かっていく
{userName}の心構えが多くの人に魅力的に映ります。',
        '{userName}のいいところは気配りです。{userName}の配慮が多くの人を
救っています。',
        '{userName}のいいところはその全てです。ありのままの{userName}自身
がいいところなのです。',
        '{userName}のいいところは自制心です。やばいと思ったときにしっかりと衝
動を抑えられる{userName}が皆から評価されています。'
    ];

    /**
    * 名前の文字列を渡すと診断結果を返す関数
    * @param {string} userName ユーザーの名前
    * @return {string} 診断結果
    */
    function assessment(userName) {
        // 全文字のコード番号を取得してそれを足し合わせる
        let sumOfcharCode = 0;
        for (let i = 0; i < userName.length; i++) {
            sumOfcharCode = sumOfcharCode + userName.
charCodeAt(i);
        }

        // 文字のコード番号の合計を回答の数で割って添字の数値を求める
        const index = sumOfcharCode % answers.length;
        let result = answers[index];

        result = result.replace(/{userName}/g, userName);
        return result;
    }

    // テストコード
    console.assert(
        assessment('太郎') === '太郎のいいところは決断力です。太郎がする決
断にいつも助けられる人がいます。',
        '診断結果の文言の特定の部分を名前に置き換える処理が正しくありません。'
    );
```

```
    console.assert(
        assessment('太郎') === assessment('太郎'),
        '入力が同じ名前なら同じ診断結果を出力する処理が正しくありません。'
    );
})();
```

内容を記入したら、ページ下方にある［Commit new file］ボタンをクリックしてコミットしましょう。無事自分のリポジトリに次の3ファイルが追加されたでしょうか？

- **assessment.css**
- **assessment.html**
- **assessment.js**

これで、実はもう世界中どこからでもアクセス可能なWebサイトの公開が完了しました。

```
https://${あなたのusername}.github.io/assessment/assessment.html
```

上記のアドレスにアクセスしてみましょう。「${あなたのusername}」は自分が作成したGitHubアカウントのUsernameに変更してください。例えばUsernameが「soichiro-yoshimura」なら、URLは次のようになります。

```
https://soichiro-yoshimura.github.io/assessment/assessment.html
```

「あなたのいいところ診断」が表示されたでしょうか？ これであなたは、GitHubを使い、好きなHTMLとJavaScriptで作られたWebサイトを公開できるようになりました。

なお、これからGitHubを使っていくにあたり、気を付けなくてはいけないことがあります。それは**情報モラル**を守る、ということです。

情報モラル

情報モラルとは、「情報社会を生きぬき、健全に発展させていく上で、すべての国民が身に付けておくべき考え方や態度」と言われています。簡単に言えば、社会からつまはじきにされないための、皆が守るべきルールです。

特に、プログラマーとしては、

- **ライセンスや著作権を侵害しないこと**
- **有害なソフトウェアを公開しないこと**
- **他人のプライバシーを侵害しないこと**

これらには十分に気を付けてGitHubを使わなくてはいけません。具体的には、次のようなものです。

- **有償のソフトウェアを、ライセンスに違反して勝手にGitHubにアップロードしない**
- **他人のPCやスマートフォンをクラッシュさせるようなWebサイトを公開しない**
- **他人の本名や住所、誹謗中傷等を公開しない**

このようなことは、ソフトウェアの開発者やユーザーにとって非常に迷惑ですので、決してやってはいけません。情報モラルに気を付けながら、GitHubを楽しく安全に使っていきましょう。

まとめ

- GitHubはソースコードを公開するためのプラットフォーム。
- フォークは、ほかの人のソースコードをコピーすること。
- 情報モラルに気を付けて、GitHubを利用しなくてはいけない。

練習

先ほど公開したサイトのタイトルを次のように変更しましょう。

```
${あなたのusername}が作ったあなたのいいところ診断
```

「${あなたのusername}」を、自分が作成したGitHubアカウントのUsernameに変更してください。自分のリポジトリの下記URLを開いてみましょう（フォークしたリポジトリの[assessment.html]をクリックすることでも開けます）。

```
https://github.com/${あなたのusername}/assessment/blob/gh-pages/
assessment.html
```

このページで、鉛筆マークの[Edit this file]ボタンをクリックすることで、HTMLを編集できます。

［Edit this file］ボタンをクリックして、ファイルを編集する

また、これまでは記入しませんでしたが、コミットにメッセージを付けて残すことができます。あとからコミットの内容を見返す際に便利なので、今回はコミットメッセージも残してみましょう。

コミットメッセージ入力欄

解答

assessment.html

```
<!DOCTYPE html>
<html lang="ja">
<head>
    <meta charset="UTF-8">
    <link rel="stylesheet" href="assessment.css">
    <title>${あなたのusername}が作ったあなたのいいところ診断</title>
</head>
<body>
    <h1>あなたのいいところは?</h1>
    <p>診断したい名前を入れて下さい</p>
    <input type="text" id="user-name" size="40" maxlength="20">
    <button id="assessment">診断する</button>
    <div id="result-area"></div>
    <div id="tweet-area">
        <script>!function(d,s,id){var js,fjs=d.
getElementsByTagName(s)[0],p=/^http:/.test(d.
location)?'http':'https';if(!d.getElementById(id)){js=d.
createElement(s);js.id=id;js.src=p+'://platform.twitter.com/
widgets.js';fjs.parentNode.insertBefore(js,fjs);}}(document,
'script', 'twitter-wjs');</script>
    </div>
    <script src="assessment.js"></script>
</body>
</html>
```

GitHub上でassessment.htmlを上記のように書き換え、コミットします。

```
https://${あなたのusername}.github.io/assessment/assessment.html
```

上記のURLにアクセスして、ブラウザーのタブに表示されているタイトルが変更されていれば成功です。

Section 02 イシュー管理とWikiによるドキュメント作成

今回は、直接プログラミングとは関係ありませんが、GitHub でソフトウェア開発を行っていく上で欠かせない機能を使ってみましょう。イシュー管理と Wiki によるドキュメント作成の機能です。

イシュー管理

イシューは、英語ではIssueと書き、「議論における論点や関心事」を意味します。ソフトウェア開発では、たくさんの不具合や要求、その他の設計に関わる関心事が現れます。GitHubには、これらをイシューとして取りまとめて、数多くの人で議論するための機能が備わっています。

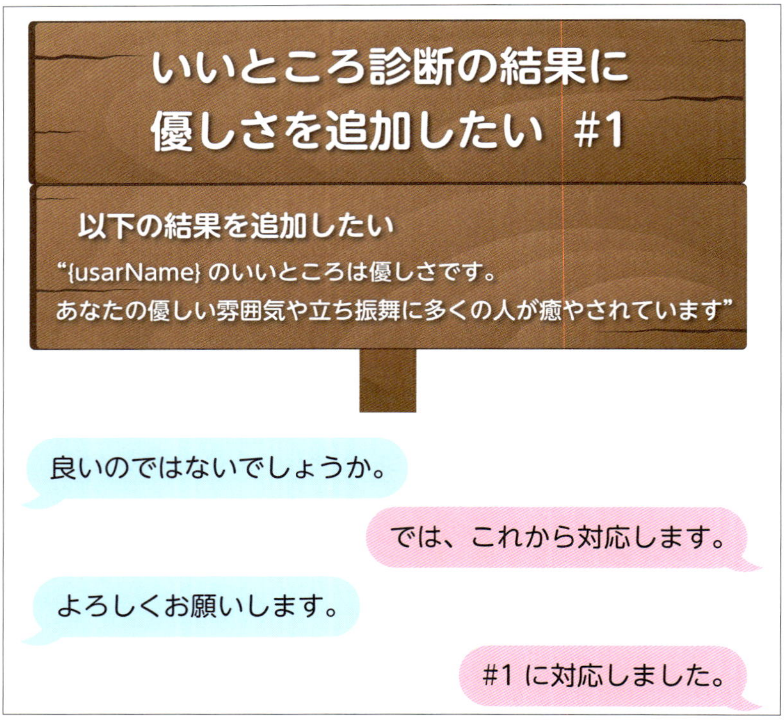

いいところ診断の結果に
優しさを追加したい #1

以下の結果を追加したい
"{usarName} のいいところは優しさです。
あなたの優しい雰囲気や立ち振舞に多くの人が癒やされています"

良いのではないでしょうか。

では、これから対応します。

よろしくお願いします。

#1 に対応しました。

イシューのやり取りのイメージ

イシューを立ててみよう

GitHubに自分のアカウントでログインした状態で、この前作った「assessment」というリポジトリを開いてみましょう。以下のURLから開くことができると思います。

```
https://github.com/${あなたのusername}/assessment
```

開いたページの［Settings］タブをクリックして開きます。

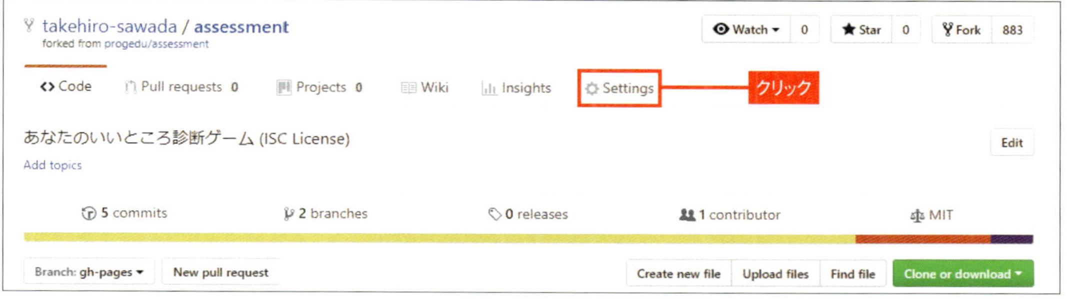

［Settings］タブ

Featuresという項目の中に、［**Issues**］と書かれているチェックボックスがあります。これがオンになっていれば、イシュー機能が利用できます。確認し、オフならチェックを付けましょう。

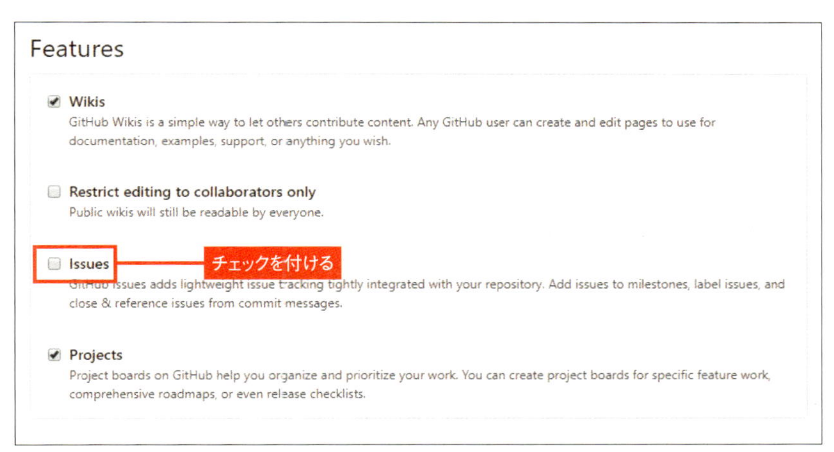

イシュー機能のチェックボックスをオンにする

その後、また「assessment」リポジトリのトップ（https://github.com/${あなたのusername}/assessment）に戻ると、[Issues] タブが追加されているはずです。そのタブをクリックしてみましょう。

[Issues] タブが表示された

まだ何もイシューを作成していないので、イシューは空の状態です。早速 [New issue] ボタンをクリックして、新しいイシューを作成してみましょう。

[New issue] ボタンをクリック

[Title] に、「いいところ診断の結果に優しさを追加したい」とタイトルを入力しましょう。Writeのタブの中の「Leave a comment」と書かれたテキストエリアには、次のように内容を追加します。

```
以下の結果を追加したい

'{userName}のいいところは優しさです。あなたの優しい雰囲気や立ち振る舞いに多くの
人が癒やされています。'
```

つまり、このイシューは新たな要望です。書き終わったら［Submit new issue］ボタンをクリックして、投稿してください。

［Submit new issue］ボタンをクリック

すると、下記のURLに新しいイシューが作成されます。

```
https://github.com/${あなたのusername}/assessment/issues/1
```

［Issues］タブをクリックするとイシューの一覧画面も表示することができるので、確認してください。

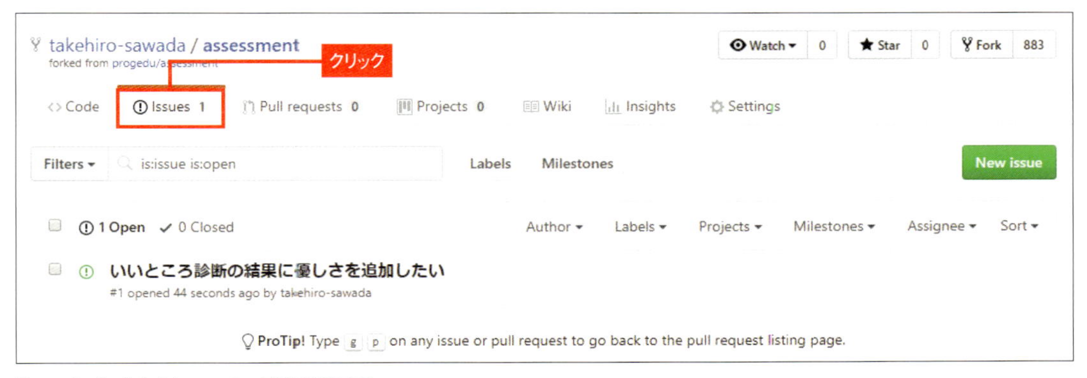

［Issues］タブでイシューの一覧を確認する

イシューにコメントを付けてみよう

イシューにはコメントを追記することができます。まず、イシューの一覧から先ほど投稿したイシュー「いいところ診断の結果に優しさを追加したい」をクリックして開きます。

Issues 一覧から、先ほど投稿したイシューをクリック

［Write］タブ内に、コメントとして「これから対応します。」と記入しましょう。［Comment］ボタンをクリックすると、イシューにコメントを追加できます。

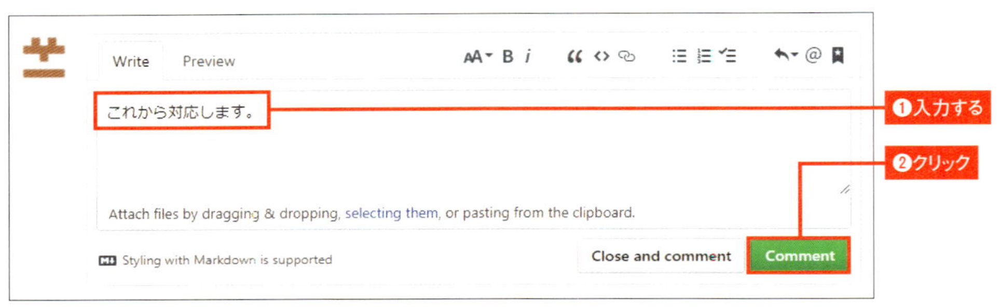

［Comment］ボタンをクリック

イシューに対応する

では実際に、この要望に対応してみましょう。常に表示されているいちばん上の［assesment］と書かれているリンクをクリックして、リポジトリのトップを表示させます。URLで言うと「https://github.com/${あなたのusername}/assessment」となります。

［assessment.js］というファイルをクリックします。右のほうにある、鉛筆マークの［Edit this file］ボタンをクリックしましょう。

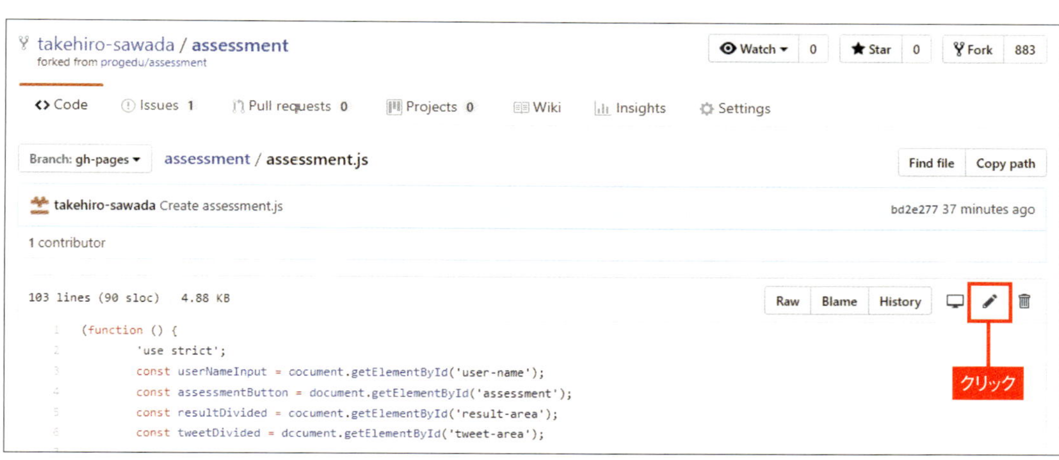

［Edit this file］ボタン

ファイルを編集して、answers変数に格納されている配列を、以下のように修正します。

assessment.js

```
const answers = [
    '{userName}のいいところは声です。{userName}の特徴的な声はみなを惹きつけ、心に残ります。',
    '{userName}のいいところはまなざしです。{userName}に見つめられた人は、気になって仕方がないでしょう。',
    '{userName}のいいところは情熱です。{userName}の情熱に周りの人は感化されます。',
    '{userName}のいいところは厳しさです。{userName}の厳しさがものごとをいつも成功に導きます。',
    '{userName}のいいところは知識です。博識な{userName}を多くの人が頼りにしています。',
    '{userName}のいいところはユニークさです。{userName}だけのその特徴が皆を楽しくさせます。',
    '{userName}のいいところは用心深さです。{userName}の洞察に、多くの人が助けられます。',
    '{userName}のいいところは見た目です。内側から溢れ出る{userName}の良さに皆が気を惹かれます。',
    '{userName}のいいところは決断力です。{userName}がする決断にいつも助けられる人がいます。',
    '{userName}のいいところは思いやりです。{userName}に気をかけてもらった多くの人が感謝しています。',
    '{userName}のいいところは感受性です。{userName}が感じたことに皆が共感し、わかりあうことができます。',
    '{userName}のいいところは節度です。強引すぎない{userName}の考えに皆が感謝しています。',
    '{userName}のいいところは好奇心です。新しいことに向かっていく{userName}の心構えが多くの人に魅力的に映ります。',
```

```
    '{userName}のいいところは気配りです。{userName}の配慮が多くの人を救っています。',
    '{userName}のいいところはその全てです。ありのままの{userName}自身がいいところなのです。',
    '{userName}のいいところは自制心です。やばいと思ったときにしっかりと衝動を抑えられる{userName}が皆から評価されています。',
    '{userName}のいいところは優しさです。{userName}の優しい雰囲気や立ち振舞に多くの人が癒やされています。'
];
```

編集が終わったら、ページの下にある「Commit changes」エリアから編集内容をコミットします。その際デフォルトでは「Update assesment.js」となっているテキストフィールドに、以下のテキストを記入しましょう。

```
#1 に対する対応を行いました
```

「#1」は、GitHubにおけるイシューの番号を指し示すIDです。イシューを作成するたびに、順番に通し番号が振られます。先ほどのイシューは1番目だったので#1となっています。記入ができたら、[Commit changes] をクリックします。

[Commit changes] ボタンをクリック

すると、assessment.jsのファイルを表示すると、画面のいちばん上に先ほどのコメントが表示されたのではないでしょうか？

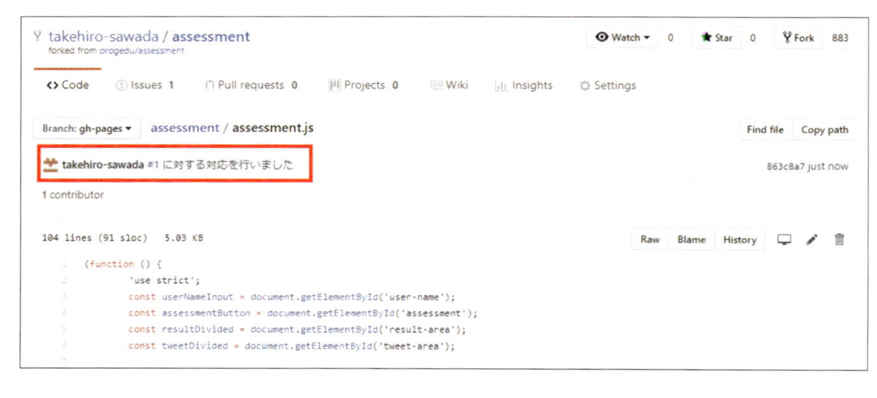

コミットログが表示された

```
${あなたのusername} #1 に対する対応を行いました                d879a30
3 minutes ago
```

このような内容を**コミットログ**と言います。**コミットログ**は、リポジトリになにかしらの変更を行った際の変更情報です。コミットログのうち、先ほど記入した「#1 に対する対応を行いました」のようなコメントのことを、**コミットコメント**と呼びます。コミットコメントには、この変更が一体何のために、どういう内容で行われたのかということを記入します。

そして「d879a30」のような謎の16進数の数字が付いているのがわかるでしょうか。この値をコミットの**ハッシュ**と呼びます。このハッシュは、コミットごとに違った値となりますので、みなさんの画面だと別の数字になっていると思います。

また、コミットコメントの「#1 に対する対応を行いました」をよく見ると、「#1」とある部分がリンクになっていることに気付いたでしょうか。このリンクをクリックしてみましょう。

コミットコメントのリンク

リンクをクリックすると#1のイシューが表示されます。そして、イシューの中には次のような表示があるのではないでしょうか。

```
${あなたのusername} referenced this issue from a commit 6 minutes
ago
```

コミットコメント内で#と数字を使ってイシューへの言及を行うと、このように自動的にこのイシュー画面にもコミットが表示されます。イシューの画面を見ただけで、そのイシューに関係したコミットが行われたことも確認できるのです。

コミットコメント

イシューを閉じよう

イシューには、Openという開いた状態とCloseという閉じた状態があります。解決していないイシューはOpen、対応が完了したイシューはCloseとします。こうすることで、やったこと、やっていないことをわかりやすく一覧できるのです。

先ほどの作業で、イシュー「いいところ診断の結果に優しさを追加したい」の対応は完了しましたので、このイシューの状態をCloseにしましょう。まず念のため、本当にイシューの内容へ対応が完了しているのかを、ブラウザーから確認します。

```
https://${あなたのusername}.github.io/assessment/assessment.html
```

上記のURLにChromeでアクセスし、eという名前を診断しましょう。その結果として、次の内容が表示されることを確認してください。

```
eのいいところは優しさです。eの優しい雰囲気や立ち振舞に多くの人が癒やされています。
```

問題なければ、このイシューを閉じましょう。なお、このページのJavaScriptは、Chrome以外では動作しないので注意が必要です。

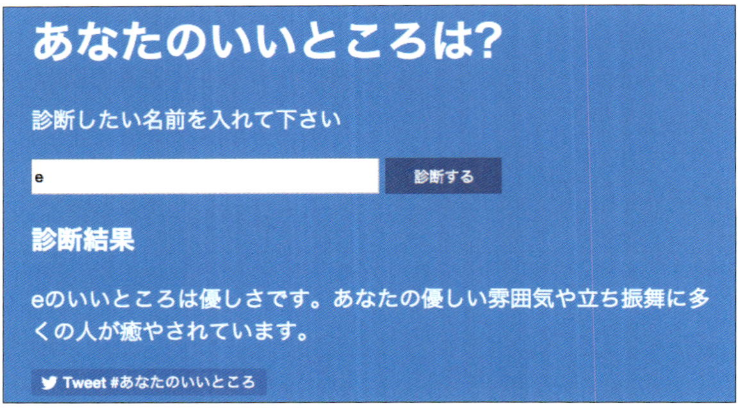

対応されているかどうかの確認

#1のイシューを開い [Write] タブの入力欄に、次のように記入しましょう。

```
863c8a7 で対応さた。
```

自分自身のコミットのハッシュ値を使ってください。記入でき

コミットの ハt] ボタンをクリックしましょう。コメントを付けて、イシューを

たら [Close ar

Close するボ

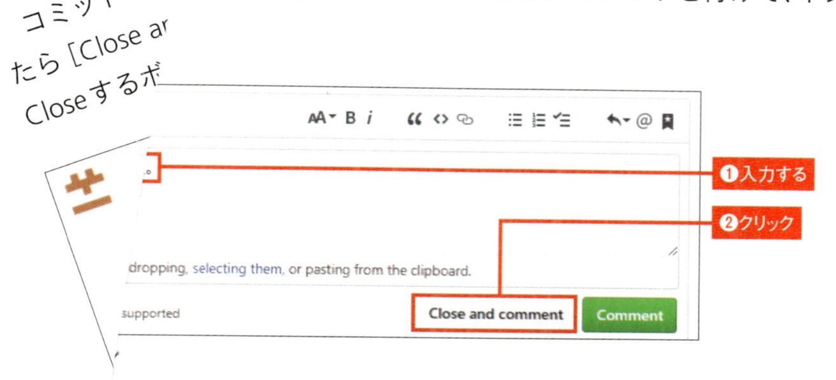

忍するため、Issuesタブを開いてイシューの一覧を見てみましょう。先

なっていることがわかります。なお、Closedと書かれている部分をク

したIssueも見ることができます。

管理を行う、Issuesの使い方でした。

よ、Wikiという便利な機能を使ってみましょう。Wikiとは、Web上から簡単に内容

き換えられる、Webサイト管理システムのことです。ハワイ語で「速い」という意味

、これを使うと簡単に内容を編集することができます。Wikiを使った有名なサイトとして、Wikipediaという辞書サービスがあります。

Wikiを使ってみよう

[Wiki] タブをクリックしてみましょう。

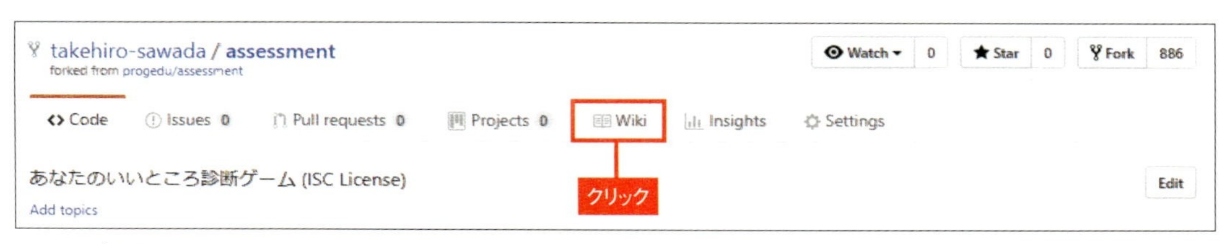

Wiki タブを開く

まだ何もページがない状態です。表示された［Create the firs e］ボタンをクリックして、ページを作成します。

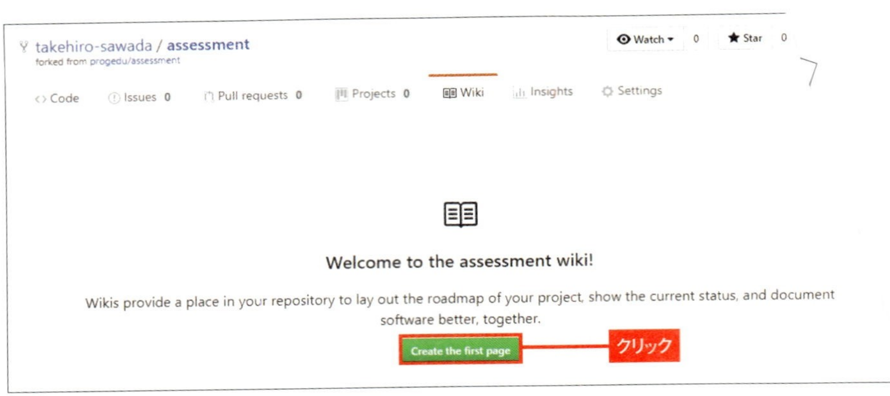

［Create the first page］ボタンをクリック

「Create new page」というページが開くので、簡単にWikiを作ってみ
「Welcome to the〜」となっているテキストエリアを編集して、次のように入力

```
# あなたのいいところ診断について
### 使い方
あなたの名前を入力して、診断するボタンをおしてください。

### 制約事項
Chrome でしか動作しません。
```

終わったら右下にある［Save Page］ボタンをクリックしましょう。

［Save Page］ボタンをクリック

これで、下記のURLに「あなたのいいところ診断」のドキュメントを作成することができました。

```
https://github.com/${あなたのusername}/assessment/wiki
```

なお、先ほどWikiに書いた形式は、**Markdown**記法と呼ばれる方式です。

```
### 使い方
```

と書くと、自動的にHTMLのh3タグへの変換を行ってくれます。#の数がHタグの数値に対応しています。

Markdownでは、基本的なHTMLを簡略化して書く方法が定められているので、興味のある方は、「Markdown GitHub記法」などと検索してみましょう。Markdown記法はWikiだけでなく、イシューや、イシューへのコメントにも利用することができます。

Gistを使ってみよう

Wikiほど本格的なページがいらない場合には、**Gist(https://gist.github.com/)**というサービスを利用することもできます。早速Gistにアクセスしてみましょう。

このGistは、メモやコードの断片を気軽に投稿して公開することができる機能です。「Gist description」とある欄に「テスト」と記入します。

「Filename including extension」の欄には「テスト.md」と記入します。「.md」と付けるのは、Markdown形式であることを宣言するためです。最後に、内容を次のように入力してみましょう。

```
- リスト1
- リスト2
```

このハイフン「-」を使った書き方もMarkdown記法の1つで、これだけでリストを作ることができます。入力が終わったら[Create secret gist]ボタンをクリックしてください。

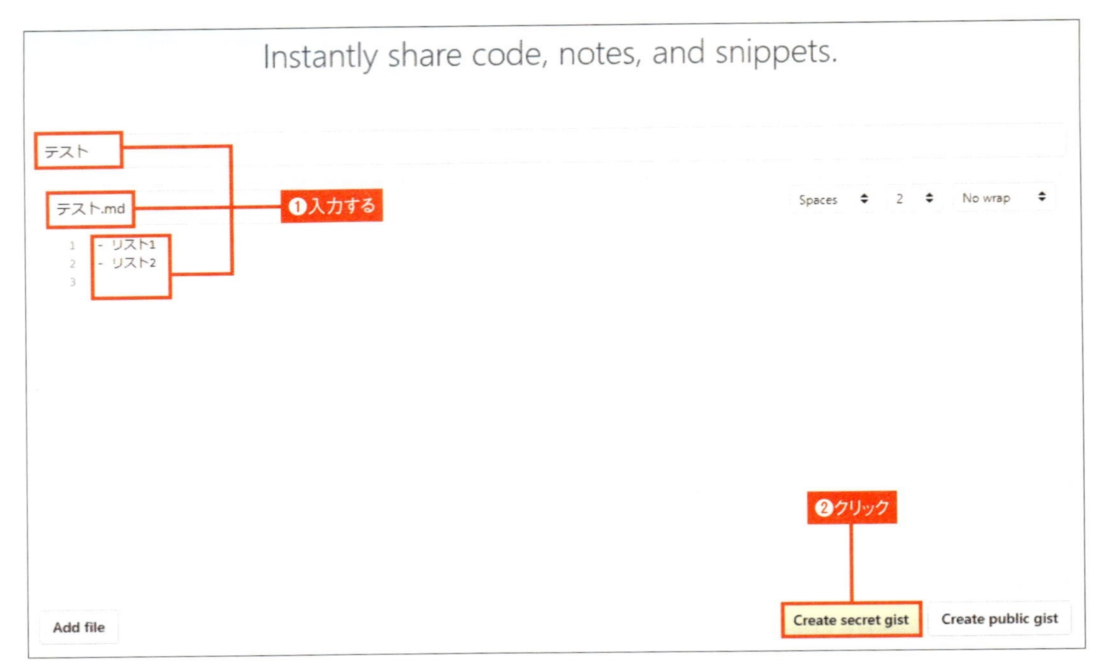

[Create secret gist] ボタン

するとMarkdown形式で作られたメモが、あなただけのプライベートなURLとして用意されます。[Create public gist] ボタンのほうをクリックすれば、全世界へ公開されたGistを用意することもできます。

以上で、GitHubでドキュメントを作ることができるWikiやGistといった機能の説明は終わりです。

まとめ

- **Issuesを使うと、問題や要望を管理し、リポジトリのコミットと紐付けることができる。**
- **Wikiを使うと、公開ドキュメントを作ることができる。**
- **Gistを使うと、小さなメモを公開または非公開で、管理することができる。**

練習

先ほど公開した「assessment」リポジトリのWikiに、以下の内容のページを追加しましょう。さらに、Homeからリンクを張ってください。追加するページは、Titleを「Results」として、内容を以下のようにしてください。

Wiki の Results ページ

```
# 診断結果
- {userName}のいいところは声です。{userName}の特徴的な声はみなを惹きつけ、心に残ります。
- {userName}のいいところはまなざしです。{userName}に見つめられた人は、気になって仕方がないでしょう。
- {userName}のいいところは情熱です。{userName}の情熱に周りの人は感化されます。
- {userName}のいいところは厳しさです。{userName}の厳しさがものごとをいつも成功に導きます。
- {userName}のいいところは知識です。博識な{userName}を多くの人が頼りにしています。
- {userName}のいいところはユニークさです。{userName}だけのその特徴が皆を楽しくさせます。
- {userName}のいいところは用心深さです。{userName}の洞察に、多くの人が助けられます。
- {userName}のいいところは見た目です。内側から溢れ出る{userName}の良さに皆が気を惹かれます。
- {userName}のいいところは決断力です。{userName}がする決断にいつも助けられる人がいます。
- {userName}のいいところは思いやりです。{userName}に気をかけてもらった多くの人が感謝しています。
- {userName}のいいところは感受性です。{userName}が感じたことに皆が共感し、わかりあうことができます。
- {userName}のいいところは節度です。強引すぎない{userName}の考えに皆が感謝しています。
- {userName}のいいところは好奇心です。新しいことに向かっていく{userName}の心構えが多くの人に魅力的に映ります。
- {userName}のいいところは気配りです。{userName}の配慮が多くの人を救っています。
- {userName}のいいところはその全てです。ありのままの{userName}自身がいいところなのです。
- {userName}のいいところは自制心です。やばいと思ったときにしっかりと衝動を抑えられる{userName}が皆から評価されています。
- {userName}のいいところは優しさです。{userName}の優しい雰囲気や立ち振舞に多くの人が癒やされています。
```

Homeページから Resultsページへリンクを張るには、

```
### 診断結果
[こちら](Results)
```

という Markdown記法を使いましょう。

解答

Wiki の Home ページ

```
# あなたのいいところ診断について

### 使い方
あなたの名前を入力して、診断するボタンをおしてください。

### 制約事項
Chromeでしか動作しません。

### 診断結果
[こちら](Results)
```

Resultsの内容は、最初に表示したとおりです。[こちら] をクリックすることでリンクをジャンプできることを確認しましょう。

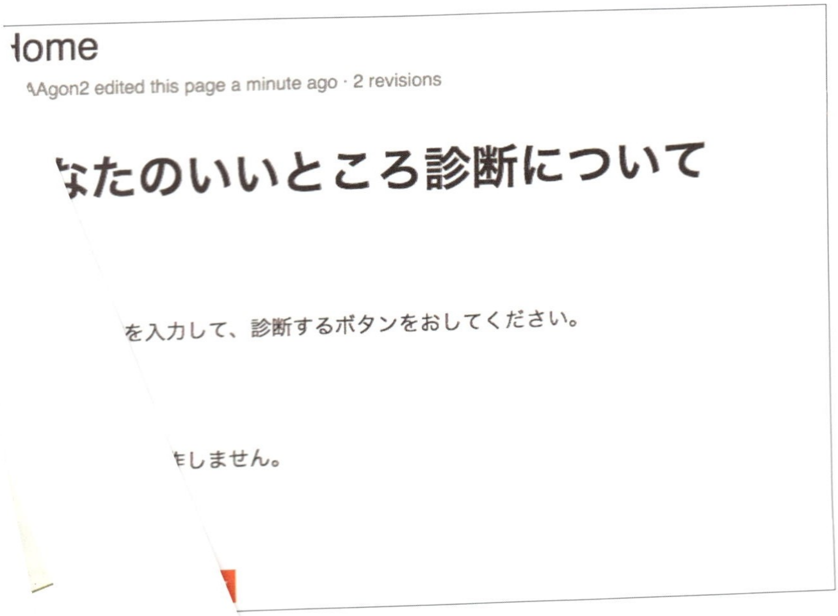

Home
Agon2 edited this page a minute ago · 2 revisions

なたのいいところ診断について

を入力して、診断するボタンをおしてください。

しません。

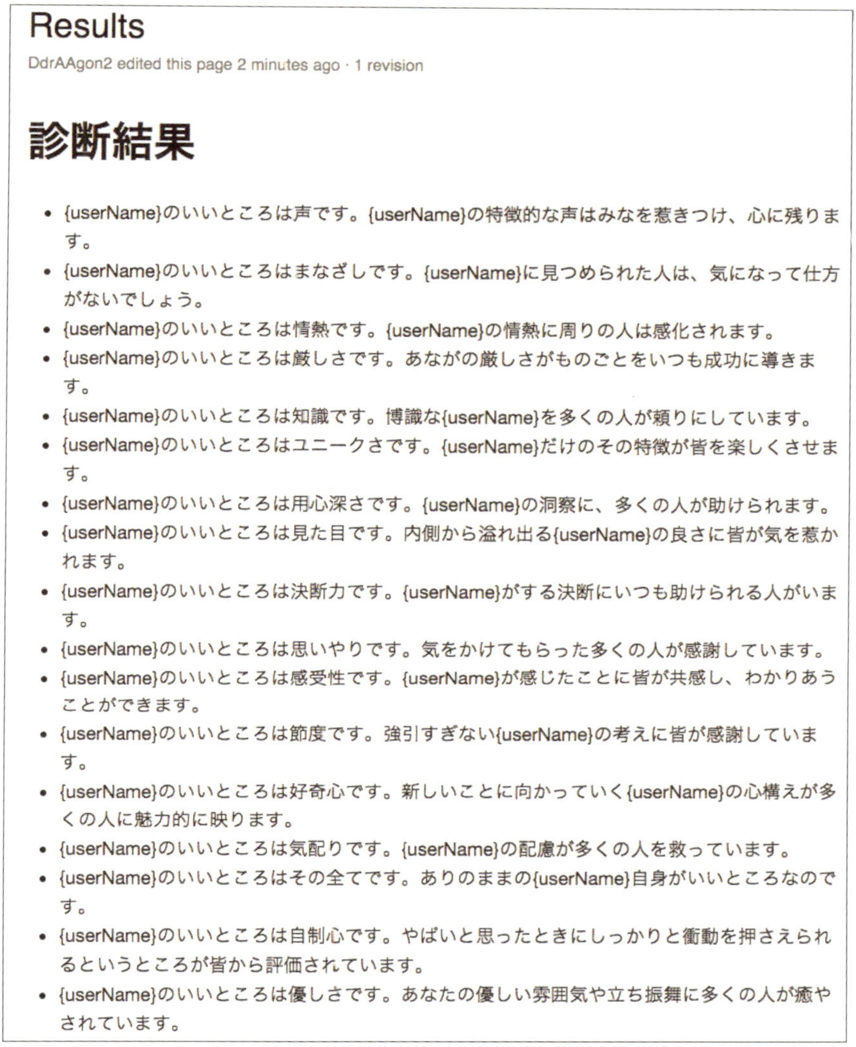

Results

DdrAAgon2 edited this page 2 minutes ago · 1 revision

診断結果

- {userName}のいいところは声です。{userName}の特徴的な声はみなを惹きつけ、心に残ります。
- {userName}のいいところはまなざしです。{userName}に見つめられた人は、気になって仕方がないでしょう。
- {userName}のいいところは情熱です。{userName}の情熱に周りの人は感化されます。
- {userName}のいいところは厳しさです。あなたの厳しさがものごとをいつも成功に導きます。
- {userName}のいいところは知識です。博識な{userName}を多くの人が頼りにしています。
- {userName}のいいところはユニークさです。{userName}だけのその特徴が皆を楽しくさせます。
- {userName}のいいところは用心深さです。{userName}の洞察に、多くの人が助けられます。
- {userName}のいいところは見た目です。内側から溢れ出る{userName}の良さに皆が気を惹かれます。
- {userName}のいいところは決断力です。{userName}がする決断にいつも助けられる人がいます。
- {userName}のいいところは思いやりです。気をかけてもらった多くの人が感謝しています。
- {userName}のいいところは感受性です。{userName}が感じたことに皆が共感し、わかりあうことができます。
- {userName}のいいところは節度です。強引すぎない{userName}の考えに皆が感謝しています。
- {userName}のいいところは好奇心です。新しいことに向かっていく{userName}の心構えが多くの人に魅力的に映ります。
- {userName}のいいところは気配りです。{userName}の配慮が多くの人を救っています。
- {userName}のいいところはその全てです。ありのままの{userName}自身がいいところなのです。
- {userName}のいいところは自制心です。やばいと思ったときにしっかりと衝動を押さえられるというところが皆から評価されています。
- {userName}のいいところは優しさです。あなたの優しい雰囲気や立ち振舞に多くの人が癒やされています。

診断結果が表示される

Section 03 GitとGitHubの連携

ここまでGitHubの使い方を学びましたが、この回では、Gitというソフトウェアと GitHub を連携させてみましょう。

Git

Gitとは、バージョン管理を行うソフトウェアです。バージョンとは、1度変更があるたびに更新される版名のことです。

Git のロゴ

みなさんはGitHubを使ってそこでファイルを編集してきたので、内部的には実はGitを使っていたことになります。

リポジトリに変更を加えることを「コミットする」と言いましたが、コミットするたびに作られるのがバージョンなのです。Gitではバージョンを、コミットのハッシュを使って管理しています。これは、前回も登場した16進数の値のことですね。

このように、みなさんはGitによるバージョン管理について、基本的な機能はすでに使っているのです。

ただし、Gitは本来コマンドラインのツールです。この回では、コマンドラインのGitをインストールして、GitHub上のファイルを自分のマシンでも編集してみましょう。まずは、Gitをインストールしましょう。

Gitのインストール

Windowsでは、管理者として起動したコマンドプロンプトに、次のコマンドを入力しま

す。次にRLoginを起動し、「vagrant」と書いてある行をダブルクリックします。

コマンドプロンプトに入力

```
cd %USERPROFILE%¥vagrant¥ubuntu64_16
vagrant up
```

Macでは、「ターミナル.app」に次のコマンドを入力します。

ターミナルに入力

```
cd  ~/vagrant/ubuntu64_16
vagrant up
vagrant ssh
```

無事コンソールが起動したら、次のコマンドを実行しましょう。

Ubuntuのコンソールに入力

```
sudo apt-get update
sudo apt-get install git
```

コマンドの実行結果

```
git はすでに最新バージョン (1:2.7.4-0ubuntu1.1) です。
```

このようなメッセージが出力されるかと思います。これでGit自体がインストールされているか確認が完了しました。ただしGitHubと連携させるためには、もう1つ準備をしなくてはなりません。それは、SSHの公開鍵をGitHubに登録するということです。

SSHの公開鍵をGitHubに登録しよう

GitHubへは**SSH**を使って通信を行います。SSHは、Secure Shellの略称だということは、以前説明をしましたね。SSHでは暗号化通信を行う際の認証にパスワード認証も使うことができるのですが、より安全な**公開鍵認証**という認証方法について説明しましょう。

公開鍵認証

公開鍵認証とは、「公開鍵」と「秘密鍵」という2つの情報を使った認証方法です。公開鍵と秘密鍵を作り、通信したい相手に公開鍵情報を渡します。秘密鍵は自分が秘密にしておきます。相手と通信する際に、相手は公開鍵を使って情報を暗号化し、受け取る自分は秘密鍵を使って情報を復号します。この方法を使うことで、パスワードの推測による攻撃からアカウントを守ることができます。とても安全ですね。

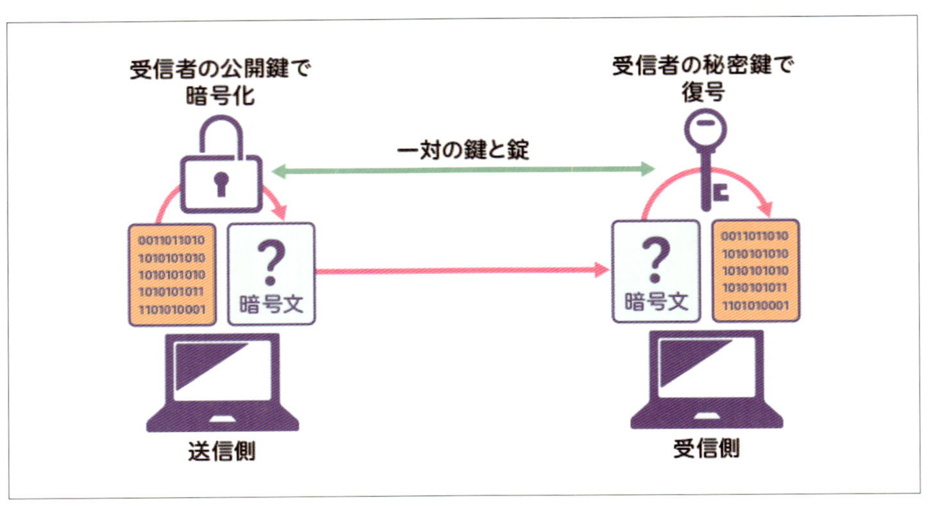

公開鍵認証の仕組み

SSHの公開鍵と秘密鍵の作成

ではSSHで公開鍵認証を行うために、公開鍵と秘密鍵を作成してみましょう。コンソールに次のコマンドを入力してください。

Ubuntuのコンソールに入力

```
ssh-keygen
```

すると、次のように表示されます。

コマンドの実行結果：公開鍵と秘密鍵の作成

```
Generating public/private rsa key pair.
Enter file in which to save the key (/home/ubuntu/.ssh/id_rsa):
```

作成するファイル名を尋ねられていますが、デフォルトでよいので、そのまま Enter キーを押します。

コマンドの実行結果：公開鍵と秘密鍵の作成

```
Enter passphrase (empty for no passphrase):
```

今度はこのように表示されます。この鍵を利用するためのパスワードを入力して、Enterキーを押します。

コマンドの実行結果：公開鍵と秘密鍵の作成

```
Enter same passphrase again:
```

パスワードの確認です。先ほど入力したパスワードをもう1度入力し、Enterキーを押します。

コマンドの実行結果：公開鍵と秘密鍵の作成

```
The key fingerprint is:
The key's randomart image is:
```

入力がうまくいけば、上記のような表示に続き、フィンガープリントという鍵を簡略化したものと、鍵を表すアスキーアートで表現された画像情報が表示され、公開鍵と秘密鍵が完成します。

鍵は「~/.ssh」の中に保存されています。下記のコマンドで確認してみましょう。

Ubuntu のコンソールに入力

```
ls ~/.ssh
```

その結果、次のように表示されます。「id_rsa」という秘密鍵と、「id_rsa.pub」という公開鍵が記載されたファイルが確認できれば、うまく鍵が生成できています。

コマンドの実行結果

```
authorized_keys  id_rsa  id_rsa.pub
```

公開鍵を GitHub に登録

次に、作成した鍵のうち公開鍵のほうをGitHubに登録しましょう。次のようにコマンドを入力して、公開鍵情報をコンソールに表示させましょう。

Ubuntu のコンソールに入力

```
cat  ~/.ssh/id_rsa.pub
```

コマンドの実行結果

```
ssh-rsa AAAAB3NzaC1yc2EAAAADAQABAAABAQC5rX5OBcwhVPPS3zvEjJqsK9d6
O1GchS4qczaAArF9ZQBIfbJAqzXKP7XKsg/fujBj2GsPj9CL/
hz5BQ7UA16pIWTOxsTRU/nch4IQrxvrDxITTCipw9e7fIKzSzxB9ly3rZWeZ8vGe
eHhMcy2gg2VJl8mwoXHR0QivnNox1RMaeLvC1xfAuJDQGFCkfuTKiz0Kozz0vBp5
YTffV3QhAT5lum9S6c2oeXyQ6vTMenetWFoETdeFY1LhQlDA6N8c781U0PuQ4Vmv
oU0KquLTfEcIwkjmmciRbJXRi/IVq5Qb8AupZNvdQzZH4cWdova7fR4PfEjrWC
my/s28Vv3Dza1 ubuntu@ubuntu-xenial
```

以上のような、公開鍵情報が表示されます。これは1人1人違うものです。

ではGitHubを開いてログインしてください。ページのいちばん右上のアイコンをクリックし、メニューを開きましょう。その中に［Settings］という項目を選択します。

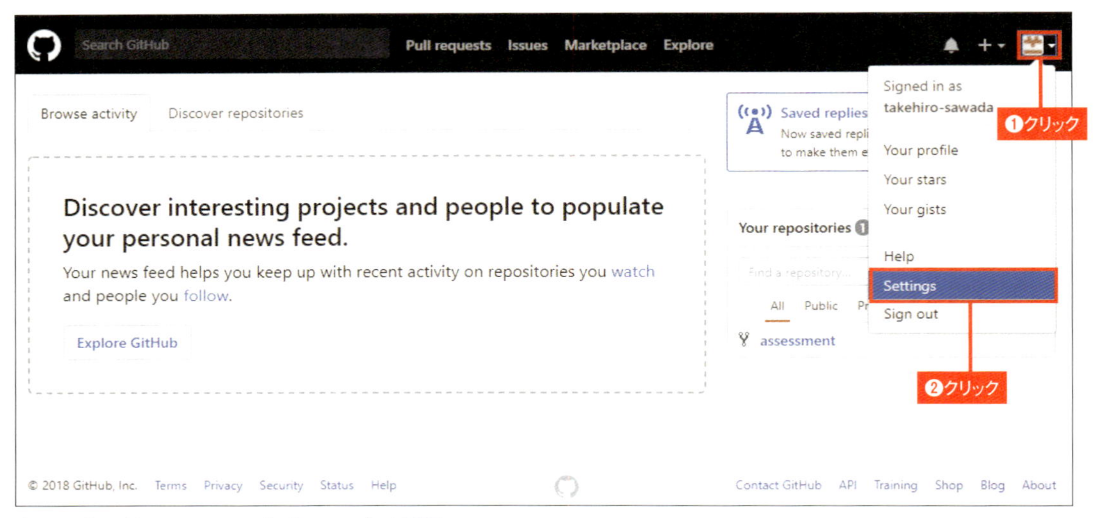

右上のプルダウンメニューから［Settings］を選択

左側の［SSH and GPG keys］という項目を選択し、［New SSH key］ボタンをクリックしてください。

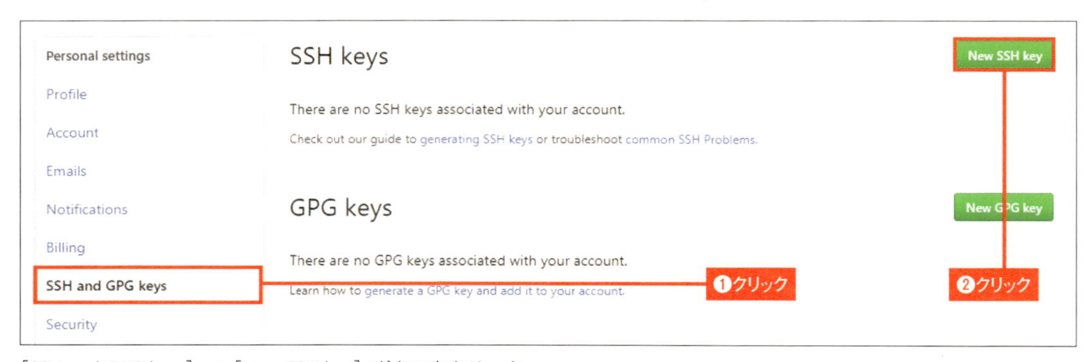

［SSH and GPG keys］→［New SSH key］ボタンをクリック

［Title］のテキストフィールドには、

```
vagrant@ubuntu-xenial
```

と入力しましょう。［Key］のテキストフィールドには、先ほど表示した公開鍵をコピー・貼り付けで入力し、［Add SHH key］ボタンをクリックします（*注意：本書に記載されているテキストではなく、必ずあなたのマシンで「cat ~/.ssh/id_rsa.pub」と実行して、表示された内容を使ってください）。

```
ssh-rsa AAAAB3NzaC1yc2EAAAADAQABAAABAQC5rX5OBcwhVPPS3zvEjJqsK9d6
O1GchS4qczaAArF9ZQBIfbJAqzXKP7XKsg/fujBj2GsPj9CL/
hz5BQ7UA16pIWTOxsTRU/nch4IQrxvrDxITTCipw9e7fIKzSzxB9ly3rZWeZ8vGe
eHhMcy2gg2VJl8mwoXHR0QivnNox1RMaeLvC1xfAuJDQGFCkfuTKiz0Kozz0vBp5
YTffV3QhAT5lum9S6c2oeXyQ6vTMenetWFoETdeFY1LhQlDA6N8c781U0PuQ4Vmv
oU0KquLTfEcIwkjmmciRbJXRi/IVq5Qb8AupZNvdQzZH4cWdova7fR4PfEjrWC
my/s28Vv3Dza1 ubuntu@ubuntu-xenial
```

Title と Key を入力したら［Add SSH key］ボタンをクリック

これで、GitHubとマシンがSSHを利用した暗号化通信をできるようになりました。

GitHub からクローンしてみよう

GitHubのリポジトリをコピーして、あなたのマシンのLinux内にもGitHubのようなリポジトリを作ってみましょう。

Gitではこの工程を**clone（クローン）**と呼びます。GitHub上ではForkと呼んでいましたが、Forkの中でも内部的にはcloneが行われています。

まず自分がこれまで作ってきた「assessment」リポジトリをクローンします。

```
https://github.com/${あなたのusername}/assessment/
```

以上のURLにアクセスしましょう。表示された画面の右側にある、緑色の［Clone or download▼］ボタンをクリックしてください。メニューが表示されるので、さらに［Use SSH］のリンクをクリックします。

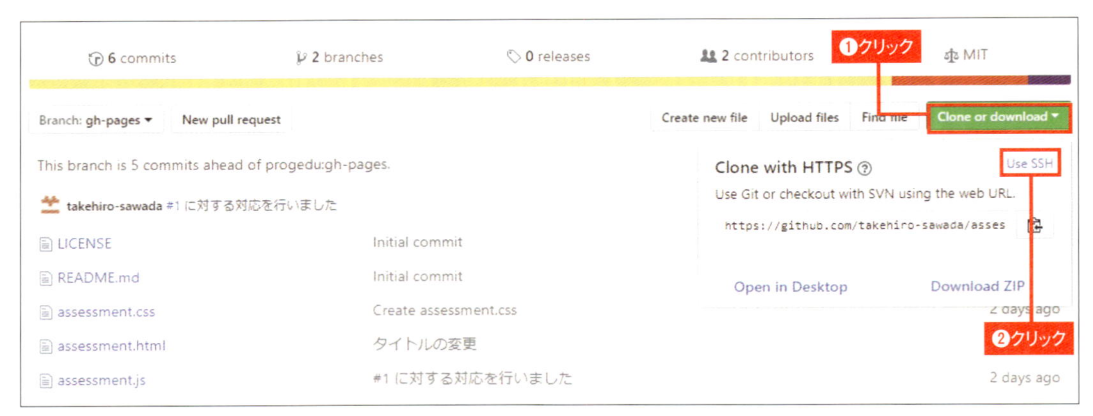

［Clone or download ▼］ボタン→［Use SSH］をクリック

```
git@github.com:${あなたのusername}/assessment.git
```

するとテキストフィールドに書かれているURLが、上記のように切り替わると思います。これをコピーしてください。そして、Linuxのコンソールからcloneを行います。

Ubuntu のコンソールに入力

```
cd workspace
git clone git@github.com:${あなたのusername}/assessment.git
```

上記のコマンドを実行します。「git clone」のあとに続く部分は先ほどコピーしたアドレスなので、貼り付けを行えば入力できます。パスフレーズの入力を求められたら、公開鍵と秘密鍵の作成時に設定したパスフレーズ（P.184）を入力します。

コマンドの実行結果：「yes」と入力する

```
Are you sure you want to continue connecting (yes/no)?
```

上記のように確認のメッセージが表示されたら、「yes」と入力して Enter キーを入力します。

コマンドの実行結果

```
remote: Counting objects: 19, done.
remote: Compressing objects: 100% (16/16), done.
remote: Total 19 (delta 7), reused 15 (delta 3), pack-reused 0
Receiving objects: 100% (19/19), 4.98 KiB | 0 bytes/s, done.
Resolving deltas: 100% (7/7), done.
Checking connectivity... done.
```

以上のような表示が出ればclone成功です。「~/workspace/assessment」ディレクトリにリポジトリの内容のコピーがダウンロードされていますので、確認します。

Ubuntu のコンソールに入力

```
cd ~/workspace/assessment
ls
```

すると、次のようにGitHub上のファイルが表示されます。

コマンドの実行結果

```
assessment.css  assessment.html  assessment.js  LICENSE  README.
md
```

今後、GitHub上でコミットがあった場合に、それを取得するにはどうすればよいのでしょうか。リポジトリとなっているディレクトリ内で次のコマンドを実行することで、最新の変更を受け取ることができます。

Ubuntu のコンソールに入力

```
git pull origin gh-pages
```

実際にやってみましょう。

コマンドの実行結果

```
Already up-to-date.
```

最新であれば、上記のような表示が出るだけです。「すでに最新ですよ」というメッセージです。

自分のマシンのことを「ローカル」といい、外部にあるマシンのことを「リモート」と言います。今回の例ですとGitHub上のリポジトリが「リモートリポジトリ」、先ほどcloneしてあなたのマシンにコピーしてきたものが「ローカルリポジトリ」です。

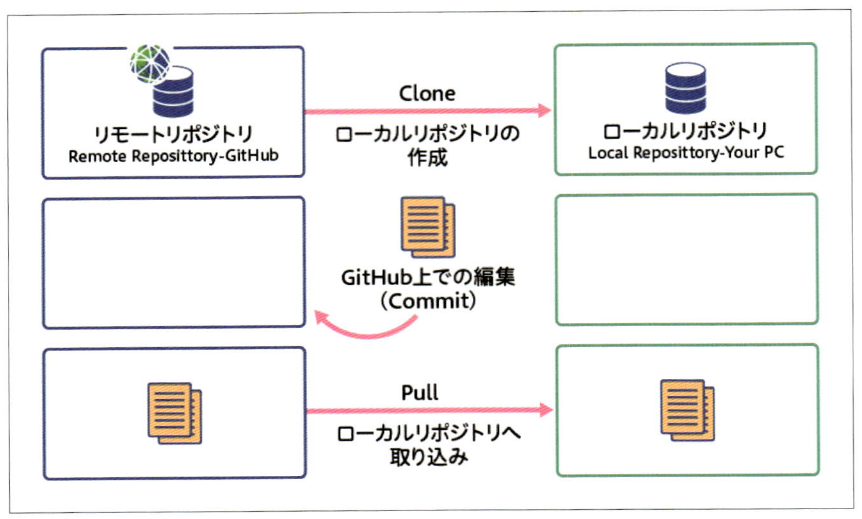

リモートとローカルのリポジトリ関係

リモートリポジトリの変更をローカルリポジトリに取り込むことを、**pull**する、と言います。英単語pullの「引っ張る」という意味のとおり、変更内容を引っ張ってくるイメージです。

Ubuntu のコンソールに入力

```
git pull origin gh-pages
```

以上をふまえ、このコマンドの意味を解説します。

gitのコマンドはこのように「git」を最初に入力し、その後ろにサブコマンド（この例だと「pull」）を入力します。そして、さらにその後ろへ引数を与えます。

引数に「origin」と書かれているのは、リモートのリポジトリ名の1つです。cloneを行った際、そのcloneの元となったリモートリポジトリの名前は、デフォルトで「origin」という名前になるのです。つまりここでは、「origin」とはGitHub上にあるリポジトリのことです。

gitのリポジトリとなっているディレクトリ内で、次のコマンドを実行してみましょう。

Ubuntu のコンソールに入力

```
git remote
```

このコマンドでは、現在登録されているリモートのリポジトリの一覧を見ることができます。

コマンドの実行結果

```
origin
```

現在は、このようにoriginだけが表示されるはずです。

リモートリポジトリの変更点をローカルリポジトリに取り込む

```
git pull origin gh-pages
```

最後に、「gh-pages」とある部分です。これはブランチという概念なのですが、ブランチに関してはまた別の回で紹介します。以上で、GitとGitHubが連携できるようになりました。

まとめ

- **GitとGitHubは、SSHを使って暗号化通信をする。**
- **GitHubのSSH接続は公開鍵認証を使って行う。そのため、GitHubに公開鍵を登録する必要がある。**
- **git pullコマンドを使って、リモートリポジトリの最新の情報を取得することができる。**

練習

「assessment」リポジトリにGitHub上で変更を加え、その変更をマシンのローカルリポジトリで取得してみましょう。自分のリポジトリのURLから、「assessment.html」を開きましょう。

```
https://github.com/${あなたのusername}/assessment/blob/gh-pages/
assessment.html
```

ページ内の鉛筆マークの［Edit this file］ボタンをクリックすることで、編集画面を開きます。

[Edit this file] ボタン

編集内容は、以下の部分を変更します。

assessment.html：9 行目 変更前

```
<h1>あなたのいいところは?</h1>
```

assessment.html：9 行目 変更後

```
<h1>あなたのいいところを診断します</h1>
```

また、Commit changesの「Update ...」の部分にコミットコメントとして下記の内容を入力します。

```
見出しを丁寧に変更
```

入力できたら［Commit changes］ボタンで内容をコミットします。その後、Linuxコンソールから「git pull」コマンドでこの内容をローカルリポジトリに取り込みましょう。

解答

assessment.htmlをGitHub上で編集したあと、Linuxコンソール上で次のコマンドを実行します。

Ubuntuのコンソールに入力

```
cd ~/workspace/assessment
git pull origin gh-pages
```

次のように表示されれば、問題なく変更が取得されています。

コマンドの実行結果

```
Fast-forward
assessment.html | 2 +-
1 file changed, 1 insertion(+), 1 deletion(-)
```

今度は次のコマンドで、内容が変更されていることも確認してみましょう。

Ubuntuのコンソールに入力

```
vagrant@ubuntu-xenial:~/workspace/assessment$ git pull origin
gh-pages
From github.com:takehiro-sawada/assessment
 * branch            gh-pages    -> FETCH_HEAD
Already up-to-date.
```

Section 04

GitHubへのpush

前回は、GitHubとローカルのGitのリポジトリを連携しました。今回は、ローカルで変更を行った内容をリモートのGitHubに適用してみましょう。

Gitに自分の情報を登録しよう

いつもどおり、コンソールを起動します。Windowsでは、管理者として起動したコマンドプロンプトに、次のコマンドを入力します。RLoginを起動し、「vagrant」と書いてある行をダブルクリックします。

コマンドプロンプトに入力

```
cd %USERPROFILE%¥vagrant¥ubuntu64_16
vagrant up
```

Macでは、「ターミナル.app」に次のコマンドを入力します。

ターミナルに入力

```
cd  ~/vagrant/ubuntu64_16
vagrant up
vagrant ssh
```

まずは、自分の名前をGitに登録しましょう。この作業は初期設定ですので、最初に1度だけ行います。

Ubuntuのコンソールに入力

```
git config --global user.name "${あなたの名前}"
git config --global user.email ${あなたのメールアドレス}
git config --global core.editor "vim"
```

「${あなたの名前}」と「${あなたのメールアドレス}」はそれぞれ、あなたの名前とあなたのメールアドレスに変更して実行してください。そして、自身が利用するエディタを

「vim」に設定してください。

Ubuntu のコンソールに入力：入力例

```
git config --global user.name "Soichiro Yoshimura"
git config --global user.email soichiro_yoshimura@dwango.co.jp
git config --global core.editor "vim"
```

例としては、このように入力します。なお、この設定した自分自身の情報は、

Ubuntu のコンソールに入力

```
git config -l
```

というコマンドで確認ができます。ここでは、以下のように表示されます。

コマンドの実行結果

```
user.name=Soichiro Yoshimura
user.email=soichiro_yoshimura@dwango.co.jp
core.editor=vim
```

自分の名前とメールアドレスが登録されたでしょうか。

ローカルにリポジトリを作ろう

前回はGitHubリポジトリをcloneすることでローカルリポジトリを作成しました。今回は先にローカルにリポジトリを作りましょう。

まず「git-study」というプロジェクトディレクトリを用意します。

Ubuntu のコンソールに入力

```
cd ~/workspace
mkdir git-study
cd git-study
```

このようにプロジェクトのディレクトリを作成し、そこをカレントディレクトリにします。

Gitリポジトリを作るためのコマンドは次のとおりです。

Ubuntu のコンソールに入力

```
git init
```

このコマンドを実行すると、次のように表示されます。

コマンドの実行結果

```
Initialized empty Git repository in /home/ubuntu/workspace/git-
study/.git/
```

これでGitリポジトリが完成しました。ここで何が起こったかと言うと、ローカルリポジトリの実体である「/home/ubuntu/workspace/git-study/.git/」というディレクトリが作成されました。この「.git」ディレクトリを丸ごと削除すれば、ローカルリポジトリを消去できます。

リポジトリに変更を加えてみよう

まだリポジトリは空っぽなので、ファイルを追加して、リポジトリに変更を加えてみたいと思います。

まずはコマンドで「README.md」というファイルを作成します。

Ubuntu のコンソールに入力

```
cd ~/workspace/git-study
echo "# Gitの勉強" > README.md
cat README.md
```

以前に習ったリダイレクトを使って、「README.md」ファイルを作っています。

「cat README.md」コマンドを実行した結果が、

コマンドの実行結果

```
# Gitの勉強
```

と表示されることを確認しましょう。なおこの「README.md」は、GitHubにおいて少し特別なファイルです。この名前のファイルは、リポジトリのトップページに自動的に表示されるようになるのです。

さて、作成したファイルをリポジトリに追加するときには、「git add」コマンドを使います。addは「足す、追加する」という意味の英単語です。

Ubuntu のコンソールに入力

```
git add README.md
```

ですが、ここで注意が必要です。実はこのコマンド「git add」だけでは、「ファイルをリポジトリに追加」したことにはなりません。

「git add」は「ファイルをリポジトリに追加**したい**」という変更情報を登録するだけのコマンドなのです。のちほど説明しますが、変更情報を「**コミット**」してはじめて、リポジトリにデータが追加されます。

このように、いったん変更情報を登録することを**ステージング**と言います。そして変更情報を保持している領域を、インデックスと言います。コミットをする前の舞台というわけです。

なお、現在の変更情報の登録（ステージング）状況は次のコマンドで確認できます。

Ubuntu のコンソールに入力

```
git status
```

実際に実行してみましょう。

コマンドの実行結果

```
Changes to be committed:
new file: README.md
```

上記のように表示されたでしょうか。「README.md」ファイルが、コミット時に追加されるよう登録済み、という表示です。

では、この追加という変更情報をリポジトリにコミットしましょう。

Ubuntu のコンソールに入力

```
git commit -m "はじめてのコミット"
```

「git commit」には必ずコミットコメント（メッセージ）を付ける必要があります。「-m」オプションに続けて、コメントを記載しましょう。

これでコミットが行われ、リポジトリにデータが登録されました。このコミットログを確認するためには、次のコマンドを実行します。

Ubuntuのコンソールに入力

```
git log
```

実行すると、以下のようなコミットログが表示されます。

コマンドの実行結果

```
commit fa28e7c3f9a6f30e320275c48ff069a55e322fdf
Author: Soichiro Yoshimura <soichiro_yoshimura@dwango.co.jp>
Date:   Thu Nov 19 09:58:33 2015 +0000

はじめてのコミット
```

このように先ほど入力したコメントが表示されたら、コミットに成功しています。

変更をGitHubに置こう

ここまでは、ローカルリポジトリで作業していました。これをGitHubに置くためには、GitHubにも新たにリポジトリを作る必要があります。

GitHubのトップページにアクセスして、[New repository] ボタンをクリックします。

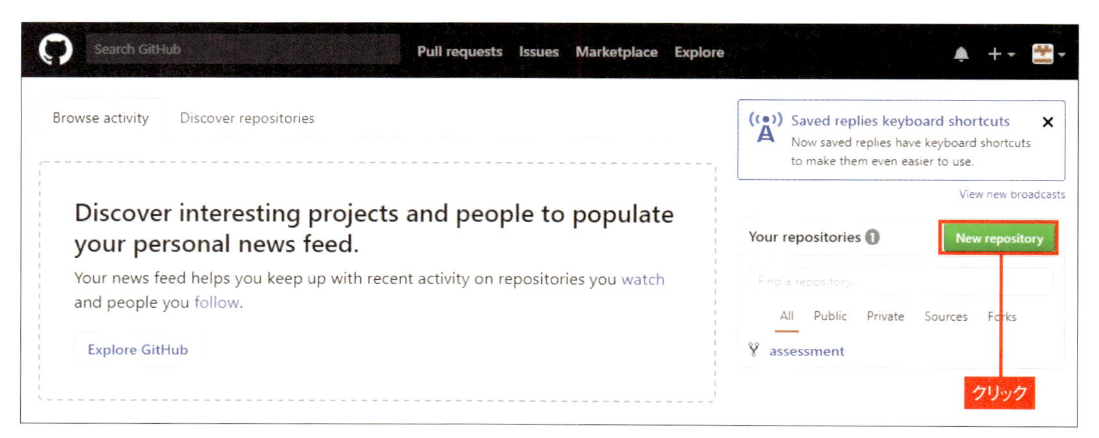

[New repository] ボタンをクリック

[Repository name] 欄に「git-study」と入力したら、ほかは特に設定せずに [Create repository] ボタンをクリックしましょう。

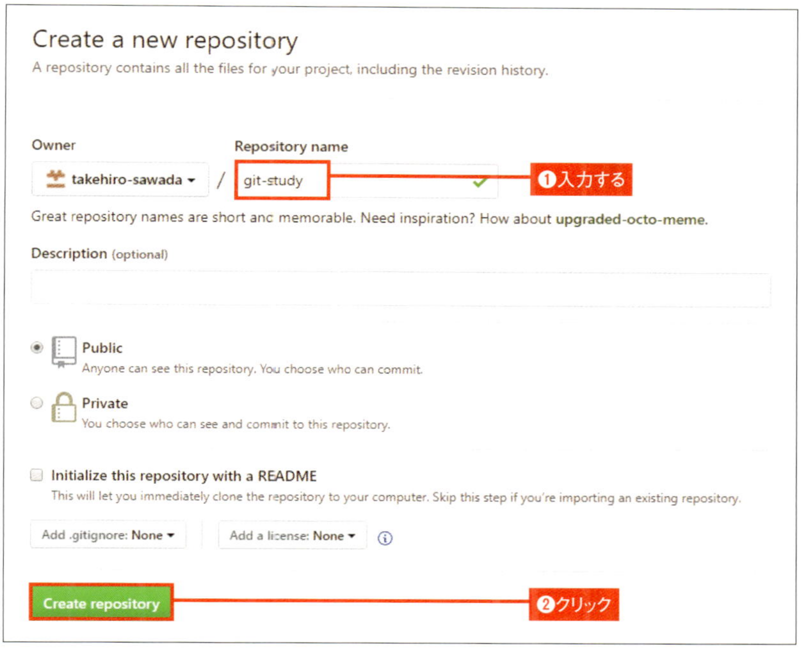

Create a new repository
A repository contains all the files for your project, including the revision history.

Owner
takehiro-sawada
Repository name
git-study
❶入力する

Great repository names are short and memorable. Need inspiration? How about upgraded-octo-meme.

Description (optional)

Public
Anyone can see this repository. You choose who can commit.

Private
You choose who can see and commit to this repository.

Initialize this repository with a README
This will let you immediately clone the repository to your computer. Skip this step if you're importing an existing repository.

Add .gitignore: None
Add a license: None

Create repository
❷クリック

［Create repository］ボタンをクリック

これでリポジトリが完成しました。次のURLにアクセスしてみましょう。

```
https://github.com/${あなたのusername}/git-study
```

「...or push an existing repository from the command line」の項目で、ローカルで行った変更を、GitHubに反映するためのコマンドが紹介されています。これをそのままコピーして実行します。

Quick setup — if you've done this kind of thing before
Set up in Desktop or HTTPS SSH git@github.com:takehiro-sawada/git-study.git
We recommend every repository include a README, LICENSE, and .gitignore.

...or create a new repository on the command line

```
echo "# git-study" >> README.md
git init
git add README.md
git commit -m "first commit"
git remote add origin git@github.com:takehiro-sawada/git-study.git
git push -u origin master
```

...or push an existing repository from the command line

```
git remote add origin git@github.com:takehiro-sawada/git-study.git
git push -u origin master
```

コピーする

コマンドラインの案内

実行するコマンドは次のようになります。

Ubuntuのコンソールに入力

```
git remote add origin git@github.com:${あなたのusername}/git-study.git
git push -u origin master
```

GitHubの画面上では、「${あなたのusername}」の部分は、あなたのGitHubアカウント名が表示されているはずです。

初期設定のコマンド1：GitHubのリポジトリを設定

```
git remote add origin git@github.com:${あなたのusername}/git-study.git
```

1行目のこのコマンドは「リモートリポジトリのoriginは、このGitHubのアドレスのリポジトリを指すことにするよ」という設定です。

初期設定のコマンド2：GitHubへのプッシュ

```
git push -u origin master
```

2行目のこちらは**push**コマンドです。前のセクションで、リモートのリポジトリから変更を取得することをpullと習いましたが、ローカルの変更をリモートに適用することをpushと言います。英語で「押す」という意味ですね。「-u」というオプションは、次回以降「origin」と「master」を省略したときに、自動でこの値とするためのものです。

実行できたでしょうか。パスフレーズの入力を求められたら、公開鍵と秘密鍵の作成時に設定したパスフレーズ（P.184）を入力します。

コマンドの実行結果

```
Counting objects: 3, done.
Writing objects: 100% (3/3), 264 bytes | 0 bytes/s, done.
Total 3 (delta 0), reused 0 (delta 0)
To git@github.com:Soichiro-Yoshimura/git-study.git
* [new branch]      master -> master
Branch master set up to track remote branch master from origin.
```

このように表示されれば成功です。

先ほど作ったGitHubの「git-study」リポジトリにアクセスしてみましょう。開いたページに「Gitの勉強」と書かれた見出しが表示されていれば成功です。ここまでのイメージを図にまとめると次のようになります。

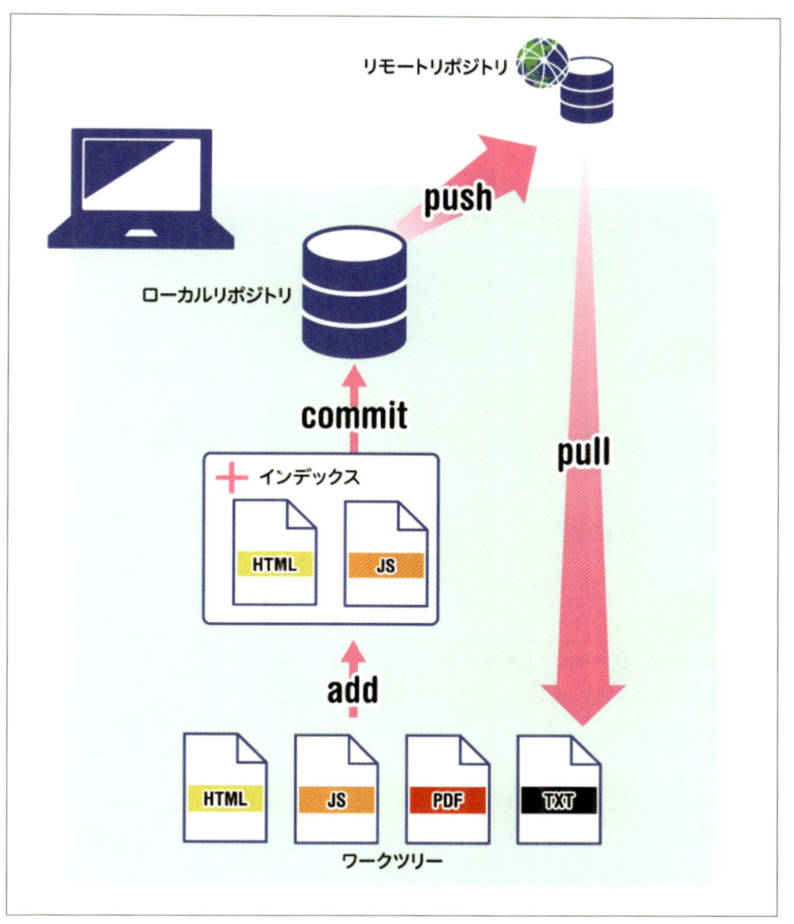

ここまでのGit操作のイメージ

ここでは、まだインデックスにステージングされていないファイル変更のことを**ワークツリー**と呼んでいます。インデックスは、英語ではindex。ワークツリーは、英語ではworking treeと呼びます。これがGitにおける変更のやり取りの全体像です。

タグを使ってみよう

タグとは、荷物などに付けるタグと同じで、特定のコミットの状態に、別の名前を付けることを言います。「git tag ${タグ名}」という形式でコマンドを実行することで、タグが作成されます。

タグは、GitHubにおいて特定のバージョンのソフトウェアをリリースするために使われます。ここでは、

```
git tag 1.0
```

として、「1.0」という数字のバージョンをタグとして付けてみましょう。さらに、タグを GitHub のリポジトリにも反映させるためには、

```
git push --tags origin master
```

と入力します。「--tags」というオプションが、タグをpushする際のオプションとなります。それでは次のコマンドを入力してみましょう。

Ubuntu のコンソールに入力

```
git tag 1.0
git push --tags origin master
```

このコマンドを実行して、次のように表示されれば成功です。

コマンドの実行結果

```
Total 0 (delta 0), reused 0 (delta 0)
To git@github.com:Soichiro-Yoshimura/git-study.git
 * [new tag]         1.0 -> 1.0
```

GitHubに作った自分のリポジトリのページを再度表示して、[Releases] タブを選択してみましょう。すると、先ほどタグを付けたバージョンが、zipなどでダウンロードできるページが自動的に作られます。

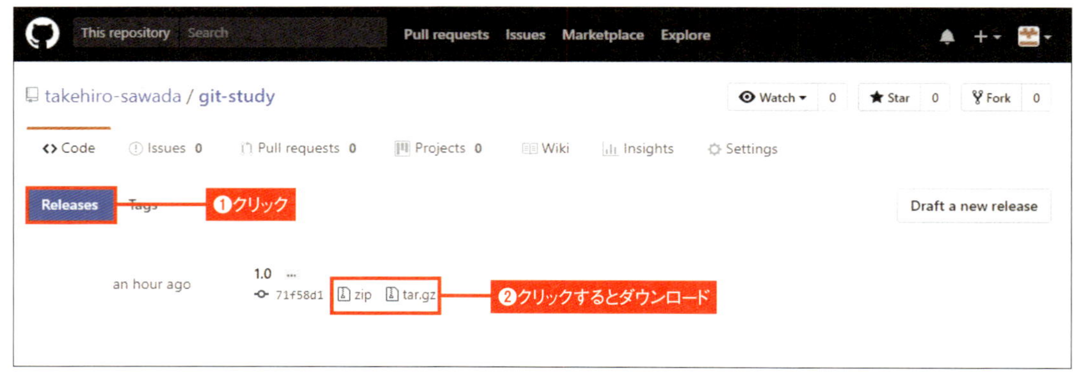

タグを付けたバージョンを zip などの形式でダウンロード可能

以上で、ローカルのリポジトリで編集を行い、GitHubのリモートリポジトリへ反映させることができました。

まとめ

- git addコマンドで、リポジトリに変更情報を追加する。このことをステージングと言う。
- git commitコマンドで、リポジトリのインデックスに追加された変更情報にコメントを付けてコミットできる。
- git pushコマンドで、ローカルのコミットをリモートのリポジトリに反映させることができる。

練習

README.mdの内容を、次のように変更し、コミットメッセージを「内容を追加」にしてコミットしましょう。そして、GitHubにもpushしてみましょう。

README.md

```
# Gitの勉強
- git addコマンドで、リポジトリに変更情報を追加する
    - このことをステージングという
- git commitコマンドで、リポジトリのインデックスに追加された変更情報にコメント
を付けてコミットできる
- git pushコマンドで、ローカルのコミットをリモートのリポジトリに反映させること
ができる
```

解答

Ubuntu のコンソールに入力

```
vim README.md
```

以上のようにvimを使うか、あるいはVS Codeを用いてファイルを編集します。その後、次のコマンドを実行すると、GitHubに変更が適用されます。

Ubuntu のコンソールに入力

```
git status
git add README.md
git commit -m "内容を追加"
git push origin master
```

Section 05

Git のブランチ

今回はブランチという Git の機能を学びます。これによって GitHub における Web サイトの公開を、ローカルの Git の操作からできるようになります。

ブランチ

ブランチとは、ある時点のソースコードを分岐させて開発をしたものです。ソフトウェア開発では、開発のメインとなるバージョンの系列を木の「幹」と捉え、そこから派生するものを「枝」、つまり英語でブランチ（branch）と表現します。

では、なぜソースコードを分岐させる必要があるのでしょうか。

例えば、複数の異なる機能を並行して開発する場合を考えてみましょう。そのようなとき、1つの場所で作業をしてしまうと、それぞれの変更や修正が互いに影響してしまうかもしれません。また、行った編集がどの機能に対するものなのかも、わかりにくくなってしまいます。それを避けるために、別々の場所（ブランチ）で開発することが必要となるのです。

ブランチのイメージ

早速、ブランチの情報を見るために、前回作った「git-study」というリポジトリのディレクトリを開きましょう。いつもどおりコンソールを起動します。

Windowsでは、管理者として起動したコマンドプロンプトに、次のコマンドを入力します。そしてRLoginを起動し、「vagrant」と書いてある行をダブルクリックします。

コマンドプロンプトに入力

```
cd %USERPROFILE%¥vagrant¥ubuntu64_16
vagrant up
```

Macでは、「ターミナル.app」に次のコマンドを入力します。

ターミナルに入力

```
cd  ~/vagrant/ubuntu64_16
vagrant up
vagrant ssh
```


ブランチを確認してみよう

コンソールを開いたら、次のコマンドを入力してみましょう。

Ubuntu のコンソールに入力

```
cd ~/workspace/git-study
git branch
```

この「git branch」コマンドは、このリポジトリにどのようなブランチがあるかを、一覧表示します。また、現在利用しているブランチがどのブランチなのかもわかります。

コマンドの実行結果

```
* master
```

「git branch」の結果は、このように表示されるかと思います。

「master」という名前のブランチ1つだけがある状態です。また、「master」の左側に「*」（アスタリスク）が記載されていますね。これは、現在「master」というブランチを利用している、ということを表しています。

なお「master」というブランチは、Gitでリポジトリを作成した際に自動で作成される、デフォルトのブランチです。

ブランチを作ってみよう

ブランチを作るには、「git branch」コマンドの後ろに作成したいブランチ名を続けます。以下のコマンドを入力してみましょう。

Ubuntu のコンソールに入力

```
git branch gh-pages
```

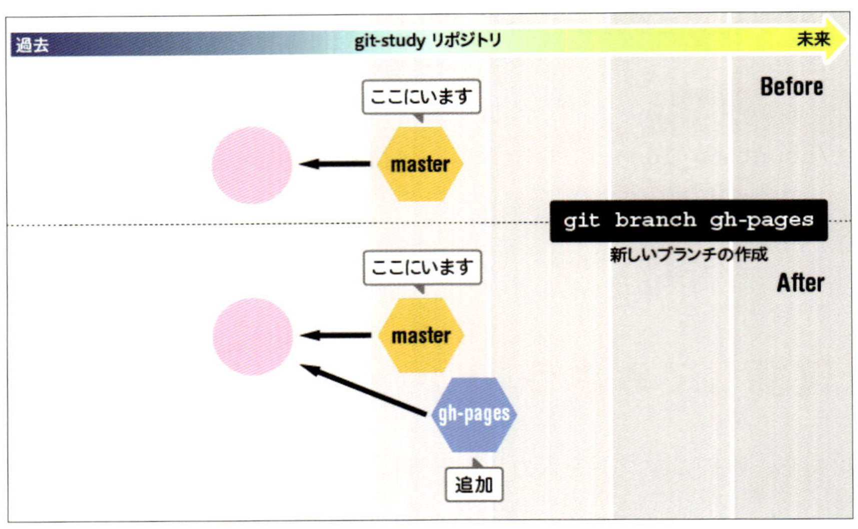

ブランチの作成

「git branch」のあとに、引数として作りたいブランチの名前「gh-pages」を指定しました。ここで作成している「gh-pages」は、GitHubにおいて特別なブランチです。このブランチをGitHubにpushすると、GitHub Pagesというサイトに自動的にWebページとしてリポジトリ内容が公開されるのです。

ここではGitHub Pagesの機能を使いたいので「gh-pages」ブランチとしましたが、本来ブランチを作成するだけであれば、ブランチには好きな英数字で名前を付けることができます。

では、ブランチが作れたことを確認しましょう。

Ubuntuのコンソールに入力

```
git branch
```

このコマンドで、ブランチが一覧できるのでした。

コマンドの実行結果

```
gh-pages
* master
```

上記のように表示されたでしょうか。「gh-pages」というブランチが作られていることがわかりますね。また、「*」はmasterの横に付いているので、現在のブランチは「master」のままで、先ほどから変化していないことも読み取れます。

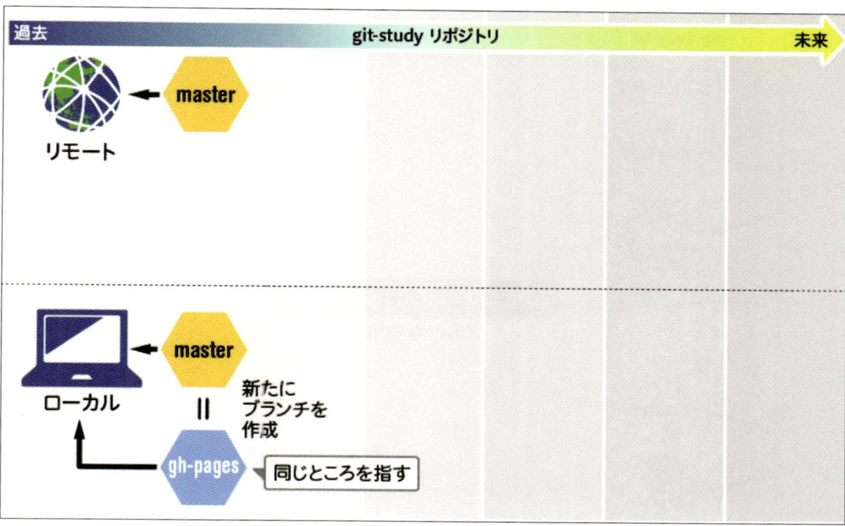

現在のブランチの様子

ブランチを変えてみよう

作成した「gh-pages」ブランチを利用してみましょう。ブランチを切り替え、使用できる状況にすることを**チェックアウト**（checkout）と言います。コマンドでは「git checkout」に続けて、チェックアウトしたいブランチ名を指定します。

Ubuntu のコンソールに入力

```
git checkout gh-pages
git branch
```

1行目を実行した時点で、次のように表示されます。

コマンドの実行結果：1行目

```
Switched to branch 'gh-pages'
```

さらに、「git branch」を実行してブランチを確認すると、次のように、現在のブランチが「gh-pages」に切り替わったことがわかります。

コマンドの実行結果：2行目

```
* gh-pages
master
```

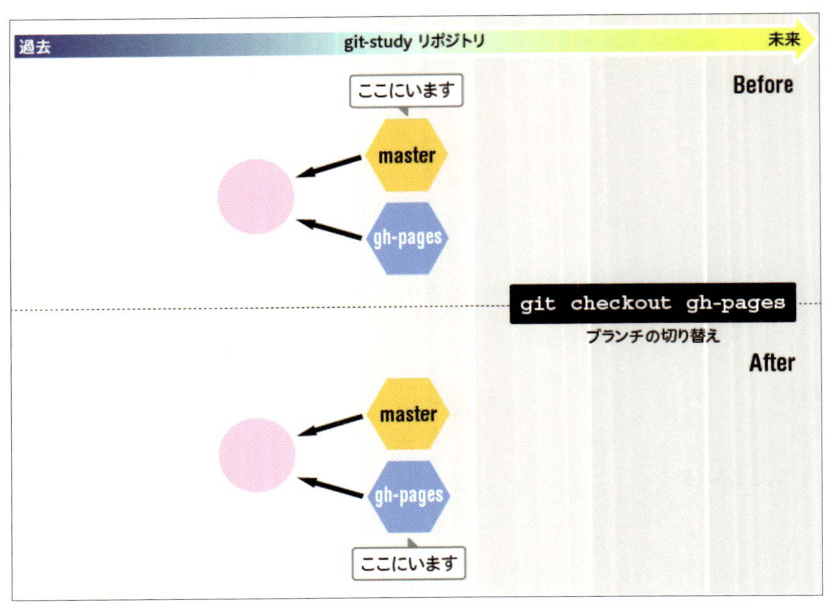

ブランチの切り替え

ブランチを使った開発

ブランチについて知るために、この「gh-pages」ブランチを実際に使って、変更をコミットしてみましょう。

Ubuntuのコンソールに入力

```
touch index.html
```

上記のコマンドを実行してindex.htmlを作成し、VS Codeなどのエディタで以下を入力してみましょう。

index.html

```
<!DOCTYPE html>
<html lang="ja">
<head>
    <meta charset="UTF-8">
    <title>Gitの勉強</title>
</head>
<body>
    <h1>gh-pagesブランチはGitHub Pagesに公開されます。</h1>
</body>
</html>
```

『高校生からはじめるプログラミング』を読んだ方も、VS Codeを使ったHTMLの編集はひさしぶりになりますね。VS CodeのEmmetの機能を使うことで、「html:5」と入力後 Tab キーを押せば、Webページを作るときに必ず使用するHTMLタグのひな形が入力されます。Emmetは、省略記法を入力することでHTMLのコードのひな形を利用できるという機能です。

index.htmlが保存できたら、このindex.htmlをインデックスに追加したあと、コミットしましょう。

Ubuntu のコンソールに入力

```
git add .
git commit -m "GitHub Pages用のWebページを作成"
```

と入力します。

今までは、addコマンドにファイル名を指定していましたが、ここでは新しい方法を使っています。「git add .」は、「カレントディレクトリにあるすべてのファイルをインデックスに追加する」というコマンドです。パスについての復習となりますが、「.」はカレントディレクトリを示しているのでしたね。

「git commit」を実行すると、次のような結果が表示されます。

コマンドの実行結果

```
[gh-pages 74192ef] GitHub Pages用のWebページを作成
1 file changed, 10 insertions(+)
create mode 100644 index.html
```

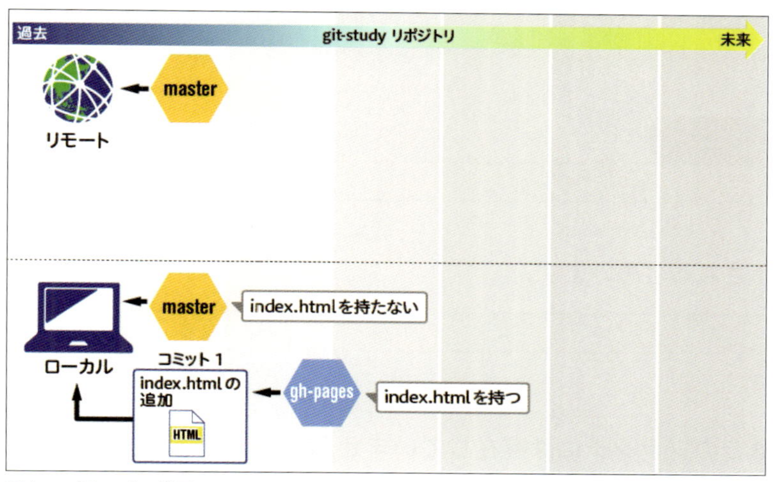

現在のブランチの様子

以上で「gh-pages」ブランチへ、コミットを行いました。ここで「master」ブランチに切り替えるとどうなるかを確認してみましょう。

まず現在の状態で、ファイルの一覧を表示してみましょう。次のコマンドを実行します。

Ubuntu のコンソールに入力

```
ls
```

すると、以下の2つのファイルが表示されると思います。

コマンドの実行結果

```
index.html  README.md
```

次に、「master」ブランチをチェックアウトします。

Ubuntu のコンソールに入力

```
git checkout master
```

チェックアウトのコマンドを実行すると、次のような結果が表示されたかと思います。

コマンドの実行結果

```
Switched to branch 'master'
Your branch is up-to-date with 'origin/master'.
```

これは「master」ブランチへ切り替えが完了した、という表示です。この「master」ブランチをチェックアウトした状態で、再度ファイルの一覧を表示してみましょう。次のコマンドを実行します。

Ubuntu のコンソールに入力

```
ls
```

すると、次のように表示されると思います。

```
README.md
```

そうです、index.htmlはこのブランチには存在していません。「master」ブランチにはindex.htmlが存在せず、「gh-pages」ブランチには存在している、というのが今の状況です。

それでは「gh-pages」ブランチに戻っておきましょう。次のコマンドを実行して、「gh-pages」ブランチをチェックアウトします。

Ubuntu のコンソールに入力

```
git checkout gh-pages
```

このコマンドを実行すると、次のように表示され、「gh-pages」ブランチに戻ってきました。

コマンドの実行結果

```
Switched to branch 'gh-pages'
```

リモートリポジトリに変更を送信しよう

Gitのpushコマンドでは、好きなブランチをリモートリポジトリに渡すことができます。

Ubuntu のコンソールに入力

```
git push origin gh-pages
```

「origin」の部分はリモートリポジトリの名前だと前回に説明しました。そして最後の「gh-pages」の部分は、ブランチ名です。つまり「『gh-pages』というブランチを、『origin』というリモートリポジトリにpushする」というコマンドです。

これを実行すると、次のように表示され、「gh-pages」ブランチが、「origin」(GitHubのリポジトリ)に送信されます。

コマンドの実行結果

```
Counting objects: 5, done.
Compressing objects: 100% (3/3), done.
Writing objects: 100% (3/3), 506 bytes | 0 bytes/s, done.
Total 3 (delta 0), reused 0 (delta 0)
To git@github.com:Soichiro-Yoshimura/git-study.git
 * [new branch]      gh-pages -> gh-pages
```

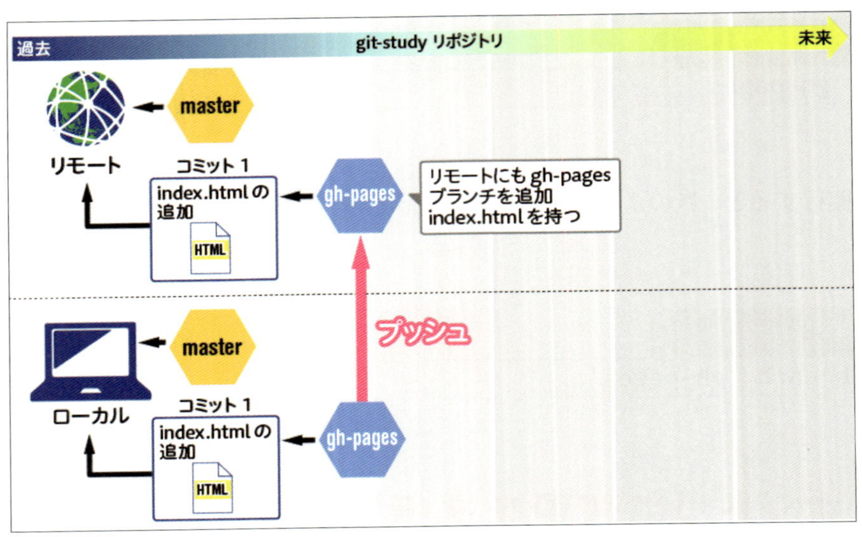

現在のブランチの様子

送信ができたら、GitHubから自分のリポジトリを確認してみましょう。次のURLにアクセスします。

```
https://github.com/${あなたのusername}/git-study
```

画面の上のほうにある［branches］のリンクをクリックしてみましょう。「gh-pages」が存在していれば、うまくいっています。GitHubのリモートリポジトリにも新しいブランチ「gh-pages」が追加されたことがわかります。

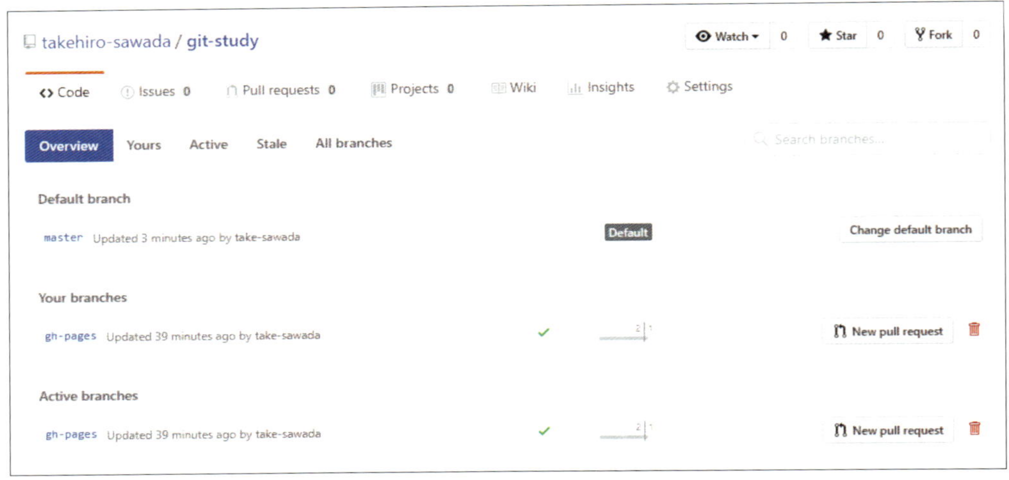

［branches］のリンクをクリックすると、リポジトリ内のブランチ一覧が表示される

gh-pages ブランチ

この「gh-pages」というブランチは特別で、GitHub Pagesというサイトにブランチの内容が公開されるのでした。その公開URLへアクセスしてみましょう。下記URLの「${あなたのusername}」は、いつものようにGitHubのユーザー名に置き換えて入力してください。

```
https://${あなたのusername}.github.io/git-study/
```

うまくページが表示されたら、ローカルのマシンで作成したHTMLを、「git push」を使ってWeb上に公開できたということになります。

変更をmasterブランチに取り込む

現在、ローカルの「master」ブランチは、「gh-pages」ブランチとは異なる内容となっています。先ほど確認したとおり、「master」ブランチはindex.htmlが存在しない状態のままなのです。

そこで、「gh-pages」の内容を「master」ブランチに取り込んでみましょう。このようにブランチの間で変更情報を取り込むことを、**マージ**(merge)と呼びます。

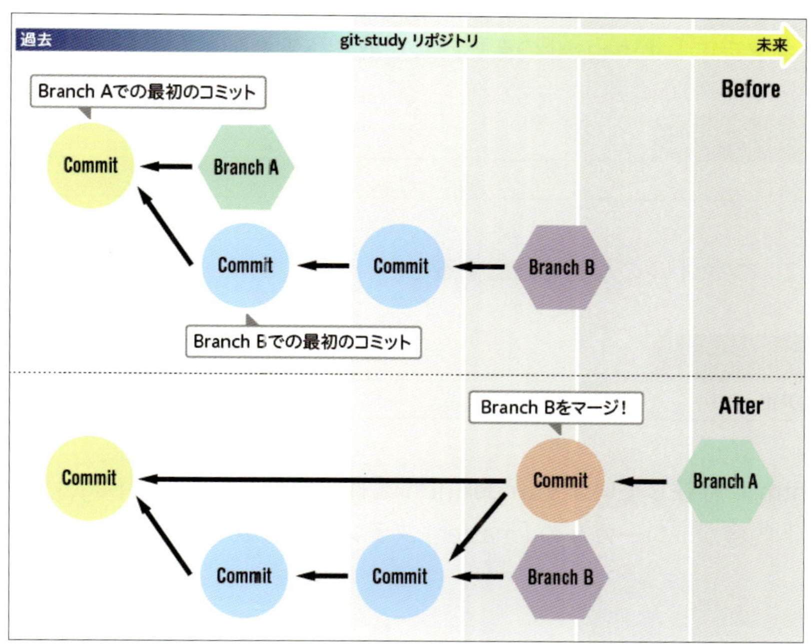

ブランチ間のマージ

では、早速マージを取り込みたいブランチに移動します。ここでは、「master」に取り込みたいので、「master」ブランチをチェックアウトします。

Ubuntu のコンソールに入力

```
git checkout master
```

上記のコマンドを実行すると、「master」ブランチに移動します。

次に、「git merge」というコマンドで、ほかのブランチからの変更を取り込みます。ここでは「gh-pages」というブランチから変更を取り込みたいので、次のようになります。

Ubuntu のコンソールに入力

```
git merge gh-pages
```

実行すると、以下のように表示されます。

コマンドの実行結果

```
Updating 72bdd93..d89ed4f
Fast-forward
index.html | 10 ++++++++++
1 file changed, 10 insertions(+)
create mode 100644 index.html
```

以上で、「master」ブランチに「gh-pages」の変更内容が取り込まれました。

Ubuntu のコンソールに入力

```
ls
```

とコマンドを実行して、ファイルの一覧を確認すると、

コマンドの実行結果

```
index.html  README.md
```

以上のようにindex.htmlが存在しています。index.htmlを作成するという「gh-pages」ブランチで行ったコミット内容が、ローカルの「master」ブランチにも取り込まれたのです。

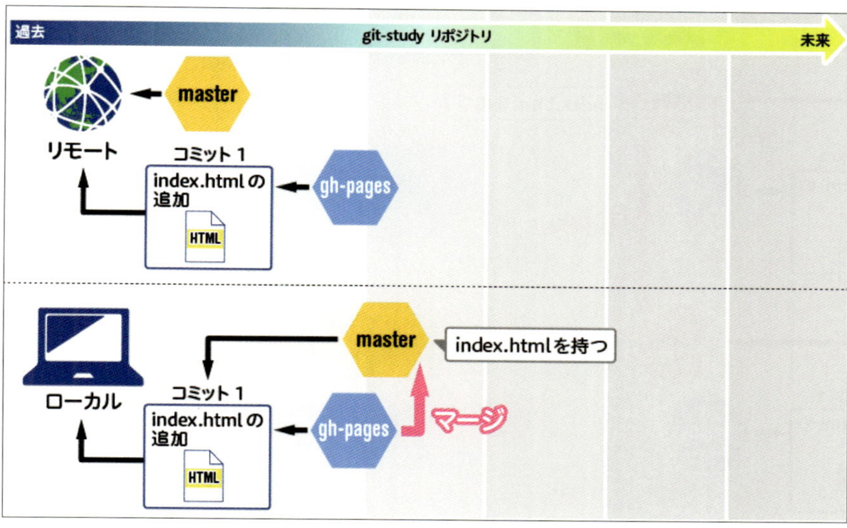

現在のブランチの様子

では最後に、ローカルの「master」ブランチの変更をリモート（GitHub）のリポジトリの「master」にも反映しましょう。

Ubuntu のコンソールに入力

```
git push origin master
```

このコマンドを実行すると、次のように結果が表示されます。

コマンドの実行結果

```
Total 0 (delta 0), reused 0 (delta 0)
To git@github.com:Soichiro-Yoshimura/git-study.git
72bdd93..d89ed4f  master -> master
```

これでGitHub上のリモートリポジトリの「master」ブランチも、ローカルの「master」ブランチと同じ内容になりました。

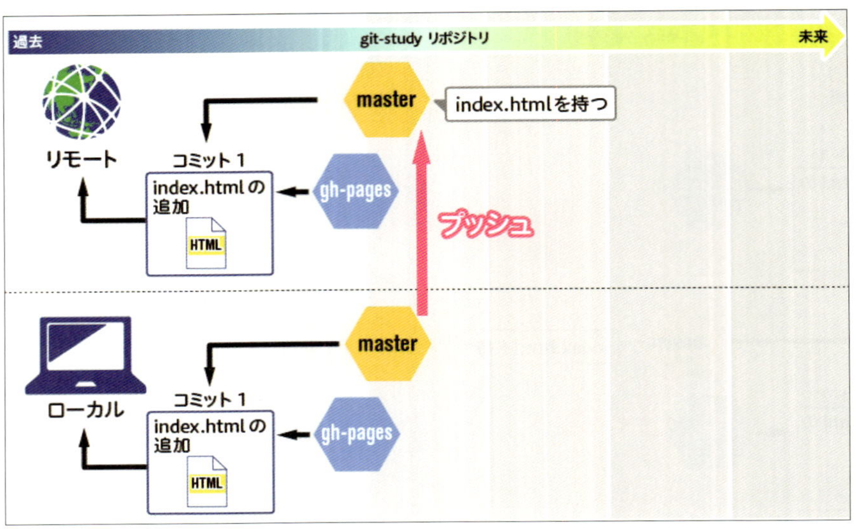

現在のブランチの様子

まとめ

- ブランチ（branch）とは、あるバージョンから派生したソースコードのこと。
- masterブランチはデフォルトのブランチ。
- gh-pagesブランチは、GitHub PagesとしてWeb公開されるブランチ。
- ほかのブランチから変更を取り込むためには、マージ（merge）を行う。

練習

「master」ブランチのindex.htmlを次のように編集しましょう。

index.html

```
<!DOCTYPE html>
<html lang="ja">
<head>
    <meta charset="UTF-8">
    <title>Gitの勉強</title>
</head>
<body>
    <h1>gh-pagesブランチはGitHub Pagesに公開されます。</h1>
    <p>この変更はmasterブランチで追加されました。</p>
</body>
</html>
```

index.html：追加した1行

```
<p>この変更はmasterブランチで追加されました。</p>
```

上記の1行が追加されています。これを、まず**コミット**し、それから「gh-pages」ブランチへ**マージ**したあと、GitHubの「gh-pages」ブランチにもpushしてみましょう。

解答

Ubuntu のコンソールに入力

```
git checkout master
vim index.html
```

以上のようにvimを使うか、VS Codeを用いてファイルを編集します。その後、次のコマンドを実行することで、GitHubのgh-pagesブランチに変更が適用されます。

Ubuntu のコンソールに入力

```
git add .
git commit -m "段落を追加"
git checkout gh-pages
git merge master
git push origin gh-pages
```

プッシュが完了したら、次のURLにアクセスして、追加した段落が表示されることを確認してみましょう。

```
https://${あなたのusername}.github.io/git-study/
```

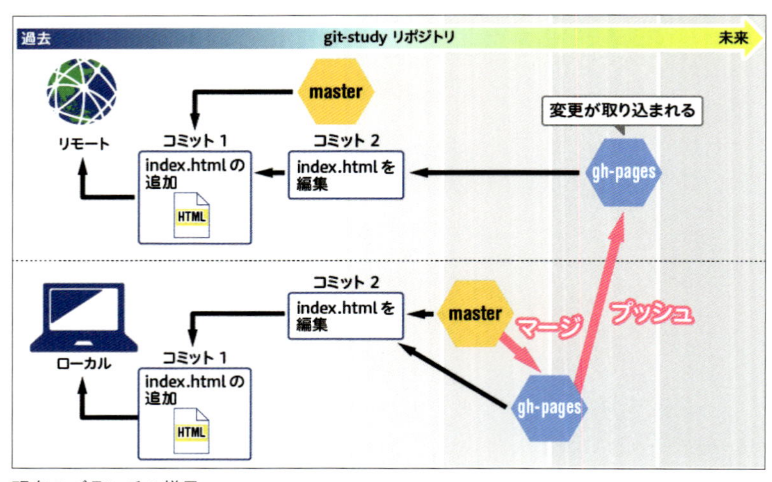

現在のブランチの様子

Section 06

ソーシャルコーディング

ここまでで、ブランチやマージを使ってソースコードを管理できるようになりました。ところで、このブランチやマージという機能は何のためにあるのでしょうか。

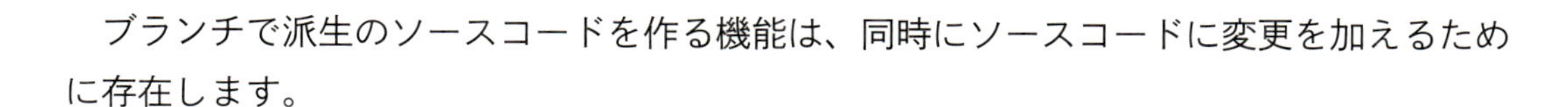

ブランチとマージという機能

ブランチで派生のソースコードを作る機能は、同時にソースコードに変更を加えるために存在します。

例えば3人で別々に機能を開発しているとして、その完成したプロダクトは、masterブランチで管理されているとします。このとき、3人はそれぞれ別々に、

- **feature/add-name-attritube**
- **feature/delete-item**
- **feature/version-up-css**

のような、異なる名前のブランチを作成し、そのブランチで作業をする、ということをします。各ブランチはほかのブランチで発生した変更点の影響を受けないので、安全に開発ができます。

そして、各ブランチでの修正が完了したら、そのブランチをGitHub上にpushして公開します。そのあと、最終的にmasterブランチにコード変更をマージして、機能の実装が完了します。

このような開発のやり方を、ブランチを使った**並行開発**と言います。

しかし、Gitのマージ機能も万能ではありません。例えば、あるファイルの同じ行に対して、複数の人が別々の変更をしてしまった場合を考えてください。それらをマージしようとしたらどうなるのでしょうか。

この場合、**コンフリクト**（Conflict）が発生します。Conflictは日本語で「衝突」です。

コンフリクト

Gitのコンフリクトを経験してみよう

実際にコンフリクトを発生させ、それを解決してみたいと思います。前のSectionまでにも使用した「git-study」というプロジェクトディレクトリを利用しましょう。

まず、いつもどおりコンソールを起動します。Windowsでは、管理者として起動したコマンドプロンプトに、次のコマンドを入力します。そしてRLoginを起動し、vagrantと書かれている行をダブルクリックします。

コマンドプロンプトに入力

```
cd %USERPROFILE%¥vagrant¥ubuntu64_16
vagrant up
```

Macでは、「ターミナル.app」に次のコマンドを入力します。

ターミナルに入力

```
cd ~/vagrant/ubuntu64_16
vagrant up
vagrant ssh
```

コンソールが起動できたら、下記コマンドを実行してください。

Ubuntu のコンソールに入力

```
cd ~/workspace/git-study
git checkout master
git branch
```

「master」ブランチをチェックアウトしてから、ブランチ一覧を表示させています。

コマンドの実行結果

```
gh-pages
* master
```

結果はこのように表示され、現在「master」ブランチがチェックアウトされていることが確認できます。

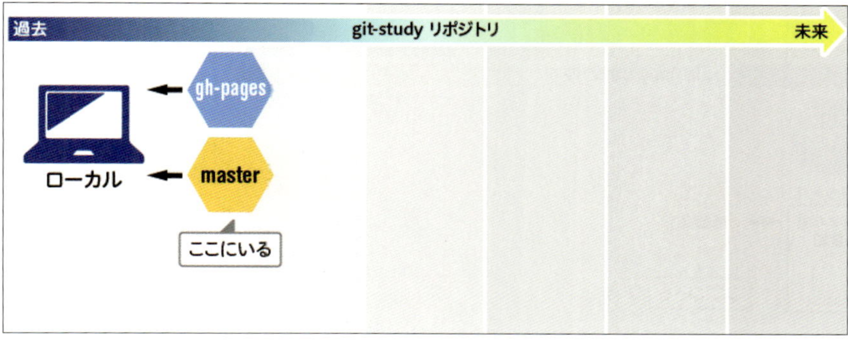

現在のブランチの様子

「master」ブランチにコミットするための、簡単な文章を書いてみましょう。

Ubuntu のコンソールに入力

```
touch wise.md
```

wise.mdというファイルを作成しました。「.md」は、Markdown形式の文書ファイルを意味する拡張子です。このwise.mdをVS Codeまたはvimで編集しましょう。

Ubuntu のコンソールに入力

```
vim wise.md
```

以上のコマンドを実行してファイルを開いたら、次の文章を入力して保存します。

wise.md

```
# 吉田松陰の言葉<br>
夢なき者に理想なし、<br>
理想なき者に計画なし、<br>
計画なき者に成功なし。<br>
故にに、夢なき者に成功ななし
```

最後の文章の「故にに、夢なき者に成功ななし」には、「に」と「な」が余計に含まれているミスを、わざと入れてあります。

保存できたら、これをコミットしましょう。

Ubuntuのコンソールに入力

```
git add .
git commit -m "吉田松蔭の言葉を追加"
```

これで「master」ブランチに、誤った文章が書かれたwise.mdが追加されました。

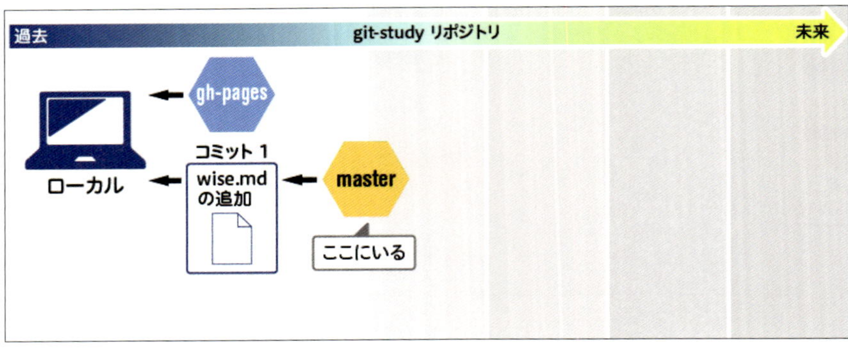

現在のブランチの様子

ここで、文章が間違っていたことに気付いたとしましょう。修正をしていくわけですが、直接「master」ブランチで作業するのではなく、「fix/remove-ni」ブランチを作成して、こちらのブランチで修正してみます。

Ubuntuのコンソールに入力

```
git branch fix/remove-ni
git checkout fix/remove-ni
git branch
```

上記のコマンドを実行すると、

コマンドの実行結果

```
* fix/remove-ni
gh-pages
master
```

と表示されたのではないでしょうか。現在、新しく作った「fix/remove-ni」ブランチにいることがわかります。

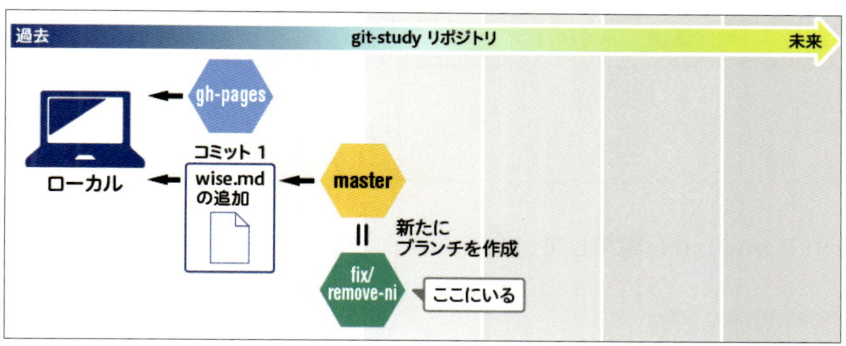

現在のブランチの様子

この「fix/remove-ni」ブランチで1つだけ、不具合を直します。VS Codeまたはvimでwise.mdを編集し、最後の行を次のようにしましょう。

wise.md：5行目を修正

```
故に、夢なき者に成功なし
```

余計な「に」を取り除きました。余計な「な」は、まだ残してあります。 これをコミットします。

Ubuntuのコンソールに入力

```
git commit -am "余計な「に」を除去"
```

「-am」オプションを初めて使いました。これは、すでにリポジトリに登録したすべてのファイルの変更をインデックスに加えて、コメントを付けてコミットする、というオプションです。

このオプションを使えば、1度「git add」してコミットしたことがあるファイルは、再度「git add」しなくてもコミットに含めることができます。

無事コミットできたら、今度は「master」ブランチに戻ります。

Ubuntuのコンソールに入力

```
git checkout master
git branch
```

上記のコマンドを入力すると次のように表示されて、たしかに「master」ブランチがチェックアウトされていることがわかります。

コマンドの実行結果

```
fix/remove-ni
gh-pages
* master
```

VS Codeまたはvimでwise.mdを編集して、今度は最終行を次のようにしましょう。

wise.md：5行目を修正

```
故にに、夢なき者に成功なし
```

「な」を取り除きます。「に」は余計に追加されたままとなっています。これを「master」ブランチへコミットします。

Ubuntuのコンソールに入力

```
git commit -am "余計な「な」を除去"
```

まとめると、これで今の状況としては、次のようになっています。

- **「master」ブランチでは、「な」が取り除かれた状態**
- **「fix/remove-ni」ブランチでは、「に」が取り除かれた状態**

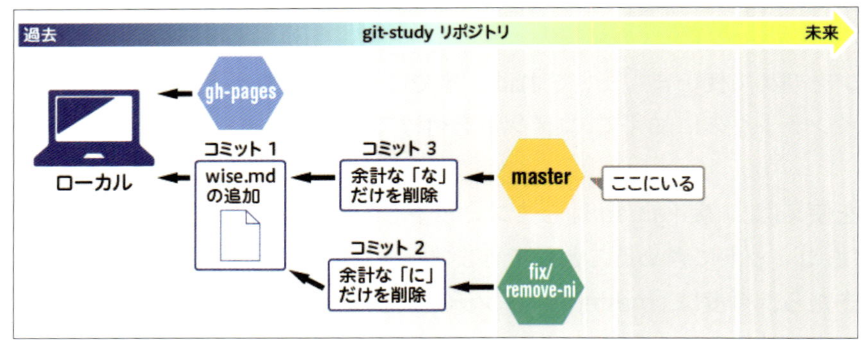

現在のブランチの様子

「master」ブランチと「fix/remove-ni」ブランチの違いを確認してみましょう。次のコマンドで確認できます。

Ubuntuのコンソールに入力

```
git diff fix/remove-ni
```

このコマンドを実行すると、次のように表示されます。

コマンドの実行結果

```
diff --git a/wise.md b/wise.md
index 61ea3c9..25d8dce 100644
--- a/wise.md
+++ b/wise.md
@@ -2,4 +2,4 @@
夢なき者に理想なし、
理想なき者に計画なし、
計画なき者に成功なし。
-故に、夢なき者に成功ななし
+故にに、夢なき者に成功なし
```

以上のように表示されます。取り消し箇所が「-」、取り入れ箇所が「+」として示されているのがわかると思います。このように違いが生じている部分を、一般に、**差分**と言います。

さて、この状態で、「fix/remove-ni」ブランチの変更を「master」ブランチにマージしてみましょう。

Ubuntu のコンソールに入力

```
git merge fix/remove-ni
```

このコマンドを実行すると、次のように表示されます。これが**コンフリクト**です。

コマンドの実行結果

```
Auto-merging wise.md
CONFLICT (content): Merge conflict in wise.md
Automatic merge failed; fix conflicts and then commit the
result.
```

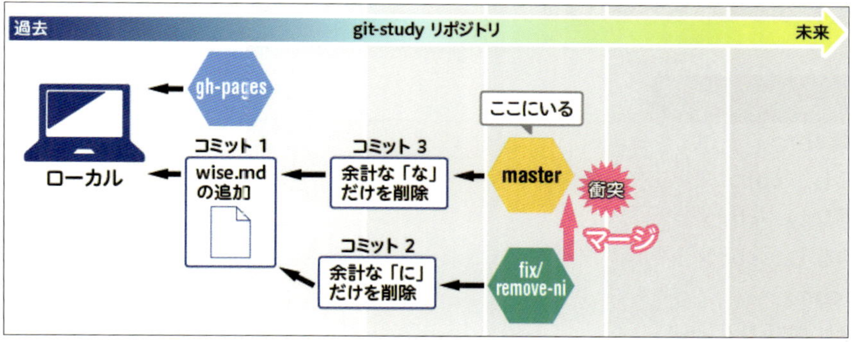

現在のブランチの様子

この状態でGitのリポジトリがどうなっているのか調べてみましょう。

Ubuntuのコンソールに入力

```
git status
```

上記のコマンドを実行すると、次のように表示されます。wise.mdがマージできなかったという内容です。

コマンドの実行結果

```
On branch master
Your branch is ahead of 'origin/master' by 3 commits.
(use "git push" to publish your local commits)
You have unmerged paths.
(fix conflicts and run "git commit")

Unmerged paths:
(use "git add <file>..." to mark resolution)

both modified:      wise.md

no changes added to commit (use "git add" and/or "git commit -a")
```

このマージできなかったwise.mdというファイルは、どうなっているのでしょうか。表示してみましょう。

Ubuntuのコンソールに入力

```
cat wise.md
```

結果は、次のようになっていると思います。

wise.md

```
# 吉田松陰の言葉<br>
夢なき者に理想なし、<br>
理想なき者に計画なし、<br>
計画なき者に成功なし。<br>
<<<<<<< HEAD<br>
故にに、夢なき者に成功なし<br>
=======<br>
故に、夢なき者に成功ななし<br>
```

```
>>>>>>> fix/remove-ni
```

このように、自動でマージができない行は、両方のブランチの状態が合わせて書かれた状態になります。「<<<<<<<」とある行と「=======」とある行の間が、現在のブランチの内容で、「=======」とある行と「>>>>>>>」とある行の間が、変更を取得したブランチの内容です。

マージできなかったファイルのこの部分は、自分で編集して修正する必要があります。wise.mdを編集して、以下のように2つの修正が合わさった形にしましょう。「<<<<<<< HEAD」のような、コンフリクト表示のための行は削除してしまってかまいません。

```
# 吉田松陰の言葉<br>
夢なき者に理想なし、<br>
理想なき者に計画なし、<br>
計画なき者に成功なし。<br>
故に、夢なき者に成功なし
```

修正できたら、内容をコミットします。

Ubuntu のコンソールに入力

```
git commit -am "fix/remove-niの変更を手動でマージ"
```

これでマージは完了です。

Ubuntu のコンソールに入力

```
git status
```

上記のコマンドで状態を確認すると、以下のように表示され、作業ディレクトリとコミットされたものに差がない状況になっていることがわかります。

コマンドの実行結果

```
On branch master
Your branch is ahead of 'origin/master' by 5 commits.
(use "git push" to publish your local commits)

nothing to commit, working directory clean
```

これで、ブランチ同士の変更でコンフリクトが起こった際、どのように対処すればよいか実践できました。

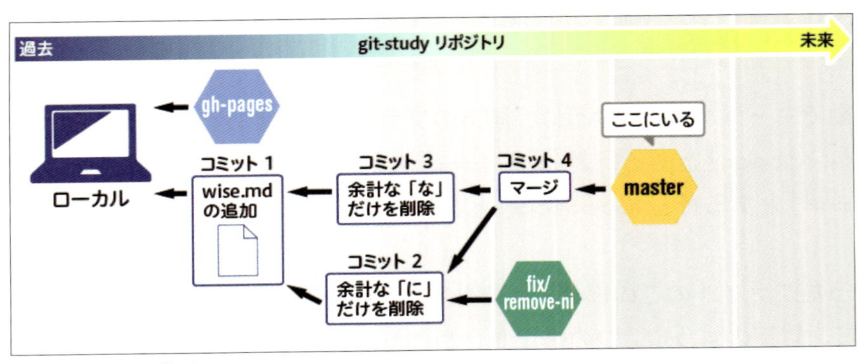

現在のブランチの様子

GitHubでソーシャルコーディング

ブランチを作ってソースコードを修正し、マージする方法を学んできました。今度はこれをGitHub上でやってみましょう。GitHub上で修正ブランチを作るためには、フォークを行ったあと、**プルリクエスト**というものを作ります。

プルリクエスト

リモートのリポジトリから変更を取得するときに使った「git pull」というコマンドを覚えているでしょうか。**プルリクエスト**は、自分のフォークしたリポジトリから、変更差分をあなたのGitHubのリポジトリにpullしてください、という依頼のことです。

GitHubを利用したチーム開発や、オープンソースソフトウェアの開発においては、ほとんどの変更がこのプルリクエストを通じて行われます。

プルリクエストによる変更を基本とすることで、おおもとのリポジトリに変更を加える人を限定でき、不適切な変更がそのままマージされてしまったりする危険を減らすことができます。

プルリクエストを出してみよう

早速プルリクエストを試してみましょう。GitHubにログインして、次のリポジトリをフォークしてください。

```
https://github.com/progedu/pull-request-study
```

ブラウザーで上記のページを開いたあと、右上の［Fork］ボタンをクリックすることでフォークできます。

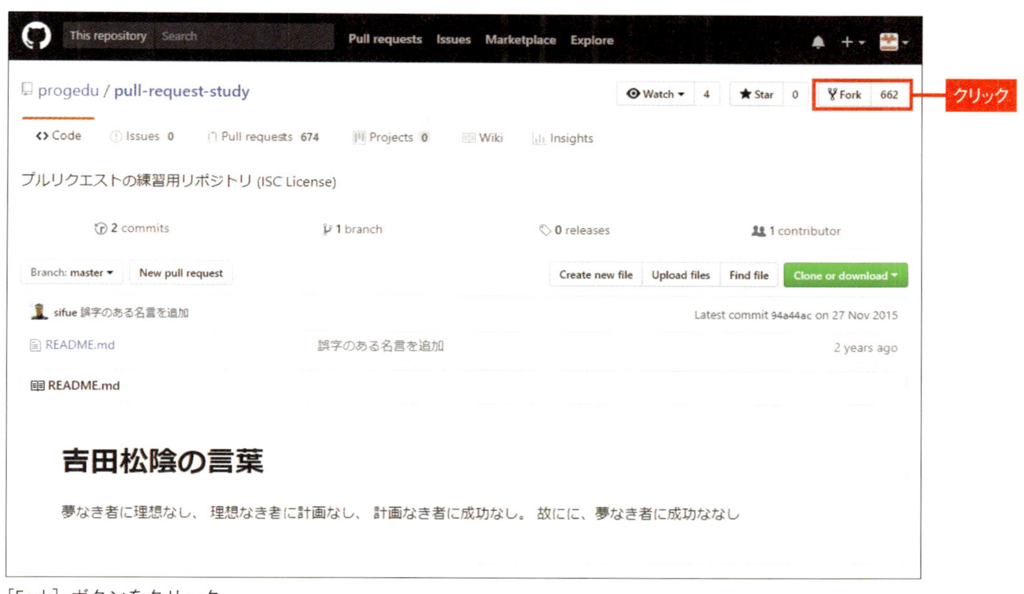

[Fork] ボタンをクリック

すると、自分のリポジトリとしてpull-request-studyがコピーされます。

```
https://github.com/${あなたのusername}/pull-request-study/
```

ブラウザーには上記URLのページが表示されているのではないでしょうか。

Fork元のリポジトリ「progedu/pull-request-study」は、あなたのリポジトリではないため、GitHub上で編集したり、Gitからpushしたりすることはできません。しかしForkしてきた「${あなたのusername}/pull-request-study」は、あなたの所有するリポジトリになるので、編集やpushを行うことが自由にできます。

では、README.mdファイルをクリックしてください。

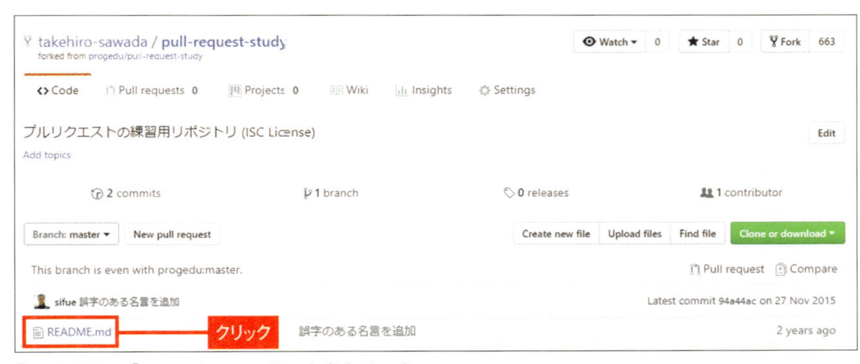

[README.md] ファイルへのリンクをクリック

ファイルの中身が表示されます。鉛筆マークをクリックして編集画面へ移動しましょう。

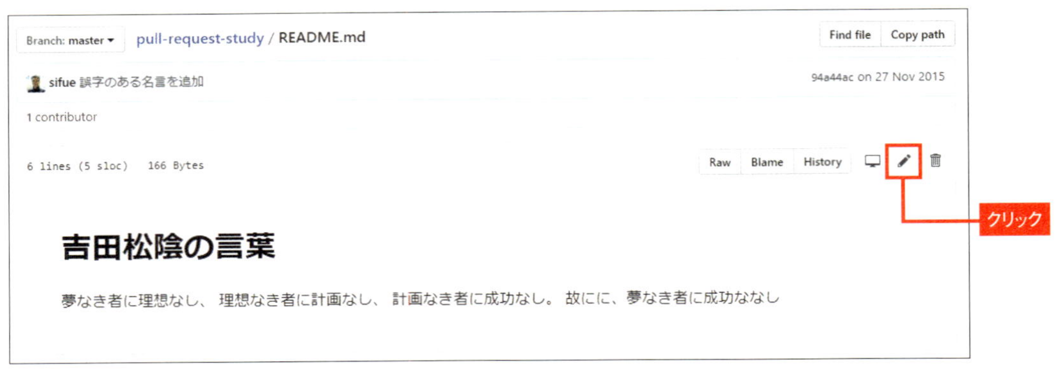

ファイル編集の鉛筆マーク

先ほどと同様に、「に」「な」が余計に入っているので、以下のように修正してください。

README.md

```
# 吉田松陰の言葉
夢なき者に理想なし、
理想なき者に計画なし、
計画なき者に成功なし。
故に、夢なき者に成功なし
```

修正が完了したら、コミットしましょう。[Commit changes] と書いてある欄がコミットコメントの入力欄です。ここに「**typoを修正**」と記入してください。なお、typo(タイポ)とは、ちょっとした誤字や脱字のことです。プログラミングではよく使う言葉なので覚えておきましょう。

すべて完了したら「Commit changes」ボタンをクリックしてコミットしましょう。

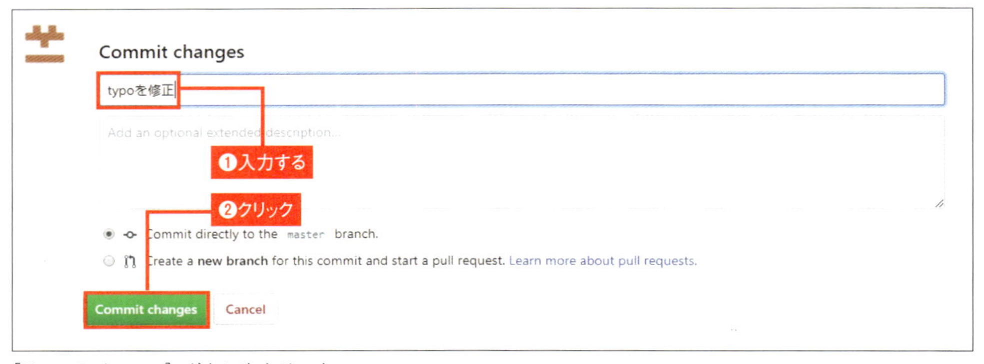

[Commit changes] ボタンをクリック

修正が終わったら、自分のpull-request-studyのトップページを表示しましょう。ページの左上のあたりにある [pull-request-study] のリンクをクリックします。

［pull-request-study］のトップページへのリンクをクリック

トップページに移動したら、［New pull request］ボタンをクリックしましょう。このボタンから、プルリクエストを作る画面へ移動できます。

プルリクエストを作る［New pull request］ボタン

プルリクエストの設定が下記のようになっているか、確認してください。

- **base forkの欄がprogedu/pull-request-studyリポジトリのmasterブランチ**
- **head forkの欄が${あなたのusername}/pull-request-studyリポジトリのmasterブランチ**

自分のリポジトリのmasterブランチから、フォーク元のリポジトリのmasterブランチに対してのプルリクエストを行います、という設定です（なお、以降はプルリクエストを省略して、**プルリク**と呼びます）。

設定が問題なければ［Create pull request］ボタンをクリックします。

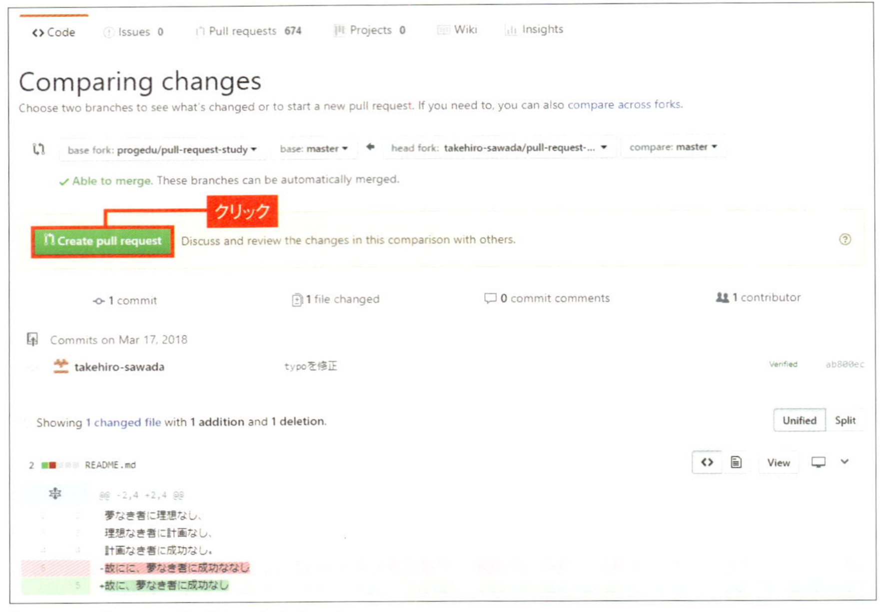

[Create pull request] ボタンをクリック

「Open a pull request」という画面に切り替わったら、タイトルとコメントを以下の状態にします。

- **タイトルは、「typoを修正」のまま**
- **コメントには、「プルリクのテストなのでマージは不要です」と記入**

これで、[Create pull request] ボタンをクリックします。

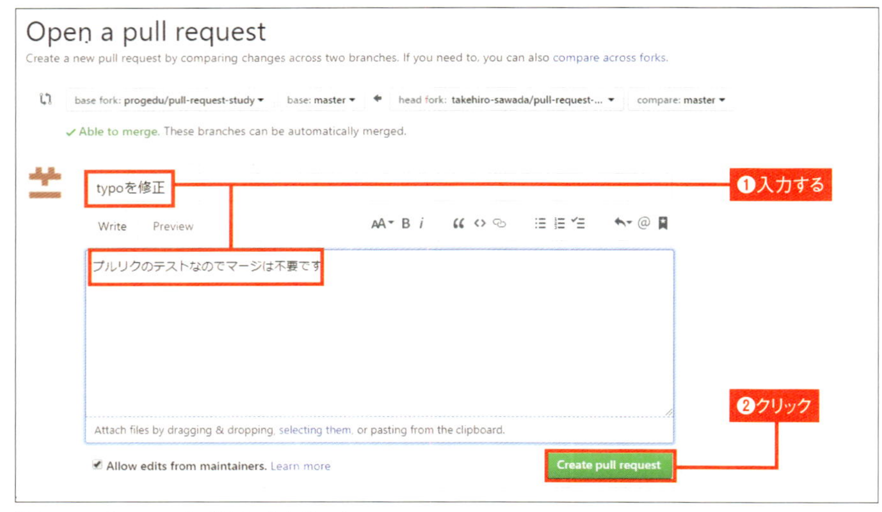

[Create pull request] ボタンをクリック

これでプルリクの完成です。元になったリポジトリのプルリクエスト一覧に、あなたのプルリクが表示されたか、確認してみましょう。

```
https://github.com/progedu/pull-request-study/pulls
```

上記のURLが、元になったリポジトリのプルリク一覧画面です。

プルリクを取り込む際、コンフリクトが起こった場合は自動でマージできなくなってしまいます。その場合には、プルリクエストを削除するか、フォーク元のブランチからプルリクを送っているリポジトリのブランチへ変更を取り込んで、コンフリクトを解決して対応します。

なお、プルリクが送られたリポジトリの所有者には、GitHubにより通知が行われます。プルリクの内容が問題ないか確認し、マージすることで、プルリクに含まれていた変更内容を、自身のリポジトリに取り込むことができます。

ソーシャルコーディング

「フォーク」によって、GitHubで公開されているソフトウェアを自分のリポジトリとしてコピーし、改良したバージョンを作ることができます。また、そのような修正内容を「プルリクエスト」で元のリポジトリに送った結果、元のソフトウェアが改善され、多くの人が助かる、ということが日々起こっています。

これが、**ソーシャルコーディング**と呼ばれる、現代的な開発スタイルです。

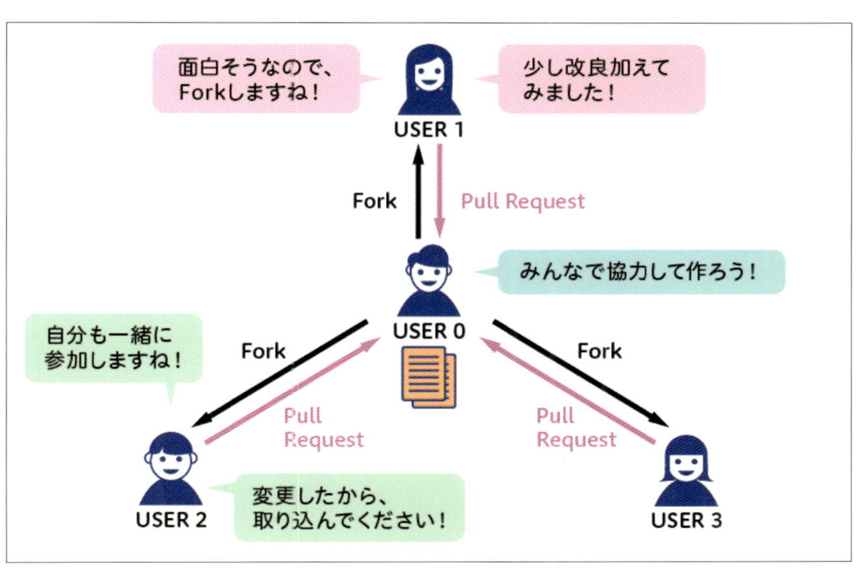

ソーシャルコーディング

このソーシャルコーディングの考え方は、もともとはオープンソースソフトウェアで始まった考えでしたが、現在では企業や学校などの大きな開発組織でも、柔軟性のある開発力を手にするために活用されています。

ここまでで、Linuxやネットワークについて学び、Gitの使い方を習得したことで、これから本格的に開発をするための環境の準備ができました。次のChapterからは、実際にWebサービスを作ってみましょう。

まとめ

- ブランチは機能追加や不具合修正を同時並行で行うために使う。
- 変更した内容が衝突するようなマージを行うとコンフリクトが発生する。
- プルリクエストを利用してソーシャルコーディングを行うことができる。

練習

progedu/pull-request-trainingというリポジトリをフォークして、typoを修正するプルリクを出してみましょう。リポジトリはGitHubの下記URLに用意しています。

```
https://github.com/progedu/pull-request-training
```

index.htmlの8行目を、修正前の状態から、修正後の状態に修正します。

index.html：8行目（修正前）

```
<h3>ププルリクの手順</h3>
```

index.html：8行目（修正後）

```
<h3>プルリクの手順</h3>
```

解答

まずは、元となるリポジトリのページを開き、フォークボタンをクリックして、あなたのリポジトリへコピーを作成しましょう。

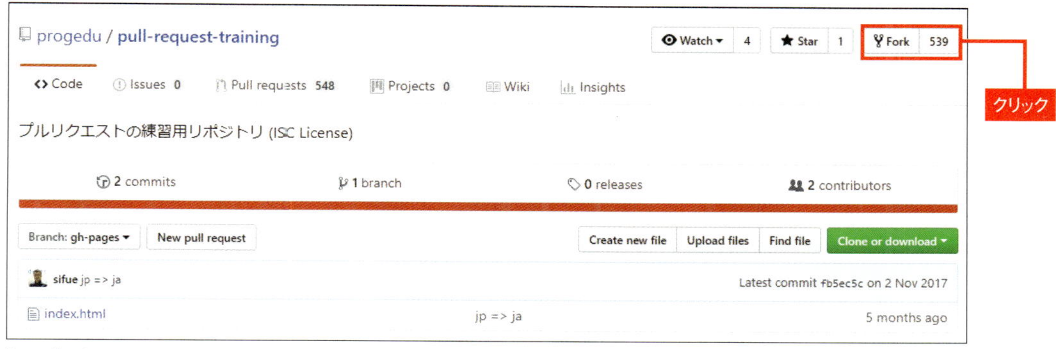

［Fork］ボタンをクリック

自分のpull-request-trainingリポジトリにある［index.html］ファイルをクリックして開きます。

［index.html］ファイルをクリック

鉛筆マークをクリックして、typoを修正します。

```
<!DOCTYPE html>
<html lang="ja">
<head>
        <meta charset="UTF-8">
        <title>プルリクの手順</title>
</head>
<body>
        <h3>ププルリクの手順</h3>
        <ol>
                <li>変更を加えたいリポジトリをフォークする</li>
                <li>ブランチに修正をコミットする</li>
                <li>2つのブランチを指定してプルリクを作成する</li>
        </ol>
</body>
</html>
```

［index.html］ファイルを編集する

typoの修正が完了したら、コメントを書いて［Commit changes］ボタンをクリックし、変更をコミットします。

変更をコミット

ページ左上の［pull-request-training］のリンクをクリックし、リポジトリのトップへ移動する。

リポジトリのトップへ

［New pull request］ボタンをクリックして、プルリクを作成します。

プルリクを作成

プルリク元とプルリク先となるブランチが正しいことを確認します。左側がプルリク元、右側がプルリク先です。確認して問題がなければ、［Create pull request］ボタンをクリックしましょう。

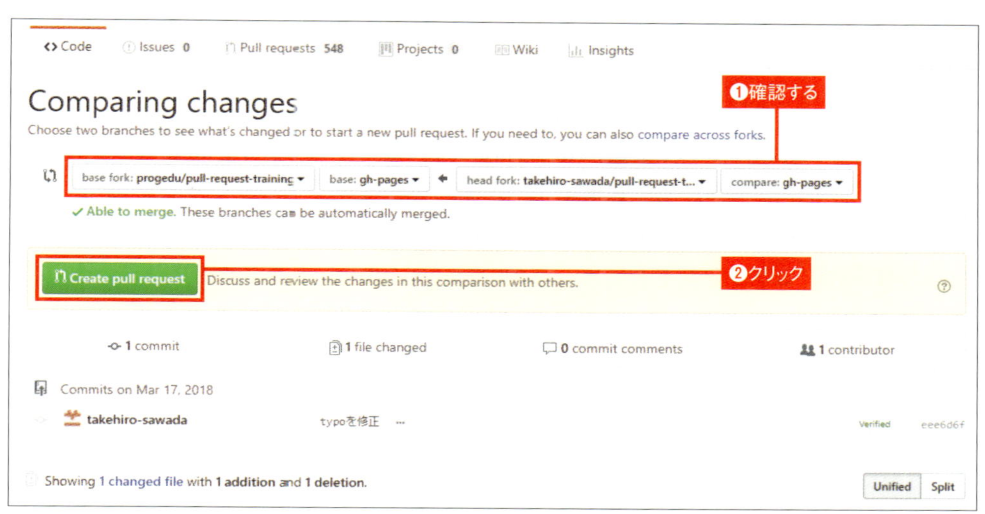

プルリク元とプルリク先のブランチを確認し、［Create pull request］ボタンをクリック

プルリクのコメントを書いて［Create pull request］をクリックします。コメントには、「プルリクのテストなのでマージは不要です」と記入しておきましょう。

Open a pull request
Create a new pull request by comparing changes across two branches. If you need to, you can also compare across forks.
base fork: progedu/pull-request-training
base: gh-pages
head fork: takehiro-sawada/pull-request-t...
compare: gh-pages
✓Able to merge. These branches can be automatically merged.
typoを修正
Write
Preview
プルリクのテストなのでマージは不要です
❶入力する
❷クリック
Attach files by dragging & dropping, selecting them, or pasting from the clipboard.
Allow edits from maintainers. Learn more
Create pull request

プルリクを送る

以上の手順でプルリクを送ることができます。

TIPS

GitHub Pagesを使ったポートフォリオサイトの作成

GitHubはプログラマーのSNSとしても機能しており、プログラマーとしての就職活動や進学活動などでも、よくこのGitHubが利用されます。

もちろん、自分自身のプログラミングを使った活動の記録がGitHub上では公開されているので、それらを見てもらえればよいのですが、どれがもっとも見るべき作品なのかわからず、見るのに時間がかかってしまいます。このような探す手間を低減するために、プログラマーは自分のポートフォリオサイトというものを作って、過去の作品集や職務経歴などをまとめておきます。

GitHubは、${自分のGitHubのID}.github.ioという名前のリポジトリにWebページを作成することで、自動的にhttps://${自分のGitHubのID}.github.io/にWebページがGitHub Pagesとして公開される仕組みを持っています。例えば、GitHubのIDがsifueならば、https://github.com/sifue/sifue.github.ioというリポジトリを作ってGitHub Pagesを設定することで、https://sifue.github.io/にWebページが公開されるようになっています。多くのプログラマーは、この機能を用いてポートフォリオサイトを作成しています。

もちろんWebページを作成する際にHTMLを自分で記述してもよいのですが、ポートフォリオサイトを作る場合には、静的サイトジェネレーターと呼ばれるツールを利用すると便利です。特に有名なのがプログラミング言語Goで作成されたHugo（https://gohugo.io/）という静的サイトジェネレーターです。ポートフォリオ作成のためのデザインの凝ったテーマも利用することができます。

プログラミングを学ぶ中で、自分の作品を作ることも多いと思います。ある程度作品がたまってきたら、それらを紹介するポートフォリオサイトを作ってみることで、自分自身のアピールにつなげてみてはどうでしょうか。

Chapter 4

Node.jsで プログラミングを やってみよう

Section 01 Node.js

ついにここからWebサービスを作っていきます。これからのセクションでは、セキュリティ面で問題のない秘密の掲示板が作れるようになります。

Node.js

みなさんはニコニコやGoogle、LINEなどのたくさんのWebサービスを利用しているかと思います。これからは、このような多彩な機能を持つWebサービスの開発にとりかかっていきます。

そしてWebサービスを開発するためにNode.jsを利用します。今回は、このNode.jsを使った簡単なプログラミングを体験してみましょう。

https://nodejs.org/en/

Node.js（ノード・ジェイエス）とは、JavaScriptでプログラミングができる、サーバーサイド向けのプラットフォームです。サーバーサイドとは、サーバークライアント型のサービスのサーバー側のソフトウェアのことを指します。

また現在では、Node.jsはサーバーサイドに限らず、開発用ツールやデスクトップアプリの開発にも使われています。ここまで使ってきたVS CodeもNode.jsを使って作られています。

Node.jsは、複数のコアを持つCPUを生かす必要のない処理では、C++やJavaといった高速なプログラミング言語と同等のパフォーマンスを発揮します。またNode.jsの言語であるJavaScriptは、スクリプト言語であり、手軽に開発できます。スクリプト言語は、C++やJavaなどで必要な「コンパイル」という機械語への変換を必要としないのです。

JavaScriptとNode.jsを覚えれば、あらゆるシーンで利用できるソフトウェアを一通り作ることができます。

Node.js のインストール

Windows や macOS でも Node.js は使えますが、この教材では引き続き Linux の勉強のために、Ubuntu に Node.js をインストールしていきます。まずはいつもどおりコンソールを起動しましょう。

Node.js のバージョン管理ツールのインストール

Node.js をインストールするために、nodebrew（https://github.com/hokaccha/nodebrew）という、Node.js のバージョンを管理するツールを導入します。

なぜ、Node.js にバージョン管理が必要なのでしょうか。それは Node.js が現在も開発中のプログラミング言語だからです。日々さまざまな改善が行われ、新バージョンで機能が変更される、ということもあります。今まで利用していた機能が、次のバージョンで使えなくなるということもあるのです。

そのようなことを防止するために、どのバージョンの Node.js を利用しているのかを明確にし、そして必要に応じてバージョンを切り替えたりできると便利なのです。nodebrew を使えば、このようなことは簡単に行えます。

では nodebrew をインストールするため、以下のコマンドを実行してください。

Ubuntu のコンソールに入力

```
curl -L git.io/nodebrew | perl - setup
```

サーバー上から取得したプログラムを、パイプを使って Perl というプログラミング言語で実行しています。

コマンドの実行結果

```
==========================================
Export a path to nodebrew:

export PATH=$HOME/.nodebrew/current/bin:$PATH
==========================================
```

以上のように表示されれば成功です。そのまま、パスを通す設定を行います。以下のコマンドを実行します。

Ubuntuのコンソールに入力

```
echo 'export PATH=$HOME/.nodebrew/current/bin:$PATH' >> ~/.profile
```

ここで言うパスとは、コマンドとなるプログラムが含まれているディレクトリの設定のことで、「PATH」という名前の環境変数に値を代入することで、設定することができます。

今回はリダイレクトを使って「.profile」というファイルに追記することで、設定を編集しています。「.profile」は、シェルの起動時に自動的に実行されるシェルスクリプトファイルです。

このように、追記リダイレクト「>>」を使うと、簡単に各種ファイルに設定を書き加えることができますが、打ち間違えて追記してしまったときに、間違いに気付きにくいので注意が必要です。また、誤って普通のリダイレクト「>」をしてしまうと、既存のファイルを上書きして消してしまうこともあります。不安であれば、素直に「Vim」などのエディタを使って追記しましょう。

Vimで編集する場合

```
vim ~/.profile
```

次に、本来起動時に読み込まれる「.profile」を、今すぐ読み込むためのコマンドを実行します。

Ubuntuのコンソールに入力

```
source ~/.profile
```

ここまで完了したら、次のコマンドを実行してみましょう。

Ubuntuのコンソールに入力

```
nodebrew
```

すると、次のように、バージョンや使い方が表示されることを確認してください。

コマンドの実行結果

```
nodebrew 0.9.7

Usage:
nodebrew help                         Show this message
```

```
nodebrew install <version>            Download and install a
<version> (compile from source)
nodebrew install-binary <version>     Download and install a
<version> (binary file)
...
```

これでnodebrewのインストールが完了です。なおnodebrewのバージョンは異なるかもしれませんが、気にする必要はありません。

nodebrewを使ってNode.jsをインストール

Node.jsのバージョン管理ツールであるnodebrewがインストールできたので、これを使ってNode.jsのバージョンv8.9.4をインストールします。

Ubuntuのコンソールに入力

```
nodebrew install-binary v8.9.4
nodebrew use v8.9.4
```

以上のコマンドを実行しましょう。次のように表示されればインストールが完了し、「v8.9.4」が使われる設定になったということです。

コマンドの実行結果

```
use v8.9.4
```

念のため、実際にNode.jsのバージョンを表示して確認してみましょう。

Ubuntuのコンソールに入力

```
node --version
```

上記のように、「node」コマンドにオプション「--version」を与えるとバージョンが確認できます。次のように表示されたでしょうか。

コマンドの実行結果

```
v8.9.4
```

Node.js を使ってみよう

今度はNode.jsを動かしてみます。

Ubuntu のコンソールに入力

```
node
```

とだけ入力すると、

コマンドの実行結果

```
>
```

と表示され、コンソールが入力を受け付ける状態になったと思います。これはREPLというものです。

REPL

REPL（レプル）とは、Read-eval-print loopの略称で、入力したコードをその場で実行して、結果を表示するツールです。『高校生からはじめるプログラミング』を読んでいる方は、Chromeのデベロッパーツールで Console 画面を表示し、JavaScript を実行してみましたよね。このコンソール画面もREPLなのです。Node.jsでもこのREPLが利用できます。

試しに、次の計算式を入力して、2かける3を計算させてみましょう。

Ubuntu のコンソールに入力

```
2 * 3
```

次のように計算結果が表示されます。

REPL の実行結果

```
6
```

REPLは、Ctrl + C を2度入力することで終了できます。終了してみましょう。

Ubuntu のコンソールに入力

```
>
(^C again to quit)
>
```

これで、通常のシェルのコマンド入力画面に戻ることができたと思います。

Node.js のプロジェクト

Node.jsは、先ほどのようにREPLで動かすこともできますが、プログラムをファイルにまとめて書いて動かすこともできます。HTMLのときと同じように、プロジェクトディレクトリを用意して編集を開始しましょう。

Ubuntu のコンソールに入力

```
mkdir workspace/my-first-node-js
cd workspace/my-first-node-js
touch app.js
```

上記のコマンドを実行します。「app.js」という、JavaScriptソースコードを書くファイルを作成しています。

ここまでできたら、「my-first-node-js」ディレクトリを、フォルダとしてVS Codeで開きましょう。VS Codeの左のファイル一覧からapp.jsを選択し、下記のソースコードを入力しましょう。

app.js

```
'use strict';
const number = process.argv[2] || 0;
let sum = 0;
for (let i = 1; i <= number; i++) {
    sum = sum + i;
}
console.log(sum);
```

これは、1からコマンドラインの引数で与えられた数までを合計するプログラムです。コードを細かく見ていきましょう。

app.js：1行目

```
'use strict';
```

この部分は、JavaScriptをStrictモードで利用するための記述です。『高校生からはじめるプログラミング』を読まれた方は次のコードのように、「無名関数で囲わなくていいの？」と思うかもしれません。

無名関数で囲う例

```
(function () {
'use strict';
// 実行するコードを記述
})()
```

Node.jsではモジュールという仕組みを使っているため、HTMLに組み込むJavaScriptを書いていたときのように、無名関数で囲う必要はありません。このように、Node.jsとHTMLに組み込むJavaScriptでは、書き方に少し違いが生じることもあります。

次のコードを見てみましょう。

app.js：2行目

```
const number = process.argv[2] || 0;
```

このコードは、「number」という定数に「process.argv[2]」の値を代入します。「process.argv」はNode.jsがデフォルトで提供してくれる、コマンドラインの引数が入った配列です。

なぜ添字として2番を使っているかというと、0番にはnodeコマンドのファイルのパスが入り、1番には、実行しているプログラムのファイルのパスが入る、という決まりがあるためです。コマンドの後ろに書いた最初の引数は「process.argv[2]」なのです。

なお、以下の || を使った書き方は初めて見るかもしれません。

app.js：2行目

```
const number = process.argv[2] || 0;
```

起こることとしては、「process.argv[2]」が0やnullやundefinedなどのFalsyな値（偽とみなされる値）である場合、「number」には0が代入されます。なぜこんなところで、条件付き論理和の論理演算子「||」を使ったのでしょうか。

条件付き論理和は、先に左側に書かれた値を見てTruthy（真とみなされる）であれば、その値を結果として使います。そして左側の値がFalsyであれば、その右側の値を結果として使う、という特性があります。その特性を利用して、選択的な代入を行っているのです。

次のコマンドでREPLを起動して、試してみましょう。

Ubuntu のコンソールに入力

```
node
```

次の4つの式をそれぞれ評価してみましょう。

Ubuntu のコンソールに入力

```
null || 1;
undefined || 1;
0 || 1;
2 || 1;
```

すると、次のように表示されたはずです。

コマンドの実行結果

```
1
1
1
2
```

上の3つではすべて、左側の値がFalsyなので、右側に書かれた値「1」が結果になっています。それに対して最後の1つでは、左側の値がTruthyなので、左側に書かれた「2」が結果になっています。

app.js：2行目

```
const number = process.argv[2] || 0;
```

つまりこれは、コマンドライン引数が指定されていればその値、そうでなければ0を、変数numberに代入するというコードなのです。

app.js：3～7行目

```
let sum = 0;
for (let i = 1; i <= number; i++) {
    sum = sum + i;
}
console.log(sum);
```

この部分は、for文で繰り返しの処理を行います。1からnumberまでの数字までを順に足して合計し、最後にsumの値を出力しています。

では、Ctrl + Cを2回入力して、REPLを終わらせ、以下のコマンドを入力してみましょう。

Ubuntuのコンソールに入力

```
node app.js 100
```

次の結果が表示されれば成功です（1 + 2 + 3 + ... + 100 = 5050です）。

コマンドの実行結果：成功

```
5050
```

これで、Node.jsを利用したプログラミングができるようになりました。最後に今のコードをGitHubに上げましょう。

1. **https://github.com/にアクセスし、［New repository］をクリックします**
2. **「my-first-node-js」という名前で［Create repository］をクリックします**

ここで「... or push an existing repository from the command line」以下に表示されたコマンドを控えておきましょう。

GitHubにリポジトリができたら、コンソールでgitリポジトリを作成しコミットしましょう。以下のコマンドを、「my-first-node-js」ディレクトリに移動した状態で実行します。

Ubuntuのコンソールに入力

```
git init
git add .
git commit -m "first commit"
```

その後、GitHubで作ったリポジトリに表示された次のコマンドを実行します。

Ubuntu のコンソールに入力

```
git remote add origin git@github.com:${あなたのユーザー名}/my-first-
node-js.git
git push -u origin master
```

これで、あなたの書いたコードはGitHubで管理されるようになりました。

まとめ

- **Node.jsは、サーバーサイドプログラミングができるプラットフォーム。**
- **nodebrewというNode.jsのバージョン管理ツールで、指定したNode.jsのバージョンをインストールできる。**
- **Node.jsはREPLで実行することも、ファイルに書いたプログラムを実行することもできる。**
- **条件付き論理和 (||) は、選択的代入に利用できる。**

練習

Node.jsで、1以上の自然数の階乗を求める関数を実装してみましょう。なお、階乗とは1からその与えられた自然数までの数をすべてかけたものです。例えば5の階乗は、「5 4 3 2 1」で、「120」になります。

GitHub の練習問題リポジトリ（https://github.com/progedu/intro-curriculum-3001）をフォークして、正解のプルリクを送ってください。

まずGitHub上でフォークし、自分のintro-curriculum-3001リポジトリをローカルにcloneして始めましょう。

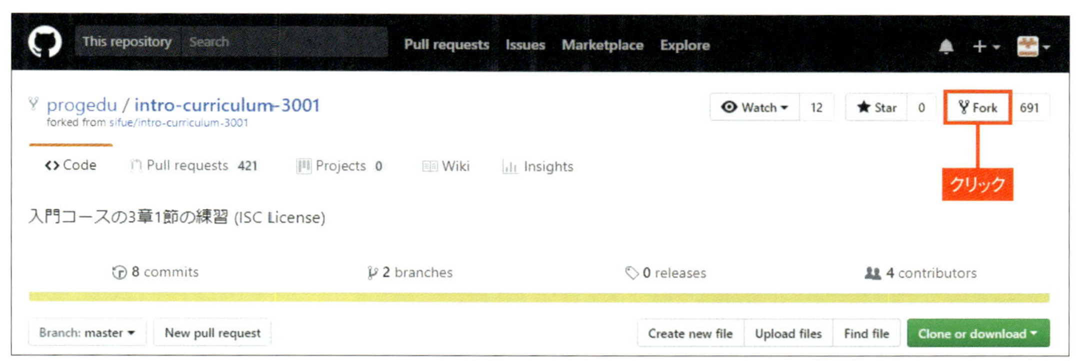

intro-curriculum-3001 リポジトリの［Fork］ボタンをクリック

Ubuntu のコンソールに入力

```
cd ~/workspace
git clone git@github.com:${あなたのユーザー名}/intro-
curriculum-3001.git
cd intro-curriculum-3001
```

このようにリポジトリの内容をローカルにクローンすることで、自分の手元で編集ができるようになります。VS Codeで、intro-curriculum-3001 フォルダを開き、下記のコードを入力しましょう。

app.js

```
'use strict';
/**
* 与えられた自然数の階乗を返す
* 階乗とは、1からその与えられた自然数までの数をすべてかけたものです
* @param {Number} n
* @returns {Number}
*/
function factorial(n) {
    let result = 1;
    // TODO このコメントを消して正しく実装してください。
    return result;
}
const assert = require('assert');
assert.equal(factorial(1), 1, `1の階乗は1ですが、実際は${factorial(1)
}でした`);
assert.equal(factorial(2), 2, `2の階乗は2ですが、実際は${factorial(2)
}でした`);
assert.equal(factorial(3), 6, `3の階乗は6ですが、実際は${factorial(3)
}でした`);
assert.equal(factorial(10), 3628800, `10の階乗は3628800ですが、実際は
${factorial(10) }でした`);
console.log('すべてのテストを通過しました');
```

「factorial」が階乗を計算する関数です。この関数が未完成の状態になっているので、正しく階乗を計算して返すようにコードを書いて完成させてください。

app.js：13 行目

```
const assert = require('assert');
```

この部分はNode.jsが持つアサーションという機能を、オブジェクトとして読み込む記述方法です。詳しくはこのあとのSectionで説明していきます。

また、ここで使われている`(バッククォーテーション)で囲まれている文字列は、${プログラム内の値}という形式の文字列を含めることで、変数の値を埋め込むことができるTemplate Literalという機能になります。

実装が完了したら、次のコマンドを実行してください。

Ubuntuのコンソールに入力

```
node app.js
```

すると、コードの後半に書かれている「assert」によるテストが実行されます。間違っている場合には、次のように間違っていることが表示されます。

コマンドの実行結果：テストに失敗した場合

```
assert.js:89
throw new assert.AssertionError({
^
AssertionError: 2の階乗は2ですが、実際は1でした
```

すべてのテストに成功した場合は、次のように表示されます。

コマンドの実行結果：テストに成功した場合

```
すべてのテストを通過しました
```

すべてのテストが通るようになったら、GitHubへpushし、プルリクを作成しましょう。

解答

app.js：階上関数の実装

```
function factorial(n) {
    let result = 1;
    for (let i = 1; i <= n; i++) {
        result = result * i;
    }
    return result;
}
```

以上が、実装の解答例です。実装後は、次のコマンドでテストします。

Ubuntuのコンソールに入力

```
node app.js
```

テストを通過したらGitHubリポジトリへpushしましょう。

Ubuntuのコンソールに入力

```
git add .
git commit -m "階乗関数の実装"
git push origin master
```

これでGitHubのリポジトリに反映できます。その後、GitHubの［New pull request］ボタンからプルリクを作ることができます。自分が考えた答えをプルリクで送ってから、ほかの人のプルリクなども見てみましょう。

Section
02
集計処理を行うプログラム

前回で Node.js を利用した簡単なコンソールプログラムを作成できるようになりました。今回はファイルを利用した集計プログラムを作ってみましょう。

集計

集計とは、数を寄せ集めて合計することを言います。例えば、アルバイトで稼いだ時給を月ごとにまとめて、もらえる合計額を計算したりします。これが集計にあたります。

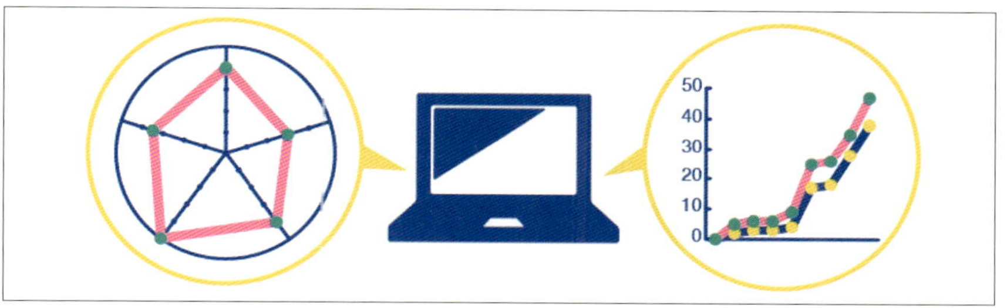

集計プログラムの完成イメージ

いつもどおりコンソールを起動したら、実装を行うためのひな形となるディレクトリをGitHubからcloneしましょう。

adding-up リポジトリの URL

```
https://github.com/progedu/adding-up
```

このURLにアクセスし、［Fork］ボタンをクリックしてリポジトリをフォークします。

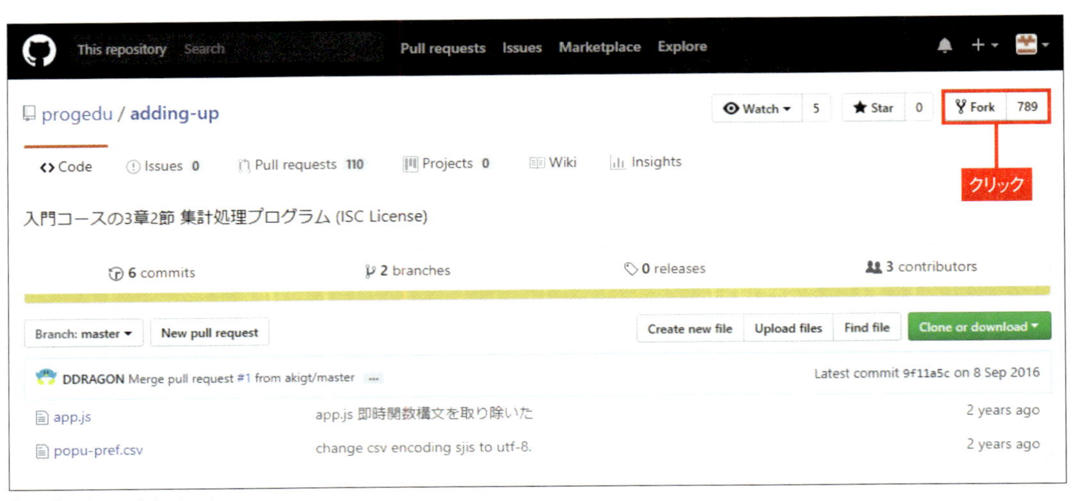

[Fork] ボタンをクリック

その後、フォークしてできた自分のadding-upリポジトリをローカルにクローンします。

Ubuntu のコンソールに入力

```
cd ~/workspace/
git clone git@github.com:${あなたのユーザーID}/adding-up.git
cd adding-up
```

このadding-upフォルダを、VS Codeで開いて、編集を開始します。まずはファイルの構成を確認しましょう。このリポジトリを構成するファイルは次のとおりです。

- **app.jsは、これから実装を行うJavaScriptのファイル**
- **popu-pref.csvは、これから集計をする各県の人口推移のデータが記されたファイル**

CSV

「popu-pref.csv」は初めて見る形式かもしれません。実際に、ファイルを開いてみましょう。

popu-pref.csv

```
集計年,都道府県コード,都道府県名,男女区分,0～4歳（人）,5～9歳（人）,10～14歳
（人）,15～19歳（人）,20～24歳（人）,25～29歳（人）,30～34歳（人）,35～39歳
（人）,40～44歳（人）,45～49歳（人）,50～54歳（人）,55～59歳（人）,60～64歳
（人）,65～69歳（人）,70～74歳（人）,75～79歳（人）,80～84歳（人）,85～89歳
（人）,90歳以上（人）
1980,01,北海道,男,208437,238711,217367,209528,185415,223093,25295
7,204233,196248,198635,174360,126069,97925,81875,59491,36898,173
93,5699,1347
1980,01,北海道,女,199061,226566,208182,200572,191405,236955,26768
0,220272,205548,196417,173230,146934,116332,94160,69525,46893,25
470,9760,3216
```

このようなデータが記述されているのではないでしょうか。これは、「resas.go.jp」というサイトで提供されている、5年ごとの人口推移とその予想のデータです。

このように、カンマで区切られたデータ形式のことを、CSVと呼びます。Comma Separated Valuesの略称です。

このファイルでは左側から、集計年、都道府県コード、都道府県名、男女区分、各年代の人口が順に記載されています。各列にどのようなデータが入るかが決まっているため、Excelなどの表計算ソフトでもこの形式を扱うことができます。

今回は、このCSVのデータから「2010年から2015年にかけて15～19歳の人が増えた割合の都道府県ランキング」を作成します。

一見難しそうに思いますが、大丈夫。1つ1つ何をすればいいかを考えていきましょう。

これを実現するための要件をまとめると、次のようになります。

1. **ファイルからデータを読み取る**
2. **2010年と2015年のデータを選ぶ**
3. **都道府県ごとの変化率を計算する**
4. **変化率ごとに並べる**
5. **並べられたものを表示する**

このように作っていきましょう。

ファイルからデータを読み取る

まずはファイルからデータを読み取る部分から実装してみましょう。以下のように記述します。

app.js

```
'use strict';
const fs = require('fs');
const readline = require('readline');
const rs = fs.ReadStream('./popu-pref.csv');
const rl = readline.createInterface({ 'input': rs, 'output': {}
});
rl.on('line', (lineString) => {
    console.log(lineString);
});
rl.resume();
```

これを少しずつ解説していきます。

app.js：2～3行目

```
const fs = require('fs');
const readline = require('readline');
```

この部分は、Node.jsに用意されたモジュールを呼び出しています。これは前のSectionの練習でも出てきたのですが、Node.jsにおけるモジュールとなるオブジェクトの呼び出し方です。

モジュールにはいろいろな機能が用意されているので、それを使えば、自分でイチから処理を書かなくても済むのです。

今回使うモジュール「fs」は、FileSystemの略で、ファイルを扱うためのモジュールです。「readline」は、ファイルを1行ずつ読み込むためのモジュールです。

app.js：4～5行目

```
const rs = fs.ReadStream('./popu-pref.csv');
const rl = readline.createInterface({ 'input': rs, 'output': {} });
```

以上の部分は「popu-pref.csv」ファイルから、ファイルの読み込みを行うStreamを生成し、さらにそれを「readline」オブジェクトのinputとして設定し、「rl」オブジェクトを作成しています。

突然出てきましたが、Streamとは何なのでしょうか？

Stream

Node.jsでは、入出力が発生する処理をほとんどStreamという形で扱います。Streamとは、非同期で情報を取り扱うための概念で、情報自体ではなく情報の流れに注目します。

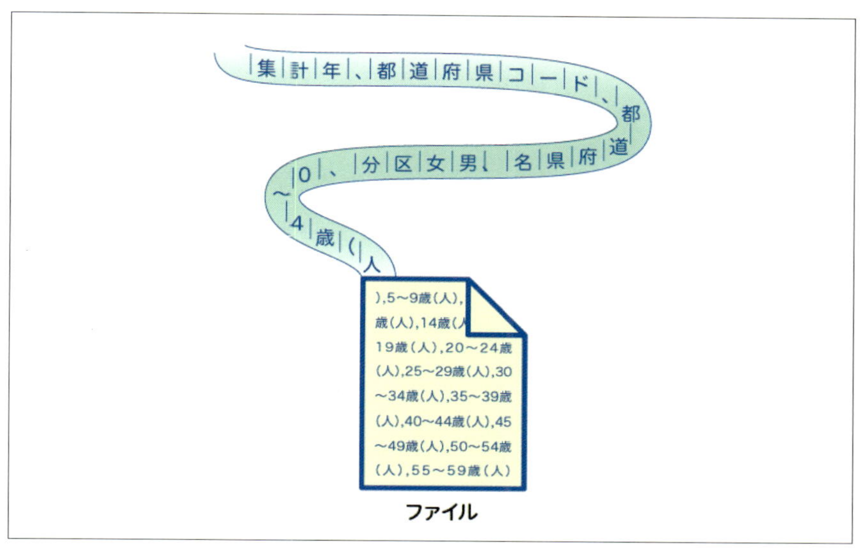

Streamの概念図

Node.jsでStreamを扱う際は、Streamに対してイベントを監視し、イベントが発生したときに呼び出される関数を設定することによって、情報を利用します。

このように、あらかじめイベントが発生したときに実行される関数を設定しておいて、起こったイベントに応じて処理を行うことをイベント駆動型プログラミングと呼びます。

app.js：5行目

```
const rl = readline.createInterface({ 'input': rs, 'output': {} });
```

ここで作成されたrlというオブジェクトもStreamのインタフェースを持っています。利用する際には、次のようにコードを記述します。

app.js：6～9行目

```
rl.on('line', (lineString) => {
    console.log(lineString);
});
rl.resume();
```

このコードは、「rl」オブジェクトで「line」というイベントが発生したらこの無名関数を呼んでください、という意味です。

無名関数の処理の中で「console.log」を使っているので、「line」イベントが発生したタイミングで、コンソールに引数「lineString」の内容が出力されることになります。この「lineString」には、読み込んだ1行の文字列が入っています。

なお、Readlineには「line」以外のイベントも存在します。どのようなイベントがあるのかは、Node.jsのAPIドキュメント（https://nodejs.org/docs/v8.9.4/api/readline.html）に記載されています。

API

APIとは、Application Programming Interfaceの略称で、応用（アプリケーション）ソフトウェアから利用することが可能なインタフェースのことを言います。

app.js：9行目

```
rl.resume();
```

最後の「resume」メソッドの呼び出しは、ストリームに情報を流し始める処理です。

オブジェクトのプロパティには値と関数を入れることができます。その中でも、オブジェクトの振る舞いを作ることのできる関数が設定されたプロパティのことをメソッドと呼びます。

では実際にここまでを保存して、実行してみましょう。

Ubuntu のコンソールに入力

```
node app.js
```

実行すると以下のように出力されるはずです。

コマンドの実行結果

```
集計年,都道府県コード,都道府県名,男女区分,0～4歳（人）,5～9歳（人）,10～14歳（人）,15～19歳（人）,20～24歳（人）,25～29歳（人）,30～34歳（人）,35～39歳（人）,40～44歳（人）,45～49歳（人）,50～54歳（人）,55～59歳（人）,60～64歳（人）,65～69歳（人）,70～74歳（人）,75～79歳（人）,80～84歳（人）,85～89歳（人）,90歳以上（人）
1980,01,北海道,男,208437,238711,217367,209528,185415,223093,252957,204233,196248,198635,174360,126069,97925,81875,59491,36898,17393,5699,1347
1980,01,北海道,女,199061,226566,208182,200572,191405,236955,267680,220272,205548,196417,173230,146934,116332,94160,69525,46893,25470,9760,3216
```

ファイルの内容が、そのまま出力されたと思います。これで、最初の「ファイルを1行ずつ読み込む」という部分は実装できました。

ファイルからデータを抜き出す

今度は、2010年と2015年のデータから「集計年」「都道府県」「15〜19歳の人口」を抜き出す、という処理の実装をしていきます。

「rl」の「on」メソッドに渡されている無名関数の中身を、以下のように実装してみましょう。

app.js：7行目（無名関数の中身）を書き替える

```
rl.on('line', (lineString) => {
    const columns = lineString.split(',');
    const year = parseInt(columns[0]);
    const prefecture = columns[2];
    const popu = parseInt(columns[7]);
    if (year === 2010 || year === 2015) {
        console.log(year);
        console.log(prefecture);
        console.log(popu);
    }
});
```

これで、2010年と2015年の際の集計年、都道府県、人口がコンソール上に出力されます。これを解説します。

app.js：7行目

```
const columns = lineString.split(',');
```

この行は、引数「lineString」で与えられた文字列をカンマ「,」で分割して、それを「columns」という配列にしています。例えば、「"ab,cde,f"」という文字列であれば、「["ab", "cde", "f"]」という文字列からなる配列に分割されます。

app.js：8〜10行目

```
const year = parseInt(columns[0]);
const prefecture = columns[2];
const popu = parseInt(columns[7]);
```

上記では配列「columns」の要素へ並び順の番号でアクセスして、「集計年」、「都道府県」、「15～19歳の人口」をそれぞれ変数に保存しています。

ちなみに、「parseInt( )」は、文字列を整数値に変換する関数です。そもそも「lineString.split( )」は、文字列を対象とした関数なので、結果も文字列の配列になっています。しかし、集計年や15～19歳の人口はもともと数値なので、文字列のままだとのちのち数値と比較したときなどに不都合が生じます。そこで、これらの変数を文字列から数値に変換するために、「parseInt( )」を使っているのです。

app.js：11～15行目

```
if (year === 2010 || year === 2015) {
    console.log(year);
    console.log(prefecture);
    console.log(popu);
}
```

集計年の数値「year」が、「2010」または「2015」であるときをif文で判定しています。2010年または2015年のデータのみが、コンソールに出力されることになります。

Ubuntuのコンソールに入力

```
node app.js
```

以上のコマンドで、書いたコードを実行してみましょう。

コマンドの実行結果

```
2010
北海道
132356
2010
北海道
126174
2015
北海道
121227
2015
北海道
115613
2010
青森県
34303
```

このように北海道から沖縄県までのデータが表示されると思います。

元となっているCSVの中身をよく見るとわかるのですが、同じ集計年・同じ県のデータでも、性別で分かれていて男女で別の行になっています。そのため2度、同じ集計年で同じ県のデータが出力されます。

ここまでで、2010年と2015年のデータを選別するところまで実装できました。

データの計算をしてみよう

今度は、都道府県ごとに変化率を計算しましょう。なお男女が別データとなっている状況から、男女の人口を足し合わせる必要があることがわかっています。

集計の際に考えなくてはいけないのは、項目のグルーピングです。そのために必要なデータの構造を考えましょう。

まず、データは都道府県ごとにまとまっている必要があります。つまり、「都道府県名」と「集計データ」というものが関連付けられている必要があります。そして、「集計データ」に関しても掘り下げなくてはいけません。集計データは、次の3つの情報を持つことになりそうです。

- **2010年の人口の合計**
- **2015年の人口の合計**
- **計算された2015年の2010年に対する変化率**

以上を踏まえて、連想配列とオブジェクトという、2つのデータ型を使って集計データを表そうと思います。

連想配列

これまで扱ってきた配列は、添字が数字となっていました。連想配列では、文字列を添字にして使うことができます。

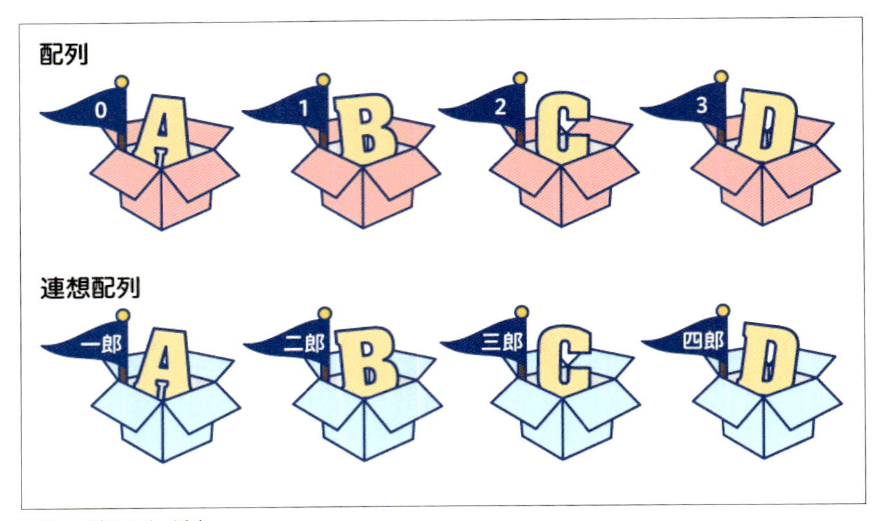

配列と連想配列の添字

なおJavaScriptでは、オブジェクトのプロパティ名をキーとして、オブジェクト自体を連想配列として使う方法もあるのですが、ここではES6で利用できるMapを利用してみましょう。

Mapを使ってみよう

次のコマンドでREPLを起動してMapの動作を確認してみましょう。

Ubuntuのコンソールに入力

```
node
```

連想配列であるMapのオブジェクトは、次のコードで作成できます。

Ubuntuのコンソールに入力

```
var map = new Map();
```

データの追加は、「set」メソッドで行います。

Ubuntuのコンソールに入力

```
map.set('子', 'mouse');
map.set('丑', 'cow');
```

データの参照は、「get」メソッドで行います。

Ubuntu のコンソールに入力

```
map.get('丑');
map.get('寅');
```

この結果は、次のようになります。

コマンドの実行結果

```
'cow'
undefined
```

寅という添字は存在していないため、undefinedという特別な値が返ります。確認できたら、Ctrl + C を2度押してREPLを終了させましょう。

このMapを利用して書くと次のようになります。

app.js

```
'use strict';
const fs = require('fs');
const readline = require('readline');
const rs = fs.ReadStream('./popu-pref.csv');
const rl = readline.createInterface({ 'input': rs, 'output': {}
});
const map = new Map(); // key: 都道府県 value: 集計データのオブジェクト
rl.on('line', (lineString) => {
    const columns = lineString.split(',');
    const year = parseInt(columns[0]);
    const prefecture = columns[2];
    const popu = parseInt(columns[7]);
    if (year === 2010 || year === 2015) {
        let value = map.get(prefecture);
        if (!value) {
            value = {
                popu10: 0,
                popu15: 0,
                change: null
            };
        }
        if (year === 2010) {
```

```
                value.popu10 += popu;
            }
            if (year === 2015) {
                value.popu15 += popu;
            }
            map.set(prefecture, value);
        }
    });
    rl.resume();
    rl.on('close', () => {
        console.log(map);
    });
```

全体はこのようになります。では、1行ずつどのような処理を行っているのか見ていきましょう。

app.js：6行目

```
const map = new Map(); // key: 都道府県 value: 集計データのオブジェクト
```

このコードでは、集計されたデータを格納する連想配列を作成しています。添字となるキー（key）と値（value）が何であるのかは、コードだけからは読み取りにくいため、コメントに書いておきます。

app.js：13～20行目

```
let value = map.get(prefecture);
if (!value) {
    value = {
        popu10: 0,
        popu15: 0,
        change: null
    };
}
```

このコードは連想配列「map」からデータを取得しています。「value」の値がFalsyの場合に、「value」に初期値となるオブジェクトを代入します。その県のデータを処理するのが初めてであれば、「value」の値は「undefined」になるので、この条件を満たし、「value」に値が代入されます。

オブジェクトのプロパティ「popu10」が2010年の人口、「popu15」が2015年の人口、「change」が人口の変化率を表すプロパティです。変化率には、初期値ではnullを代入しておきます。

app.js：21～27行目

```
if (year === 2010) {
    value.popu10 += popu;
}
if (year === 2015) {
    value.popu15 += popu;
}
map.set(prefecture, value);
```

ここで、オブジェクトのプロパティを更新してから、連想配列に保存しています。連想配列へ格納したので、次回から同じ県のデータが来れば、以下の行では、保存したオブジェクトが取得されることになります。

app.js：13行目

```
let value = map.get(prefecture);
```

次の「'close'」イベントは、すべての行を読み込み終わった際に呼び出されます。その際の処理として、各県各年男女のデータが集計されたMapのオブジェクトを出力しています。

app.js：31～33行目

```
rl.on('close', () => {
    console.log(map);
});
```

ここまで書けたら、app.jsを保存して、次のコマンドを実行しましょう。

Ubuntuのコンソールに入力

```
node app.js
```

このように、各都道府県の名前をキーにして、集計データのオブジェクトが入っているデータ構造が表示されます。

コマンドの実行結果

```
Map {
    '北海道' => { popu10: 258530, popu15: 236840, change: null },
    '青森県' => { popu10: 67308, popu15: 61593, change: null },
    '岩手県' => { popu10: 64637, popu15: 57619, change: null },
```

次に、都道府県ごとの変化率を計算してみましょう。変化率の計算は、その県のデータがそろったあとでしか正しく行えないので、以下のように「close」イベントの中へ実装してみましょう。

app.js：32行目（closeイベント時の無名関数）を書き替え

```
rl.on('close', () => {
    for (let pair of map) {
        const value = pair[1];
        value.change = value.popu15 / value.popu10;
    }
    console.log(map);
});
```

このように「close」イベントの無名関数を実装します。

app.js：32行目

```
for (let pair of map) {
```

初めて見る書き方だと思います。これはfor-of構文と言います。MapやArrayの中身をofの前に与えられた変数に代入してforループと同じことができます。配列に含まれる要素を使いたいだけで、添字は不要な場合に便利です。

また、Mapにfor-ofを使うと、キーと値で要素が2つある配列が前に与えられた変数に代入されます。この例では、「pair[0]」でキーである都道府県名、「pair[1]」で値である集計オブジェクトが得られることになります。

app.js：33～34行目

```
const value = pair[1];
value.change = value.popu15 / value.popu10;
```

集計データのオブジェクト「value」の「change」プロパティに、変化率を代入するコードです。これで変化率を計算することができました。

Ubuntu のコンソールに入力

```
node app.js
```

上記のコマンドを実行すると、次のように変化率が計算されていることがわかります。

コマンドの実行結果

```
Map {
    '北海道' => { popu10: 258530, popu15: 236840, change:
0.9161025799713767 },
    '青森県' => { popu10: 67308, popu15: 61593, change:
0.9150918167231236 },
    '岩手県' => { popu10: 64637, popu15: 57619, change:
0.8914244163559571 },
```

データの並べ替え

終わりが見えてきました。得られた結果を、変化率ごとに並べ替えてみましょう。

app.js：36 行目を削除して 4 行追加

```
rl.on('close', () => {
    for (let pair of map) {
        const value = pair[1];
        value.change = value.popu15 / value.popu10;
    }
    const rankingArray = Array.from(map).sort((pair1, pair2) => {
        return pair2[1].change - pair1[1].change;
    });
    console.log(rankingArray);
});
```

「close」イベントに設定した無名関数の中身を、上記のように実装します。

app.js：36 ～ 38 行目

```
const rankingArray = Array.from(map).sort((pair1, pair2) => {
    return pair2[1].change - pair1[1].change;
});
```

新たに追加したコードを読み解いていきましょう。まず「Array.from(map)」の部分で、連想配列を普通の配列に変換する処理を行っています。

さらに、Arrayの「sort」関数を呼んで無名関数を渡しています。「sort」に対して渡すこの関数は比較関数と言い、これによって並べ替えをするルールを決めることができます。

比較関数で昇順・降順を決める

比較関数は2つの引数（ここではpair1とpair2）を受け取って引き算などの処理を行い、その返り値によって並べ替えを行います。返り値が負の値のときは引数pair1を後者の引数pair2より前にし、正の値のときはpair2をpair1より前にします。0を返すときは、pair1とpair2の並び順はそのままです。

少しシンプルに考えてみましょう。pair1が「3」でpair2が「5」とすると、「pair1 - pair2」は-2（負の値）になるため、pair1が前、pair2が後ろになります。逆にpair1が「5」でpair2が「3」とすると、「pair1 - pair2」は2（正の値）になるため、pair2が前、pair1が後ろになります。「pair1 - pair2」の場合は、数値は昇順で並べ替えられるということですね。

「pair2 - pair1」の場合はどうでしょうか。pair1が「3」でpair2が「5」とすると、「pair2 - pair3」は2（正の値）になるため、pair2が前、pair1が後ろになります。逆にpair1が「5」でpair2が「3」とすると、「pair2 - pair1」は-2（負の値）になるため、pair1が前、pair2が後ろになります。今度は降順で数値が並べ替えられています。

今回の場合では、変化率の降順に並べ替えを行いたいので、pair2がpair1より大きいときに正の整数を返すような処理を書けばよいのです。ここではpair2の変化率のプロパティからpair1の変化率のプロパティを引き算した値を返しています。これにより、変化率の降順に並べ替えが行われます。

Ubuntu のコンソールに入力

```
node app.js
```

上記のコマンドを実行すると、次のように、変化率の上位から並んだ配列ができたことがわかります。

コマンドの実行結果

```
[ [ '愛知県',
    { popu10: 361670, popu15: 371756, change: 1.0278873005778748
} ],
[ '大阪府',
    { popu10: 416930, popu15: 426504, change: 1.0229630873288083
} ],
```

```
[ '富山県',
    { popu10: 47585, popu15: 48442, change: 1.0180098770620993 }
],
[ '神奈川県',
    { popu10: 421017, popu15: 426358, change: 1.0126859485483959
} ],
```

なお、アロー関数では宣言された式が自動的にreturnされるので、{}キーワードとreturnキーワードを省略して書くこともできます。ここではわかりやすさのために{}とreturnを記述していますが、この書き方についてはまた別のセクションで説明を行います。

▶ TIPS

Array.from( )の意味

「Array.from( )」メソッドを用いれば、配列に似た型のもの（ここではMap）を普通の配列に変換することができます。mapは次のようなデータを格納する目的で作成された連想配列です。

app.js：6行目

```
const map = new Map(); // key: 都道府県 value: 集計データのオブジェクト
```

各都道府県名のkeyと各集計データオブジェクトのvalueの対と言えます。この連想配列mapを引数に、「Array.from(map)」を呼び出すと、keyとvalueの対を配列とし、その配列を要素とした配列（ペア配列の配列）に変換されます。

最後に、きれいに整形して出力してみましょう。次のように実装します。42行目のconsole.log( )の引数が「rankingStrings」に変更されている点も合わせて修正しておきましょう。

app.js：38行目で改行して3行分追記する

```
rl.on('close', () => {
    for (let pair of map) {
        const value = pair[1];
        value.change = value.popu15 / value.popu10;
    }
    const rankingArray = Array.from(map).sort((pair1, pair2) => {
        return pair2[1].change - pair1[1].change;
    });
    const rankingStrings = rankingArray.map((pair) => {
```

```
        return pair[0] + ': ' + pair[1].popu10 + '=>' + pair[1].
popu15 + ' 変化率:' + pair[1].change;
    });
    console.log(rankingStrings);
});
```

ここは少し難しいので、細かく読み解いていきましょう。

app.js：38～40行目

```
const rankingStrings = rankingArray.map((pair) => {
    return pair[0] + ': ' + pair[1].popu10 + '=>' + pair[1].
popu15 + ' 変化率:' + pair[1].change;
});
```

38行目に出てくる「map」ですが、先ほどの連想配列のMapとは別のもので、map関数と言います。

map関数

map関数は、Arrayの要素それぞれを、与えられた関数を適用した内容に変換するというものです。

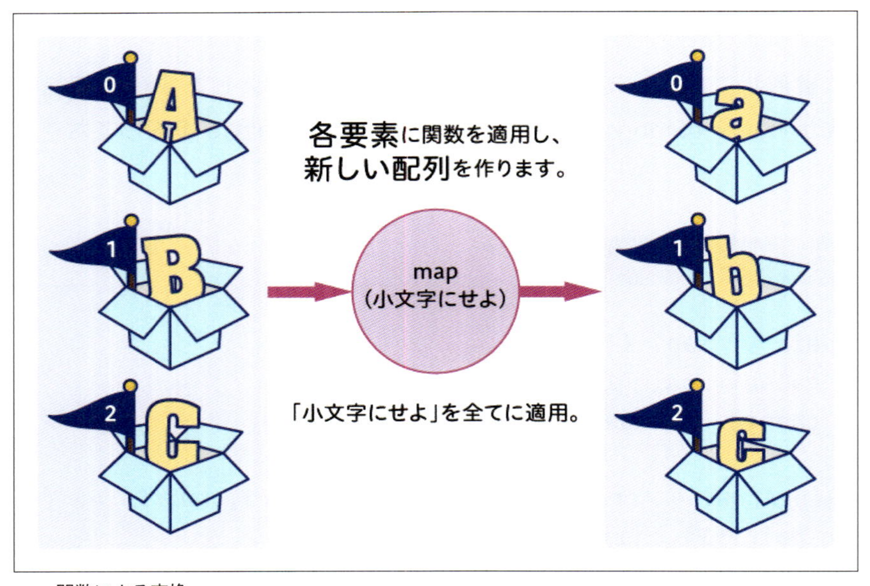

map関数による変換

少し動作を確かめてみましょう。

Ubuntuのコンソールに入力

```
node
```

でREPLを起動して、次のコードを実行してみます。

Ubuntuのコンソールに入力

```
[1, 2, 3].map((i) => { return i * 2; })
```

すると、このように表示されます。

コマンドの実行結果

```
[ 2, 4, 6 ]
```

このコードでは、「与えられた整数を2倍にする」という関数を配列の各要素に適用して、新しい配列を得ています。

では、Ctrl + Cを2回入力してREPLを終了してください。元のプログラムの解説に戻りましょう。

app.js：38～40行目

```
const rankingStrings = rankingArray.map((pair) => {
    return pair[0] + ': ' + pair[1].popu10 + '=>' + pair[1].
popu15 + ' 変化率:' + pair[1].change;
});
```

つまりこの部分では、「Mapのキーと値が要素になった配列を要素『pair』として受け取り、それを文字列に変換する」処理を行っています。これで、きれいに整形されて出力されるはずです。

Ubuntuのコンソールに入力

```
node app.js
```

上記のコマンドを実行すると、次のように、「2010年から2015年にかけて15～19歳の人が増えた割合の都道府県ランキング」が無事出力されました。

コマンドの実行結果

```
[ '愛知県: 361670=>371756 変化率:1.0278873005778748',
'大阪府: 416930=>426504 変化率:1.0229630873288083',
'富山県: 47585=>48442 変化率:1.0180098770620993',
'神奈川県: 421017=>426358 変化率:1.0126859485483959',
```

完成したら、今回もGitHubのリポジトリにpushしておきましょう。

Ubuntuのコンソールに入力

```
git add .
git commit -m "ランキングの実装完了"
git push origin master
```

以上のようになります。

まとめ

- **Node.jsでは入出力は、Streamという流れの概念で扱われる。**
- **連想配列のMapは、添字に文字列を使うことができる。**
- **map関数は、配列の各要素に与えられた関数を適用する。**

練習

先ほど作った「2010年から2015年にかけて15〜19歳の人が増えた割合の都道府県ランキング」を改変して、人が減った割合のランキングにしましょう。Arrayのsort関数を使っているところで、返す値の正負を入れ替えることで、逆順にソートができます。

さらに、出力を行う際、ランキングの順位も一緒に出力するようにしてください。Arrayのmap関数に渡す無名関数に、第二引数も書くと、各要素の添字も取得できます。

例えば、次の例を見てください。

REPLに入力する

```
> ['a', 'b'].map((e, i) => {return e + i; })
[ 'a0', 'b1' ]
```

完了したら、GitHub の練習問題リポジトリ（https://github.com/progedu/intro-curriculum-3002）をフォークして、正解のプルリクを送ってください。

解答

app.js：32 〜 44 行目

```
rl.on('close', () => {
    for (let pair of map) {
        const value = pair[1];
        value.change = value.popu15 / value.popu10;
    }
    const rankingArray = Array.from(map).sort((pair1, pair2) => {
        return pair1[1].change - pair2[1].change;
    });
    const rankingStrings = rankingArray.map((pair, i) => {
        return  (i + 1)+ '位 ' + pair[0] + ': ' + pair[1].popu10
+ '=>' + pair[1].popu15 + ' 変化率:' + pair[1].change;
    });
    console.log(rankingStrings);
});
```

closeイベントの無名関数を以上のように実装することで、対応することができます。

Section 03 アルゴリズムの改善

今回は実際の処理をより効率的に行うための考えを身に付けていきます。何を学ぶのかというと、アルゴリズムです。

アルゴリズム

アルゴリズムとは、問題を解くための手順を定式化した形で表現したものです。

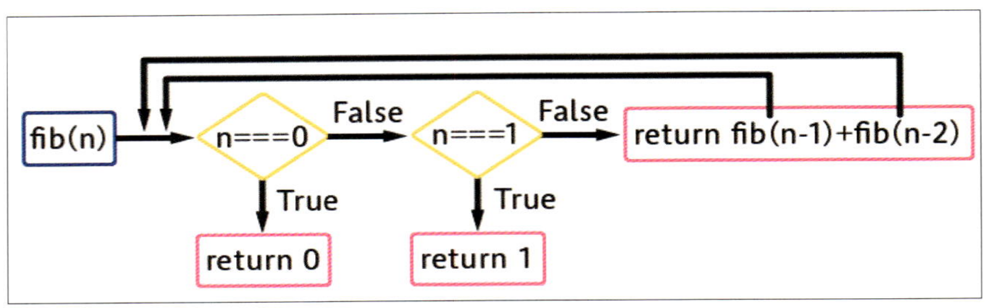

アルゴリズムのイメージ

例えばすでに、JavaScriptの配列のsortメソッドを呼び出したとは思いますが、Node.jsのsortは、要素数が22以下のときは挿入ソートというアルゴリズムが、そうでないときはクイックソートというアルゴリズムが利用されています。

世の中には、1つの問題を解くためにさまざまな方法が存在します。そのアルゴリズムを変更したり、導入することでどのようにパフォーマンスが変わるのかを試してみましょう。

今回アルゴリズムを理解するために解くのは、「フィボナッチ数列を40番目まで出力する」という問題です（※数列とは、いくつかの数を並べたものです）。

フィボナッチ数列

そもそもフィボナッチ数列とは、以下の式で定義される数列です。

フィボナッチ数列の定義

```
F0 = 0
F1 = 1
Fn+2 = Fn + Fn+1 (n ≧ 0)
```

0番目は0、1番目は1、その後は1つ前と2つ前の値を足したものとなります。具体的には次のような数列となります。

フィボナッチ数列の例

```
出力例: 0, 1, 1, 2, 3, 5, 8, 13, 21, 34, 55, 89, 144, 233, 377,
610, 987, 1597, 2584, 4181, 6765, 10946, ...
```

では早速やってみましょう。いつもどおりコンソールを起動したら、実装を行うためのひな形となるディレクトリをGitHubからcloneしましょう。GitHubの次のURLにアクセスし、右上の[Fork]ボタンをクリックして、リポジトリをフォークします。

fibonacci リポジトリ

```
https://github.com/progedu/fibonacci
```

その後、フォークしたリポジトリをローカルにクローンを行います。

Ubuntu のコンソールに入力

```
cd ~/workspace/
git clone git@github.com:${あなたのユーザーID}/fibonacci
cd fibonacci
```

そしてこのフォルダを、VS Codeで開いてみましょう。このリポジトリのファイル構成は、次のとおりとなります。

- **app.jsは、これから実装を行うJavaScriptのファイル**
- **.gitignoreは、Gitで管理しないファイルの設定ファイル**

フィボナッチ数列の実装

では早速、「フィボナッチ数列を40番目まで出力する」という問題を実装してみましょう。いったん40番目までというのは置いておき、与えられた番目のフィボナッチ数を出力するfib関数を考えてみましょう。

まず、0のときは0を返すを実装すると以下のようになります。

app.js

```
'use strict';
function fib(n) {
    if (n === 0) {
        return 0;
    }
    return null;
}
```

このようになりますね。0以外のときは、とりあえずnullを返しておきましょう。では次に、1のときは1を返すを実装すると以下のようになりますね。

app.js

```
'use strict';
function fib(n) {
    if (n === 0) {
        return 0;
    } else if (n === 1) {
        return 1;
    }
    return null;
}
```

else-if構文を使ってこのように書けますね。最後にそれ以外のときは、1つ前と、2つ前のフィボナッチ数を足し合わせた数を返します。

app.js

```
'use strict';
function fib(n) {
    if (n === 0) {
        return 0;
    } else if (n === 1) {
        return 1;
    }
    return fib(n - 1) + fib(n - 2);
}
```

これでfib関数は完成したように見えます。このように関数の定義の中で関数自身を呼び出すことを再帰と呼びます。

あとは、40番目まで出力してみましょう。for文を使って書くことができますね。

app.js

```
'use strict';
function fib(n) {
    if (n === 0) {
        return 0;
    } else if (n === 1) {
        return 1;
    }
    return fib(n - 1) + fib(n - 2);
}
const length = 40;
for (let i = 0; i <= length; i++) {
    console.log(fib(i));
}
```

こうなります。40をlengthという変数に代入してforループで出力させています。

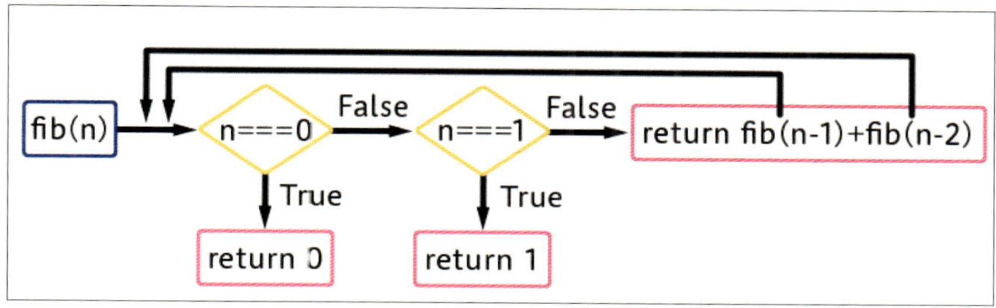

フィボナッチアルゴリズムのイメージ図

では、これを実行してみましょう。

Ubuntuのコンソールに入力

```
node app.js
```

上記のコマンドで実行すると、次のように出力されます。

コマンドの実行結果

```
0
1
```

```
1
2
3
5
8
13
21
34
55
89
144
233
377
610
987
1597
2584
4181
6765
10946
17711
28657
46368
75025
121393
196418
317811
514229
832040
1346269
2178309
3524578
5702887
9227465
14930352
24157817
39088169
63245986
102334155
```

これで完成しました。もしかしたら実行するのに少し時間がかかったかもしれません。

実行にかかった時間を測定する

プログラムの実行速度を測定をするためには、timeコマンドを利用します。

Ubuntuのコンソールに入力

```
time node app.js
```

timeコマンドは、引き続いて測定をしたいコマンドを実行することでかかった時間を測定することができます。

コマンドの実行結果

```
real    0m7.207s
user    0m7.072s
sys     0m0.060s
```

このように表示されたのではないでしょうか。

これは実行に、実際の時間として7.207秒かかり、その中で今の実行ユーザーとしてかかった時間が7.072秒、システムが別なことに使った時間が、0.060秒であることを表しています。プログラムの処理にかかった時間は、ユーザー時間の7.072秒だと認識すればよいでしょう。

おそらくみなさんのマシン環境でも似たような時間、もしかしたらもっと時間がかかってしまったかもしれません。もし100番目まで出力しようとしたらどうなるでしょうか？

app.js：10行目

```
const length = 100;
```

app.jsの10行目を上記のように修正し、次のコマンドで実行してみましょう。

Ubuntuのコンソールに入力

```
node app.js
```

おそらくみなさんが1日待っても終わらないのではないかと思います。Ctrl＋Cを押してプログラムを止めて、app.jsの10行目を次のように元に戻しておきましょう。

app.js：10行目

```
const length = 40;
```

実は先ほどの実装は、nの値が増えるにつれ、足し算の回数が指数的に増加するアルゴリズムなのです。

app.js：2〜9行目

```
function fib(n) {
    if (n === 0) {
        return 0;
    } else if (n === 1) {
        return 1;
    }
    return fib(n - 1) + fib(n - 2);
}
```

この関数で足し算がされる回数を、再帰関数を読み解きながら書き出していくと、次のようになります。

- **n が 2 のときの fib(2) は、fib(1) + fib(0)、つまり、0 + 0 + 1 で 1回**
- **n が 3 のときの fib(3) は、fib(2) + fib(1)、これは、1 + 0 + 1 で 2回**
- **n が 4 のときの fib(4) は、fib(3) + fib(2)、これは、2 + 1 + 1 で 4回**
- **n が 5 のときの fib(5) は、fib(4) + fib(3)、これは、4 + 2 + 1 で 7回**
- **n が 6 のときの fib(6) は、fib(5) + fib(4)、これは、7 + 4 + 1 で 12回**
- **n が 7 のときの fib(7) は、fib(6) + fib(5)、これは、12 + 7 + 1 で 20回**
- **n が 8 のときの fib(8) は、fib(7) + fib(6)、これは、20 + 12 + 1 で 33回**

倍々ではありませんが、それに近い形で計算の回数が増えているようです。

このように、回を重ねるとあとに倍々に計算回数が増えるような処理の増え方を指数オーダーと言います。O記法というオーダーを表す記法で、次のように記述します。

```
O(α^n)
```

なお、ここではαは定数とします。

実は、このコンピューターにとってこちらの指数オーダーの計算は非常に難しいものです。

プロファイルツールを使ってみよう

なお、このように処理に時間がかかっている様子や、どれくらいメモリを使っているのかを調べる方法に、**プロファイル**と呼ばれる方法があります。実際に、どのような呼び出し処理が行われたのかを見るためのプロファイルを行ってみましょう。「nodegrind」というプロファイルツールを利用します。以下のコマンドでインストールしてしまいます。

Ubuntuのコンソールに入力

```
npm update -g npm@5.7.1
sudo apt-get install build-essential python
npm install -g nodegrind
```

1行目でnpm自体の更新を行って、2行目でnodegrindに必要なツールをインストールし、3行目で「nodegrind」のインストールを行います。インストールが終わったら、実際にプロファイルを行ってみましょう。

コマンドの実行結果

```
nodegrind -o app.cpuprofile app.js
```

以上を実行することで、「app.cpuprofile」ファイルにプロファイルの様子が出力されます。

この「app.cpuprofile」は、Google Chromeのデベロッパーツールを利用して見ることができます。Chromeを起動し、ツールバー右上のメニューから［その他のメニュー］→［デベロッパーツール］をクリックして、デベロッパーツールを起動します。

デベロッパーツールの右端に表示される設定ボタンから［More Tools］を選択し、［JavaScript Profiler］をクリックして［JavaScript Profiler］タブを表示させます（Chromeのバージョンによってはすでに［Profile］としてタブが表示されていることもあります）。

［JavaScript Profiler］タブ（あるいは［Profile］タブ）を選択し、「Record JavaScript CPU Profile」画面が表示されたら［Load］ボタンをクリックし、「app.cpuprofile」を読み込みます。

すると、左側の［CPU PROFILES］に項目が追加されますのでそれを選択してください。

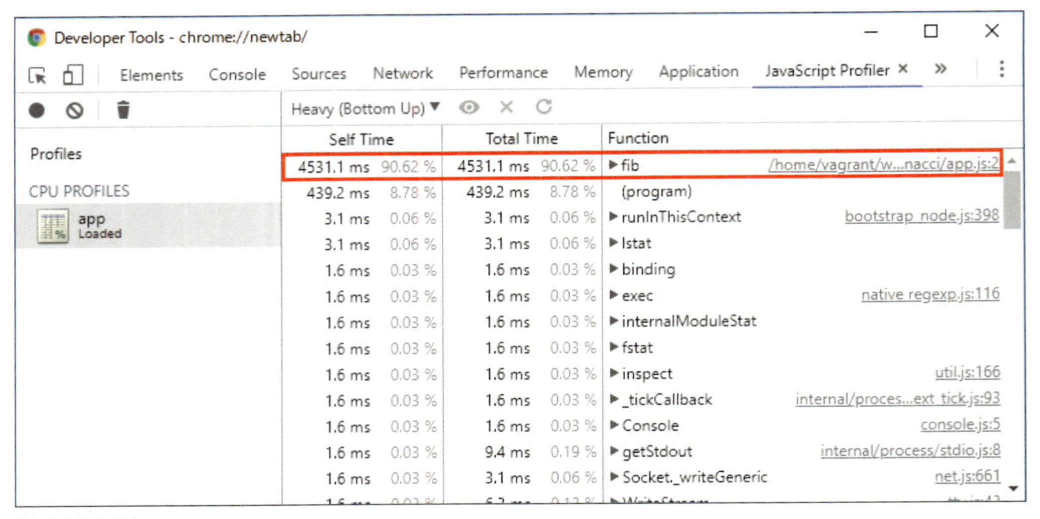

CPU PROFILES

Heavy（Bottom Up）の項目を左上のドロップダウンボタンで選択すると、fibという関数の呼び出しにほとんどの時間がかかっていることがわかります。もしこのプログラムを直すのであればこの関数だということがわかります。

また左上のドロップダウンボタンで、Chartを呼び出すとfib関数の中で、何度もfib関数が呼び出され非常に深い呼び出し階層となっていることがわかります。この呼び出し階層は、コールスタックと呼ぶこともあります。

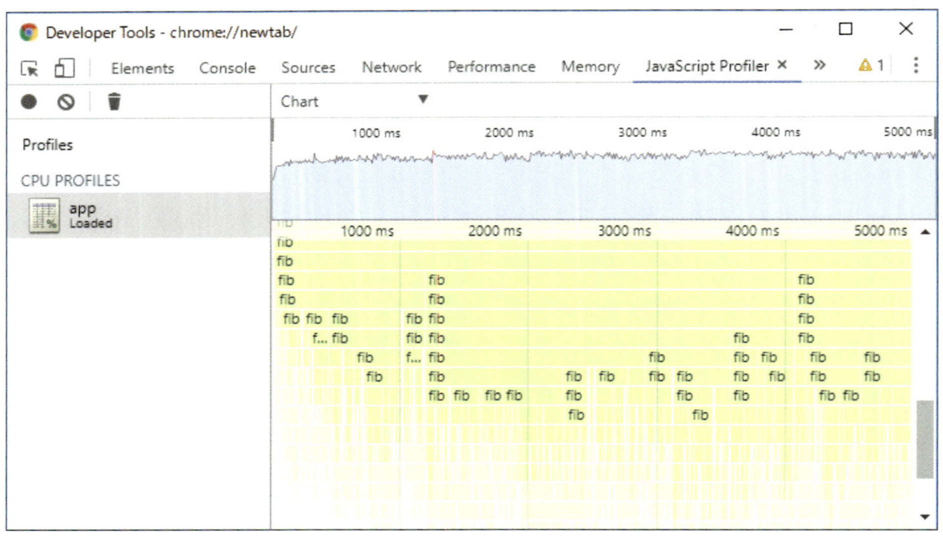

Chart

では、いったんここでソースコードをコミットして、アルゴリズムの改善にとりかかってみましょう。

Ubuntu のコンソールに入力

```
git commit -am "指数オーダーのfib関数の実装"
```

このコマンドで今の状態がコミットされます。なお、「app.cpuprofile」は、.gitignoreファイルで末尾に、.cpuprofileが付いているファイルをバージョン管理しないようになっていますので、「app.cpuprofile」をわざわざ消す必要はありません。

アルゴリズムを改良する

さて、fib関数を軽量にするためにはどのようにすればよいでしょうか？　実は、このfib関数、本当に何度もfib(2)やfib(3)が呼び出されるのですが、そのたびに足し算を実行してしまいます。この1度計算した計算結果を保存することで大幅に計算量を削減できるのではないでしょうか。連想配列Mapを利用して以下のように実装してみましょう。

app.js

```
'use strict';
const memo = new Map();
memo.set(0, 0);
memo.set(1, 1);
function fib(n) {
    if(memo.has(n)) {
        return memo.get(n);
    }
    const value = fib(n - 1) + fib(n - 2);
    memo.set(n, value);
    return value;
}
const length = 40;
for (let i = 0; i <= length; i++) {
    console.log(fib(i));
}
```

少しずつ解説していきます。

app.js：2行目

```
const memo = new Map();
```

これは、連想配列のMapを作っています。キーには順番を、値には答えを格納します。なお、変数名をmemoとしてあるのは、このように1度計算した結果を保存しておく方法を「メモ化」というためです。

app.js：3～4行目

```
memo.set(0, 0);
memo.set(1, 1);
```

これは、0番目と1番目の答えはあらかじめ定義されているので、これを格納しているコードです。

app.js：5～12行目

```
function fib(n) {
    if(memo.has(n)) {
        return memo.get(n);
    }
    const value = fib(n - 1) + fib(n - 2);
    memo.set(n, value);
    return value;
}
```

以上のコードは、もし連想配列が、nをキーとした答えを持っていればその値をそのまま関数の値として返し、そうでない場合は、再帰関数を計算して値を求め、それを連想配列に格納したあとに返すという実装です。

さて、お楽しみの時間測定をやってみましょう。

Ubuntuのコンソールに入力

```
time node app.js
```

以上のコマンドを実行すると、次のように表示されたのではないでしょうか。

コマンドの実行結果

```
real    0m0.114s
user    0m0.083s
sys     0m0.013s
```

先ほどの20倍以上のスピードで実行されたことがわかります。これがアルゴリズムの改善の力です。せっかくなので、プロファイルも実行してみましょう。

Ubuntu のコンソールに入力

```
nodegrind -o app.cpuprofile app.js
```

で実行したあと、Chromeのデベロッパーツールで［Profile］タブを開き、「app.cpuprofile」の読み込みを実施します。

Heavy（Bottom Up）の項目を左上のドロップダウンから選択して見てみましょう。もっとも時間のかかっている処理が、writeUtf8Stringという文字出力の関数になっていることがわかります。

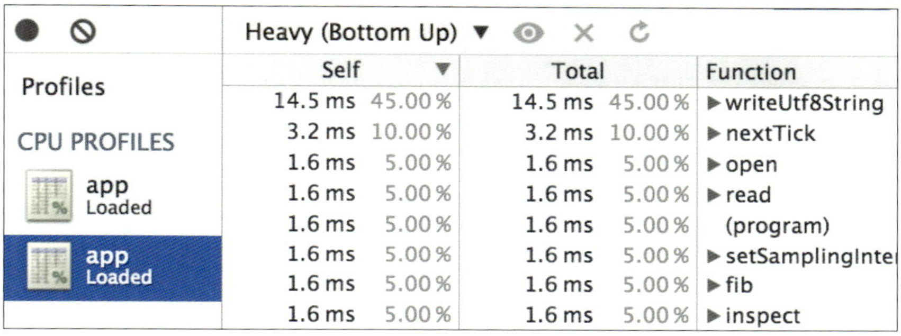

Profiles / CPU PROFILES: app Loaded / app Loaded

Heavy (Bottom Up) ▼

Self		Total		Function
14.5 ms	45.00%	14.5 ms	45.00%	▶ writeUtf8String
3.2 ms	10.00%	3.2 ms	10.00%	▶ nextTick
1.6 ms	5.00%	1.6 ms	5.00%	▶ open
1.6 ms	5.00%	1.6 ms	5.00%	▶ read
1.6 ms	5.00%	1.6 ms	5.00%	(program)
1.6 ms	5.00%	1.6 ms	5.00%	▶ setSamplingInte
1.6 ms	5.00%	1.6 ms	5.00%	▶ fib
1.6 ms	5.00%	1.6 ms	5.00%	▶ inspect

アルゴリズム改善結果

つまりこれは、fib関数がほかの処理に比べて圧倒的に速くなったことを示しています。なお、このメモ化を使ったアルゴリズムの改善がされた、こちらのfib関数のオーダーは、O記法で表すと、次のようになります。

```
O(n)
```

このようなnに対してn倍処理時間がかかるオーダーを線形オーダーと言います。この線形オーダーであれば、基本的にはnに対してn倍の時間をかければ問題を解くことができるという状態となります。

今回はこれで終わりですので、変更内容をコミットします。

Ubuntu のコンソールに入力

```
git commit -am "メモ化によるアルゴリズムの改善"
git push origin master
```

上記のコマンドを実行して、完成したコードを自分のGitHubのリポジトリにpushしておきましょう。

まとめ

- アルゴリズムは問題を解くための手順を定式化したもの。
- O記法を使って計算量を表現することができる。
- 指数オーダーの計算はすぐには終わらないほど時間がかかるものになる。

練習

先ほど作った「メモ化してフィボナッチ数列を出力するコード」を改変して、**トリボナッチ数列**を出力するコードを書いてみましょう。トリボナッチ数列とは、次の式で定義される数列のことです。

トリボナッチ数列の定義

```
F0 = 0
F1 = 0
F2 = 1
Fn+3 = Fn + Fn+1 + Fn+2 (n ≧ 0)
```

0番目は0、1番目は0、2番目は1、その後は1つ前と2つ前と3つ前の値を足したものとなります。

トリボナッチ数列の例

```
出力例: 0, 0, 1, 1, 2, 4, 7, 13, 24, 44, 81, 149, 274, 504, 927,
1705, 3136, 5768, 10609, 19513, 35890, ...
```

GitHub の練習問題リポジトリ（https://github.com/progedu/intro-curriculum-3003）をフォークして、正解のプルリクを送ってください。

解答

以下が答えとなります。memoの初期値に2番目のものを追記し、valueを求めるときに、3項目を足して完了となります。

app.js

```
'use strict';
const memo = new Map();
memo.set(0, 0);
memo.set(1, 0);
memo.set(2, 1);
function trib(n) {
    if(memo.has(n)) {
        return memo.get(n);
    }
    const value = trib(n - 1) + trib(n - 2) + trib(n - 3);
    memo.set(n, value);
    return value;
}
const length = 40;
for (let i = 0; i <= length; i++) {
    console.log(trib(i));
}
```

Section 04

ライブラリ

今回は、自分で実装するのではなく、誰かが作ったコード資産を利用するということを実践していきたいと思います。誰かが書いたコード資産、それをライブラリと言います。

ライブラリ

ライブラリとは、英語でLibrary、「図書館」の意味ですが、プログラミングの世界では、汎用性の高いプログラムを再利用可能な形でひとまとまりにしたものを表します。

例えば次のような、整数xのy乗を求める関数があります。

整数 x の y 乗を求める関数「pow」

```
function pow(x, y){
    var result = x;
    for (var i = 1; i < y; i++) {
        result = result * x;
    }
    return result;
}
```

次の実行結果を見ると、一見xが2でyが3のときは、8が値として返され、問題がないように思います。

関数「pow」を実行する：正しい解

```
pow(2, 3);
8
```

しかし、この実装には見落としがあります。例えばyが負の値だったらどうなるでしょうか？

関数「pow」を実行する：誤った解

```
pow(2, -1);
2
```

2の-1乗は、本来ならば0.5になるはずの値が、ここでは2が返されてしまいます。べき乗の計算においては、乗数に-1が指定された場合には割り算をするという意味になります。ここでは、その意味が無視され-1に乗数を設定しても、1割る2の0.5ではなく、間違った答えの2となってしまいます。つまりこの実装では、yが自然数でなくては正しい答えが出ないという制約があるのです。

このような問題に対処する実装は、非常に複雑なものになります。しかし、われわれは過去の人が実装してくれたコードを利用することでその手間を省くことができます。

すでにJavaScriptには、Mathという計算を行う関数を備えたオブジェクトがライブラリとして組み込まれています。それを利用すると、次のように正しい値を計算することができます。

Mathモジュールで累乗を計算する

```
Math.pow(2, -1);
0.5
```

このような実装の見落としというのは、どうしても経験が少ないとやってしまいがちです。しかし、ライブラリを使用することで、そのライブラリを実装した専門家の知識と、それをあなたよりも前に使用した人々の失敗経験や運用経験をもすべて自分のものとすることができます。

これを使わない手はありません。

ただし、ライブラリと言っても存在を知らなくては使わず自分で実装してしまう可能性もあります。そのため汎用的な処理を実装する際には、ライブラリが存在しないかをGoogleなどの検索サイトで検索したり、誰かに聞いたりすることを癖にしましょう。

このライブラリを探す習慣は、プログラマーにとってとても大切です。またJavaScriptが持っている標準オブジェクトと、Node.jsが持っているライブラリは知っておいて損はありません。

- **JavaScript標準ビルトインオブジェクト**
  https://developer.mozilla.org/ja/docs/Web/JavaScript/Reference/Global_Objects
- **Node.js v8.9.3 Documentation**
  https://nodejs.org/docs/v8.9.3/api/

この2つのサイトは、時間があるときに目を通しておきましょう。なおライブラリは、プログラミング言語やプラットフォーム自体が標準のものを用意していますが、ユーザーから提供されるユーザーライブラリも多く存在します。

Node.jsにはユーザーライブラリを利用するためのパッケージ管理システム、npmが標準搭載されています。

npm

npmは、Node.jsのためのパッケージマネージャーです。すでにパッケージマネージャーとして、Ubuntu向けのapt-getコマンドを利用したり、npmを利用して、プロファイル用のライブラリのnodegrindをインストールしたりしてきました。

npmは、どのようなライブラリのパッケージがインストールされているのかを記録し、新しいパッケージのインストールや削除を簡単に行えるようにするプログラムです。

そして、パッケージ間に依存関係がある場合には、インストールしたパッケージに必要となる別のパッケージまで自動的にインストールしてくれます。

npmを使ってみよう

では、実際に使って確認していきたいと思います。いつもどおりコンソールを起動したら、次のコマンドを実行してみましょう。

Ubuntuのコンソールに入力

```
npm
```

npmの使い方が次のように表示されます。

コマンドの実行結果

```
Usage: npm <command>

where <command> is one of:
    access, adduser, bin, bugs, c, cache, completion, config,
    ddp, dedupe, deprecate, dist-tag, docs, edit, explore, get,
    help, help-search, i, init, install, install-test, it, link,
    list, ln, login, logout, ls, outdated, owner, pack, ping,
    prefix, prune, publish, rb, rebuild, repo, restart, root,
    run, run-script, s, se, search, set, shrinkwrap, star,
    stars, start, stop, t, tag, team, test, tst, un, uninstall,
    unpublish, unstar, up, update, v, version, view, whoami

npm <cmd> -h     quick help on <cmd>
npm -l           display full usage info
npm help <term>  search for help on <term>
npm help npm     involved overview

Specify configs in the ini-formatted file:
    /home/ubuntu/.npmrc
or on the command line via: npm <command> --key value
Config info can be viewed via: npm help config

npm@3.10.10 /home/ubuntu/.nodebrew/node/v6.11.1/lib/node_
modules/npm
```

もっと詳細を知りたい際には、「npm -l」を利用します。なお、npmでインストールされたものの一覧を確認するには、次のコマンドを使います。

Ubuntuのコンソールに入力

```
npm -g ls
```

実行するとすでにインストールされているパッケージの依存関係を表すツリーが表示されるのではないかと思います。

コマンドの実行結果

```
/home/ubuntu/.nodebrew/node/v6.11.1/lib
└─┬ npm@3.10.10
  ├── abbrev@1.0.9
  ├── ansi-regex@2.0.0
  ├── ansicolors@0.3.2
  ├── ansistyles@0.1.3
```

ちなみに先ほど「-g」というオプションを付けていましたがこれは、グローバルにインストールされたものという意味になります。

npmは、グローバルインストールとローカルインストールという2つのインストールの仕方が用意されています。グローバルインストールは、Node.jsの実行環境自体にパッケージをインストールし、ローカルインストールは、現在のディレクトリでインストールを行います。

プロファイルツールのnodegrindはグローバルにインストールされましたが、今回は試しにローカルインストールを試してみましょう。

実装を行うためのひな形となるディレクトリをGitHubからcloneしましょう。ウェブブラウザーで次のURLにアクセスし、右上の［Fork］ボタンをクリックしてリポジトリをフォークします。

npm-training リポジトリ

```
https://github.com/progedu/npm-training
```

その後、次のコマンドを実行して、フォークしたリポジトリをローカルにクローンを行います。

Ubuntu のコンソールに入力

```
cd ~/workspace/
git clone git@github.com:${あなたのユーザーID}/npm-training
cd npm-training
```

そしてこのフォルダを、VS Codeで開いてみましょう。ファイルの構成は以下のとおりとなります。

- **app.jsは、これから実装を行うJavaScriptのファイル**
- **.gitignoreは、Gitで管理しないファイルの設定ファイル**

.gitignoreには、次のように記述されています。

.gitignore

```
node_modules
```

この「node_modules」ディレクトリがローカルインストールした際に、パッケージがインストールされるディレクトリです。.gitignoreに記述したファイルやディレクトリは、Gitはないものとみなし、管理をしません。

では、早速npmでインストールしてみましょう。HTTPリクエストを簡単に送ることができるライブラリ、requestをローカルインストールします。次のコマンドを実行してみましょう。

Ubuntuのコンソールに入力

```
npm install request
```

次のようにインストールのメッセージが表示されれば成功です。

コマンドの実行結果

```
request@2.81.0 node_modules/request
```

「request」をインストールすることで、このライブラリが必要としているほかのパッケージも一気にインストールされたことになります。では、app.jsを実装してみましょう。

app.js

```
'use strict';
const request = require('request');
request('http://www.google.com', (error, response, body) => {
    console.log(body);
});
```

これは、request（https://github.com/request/request）というライブラリのAPIにそって記述していますが、パッケージをrequire関数で関数として取得しrequest関数に対して、リクエストのURLとリクエストのレスポンスを受け取った際の無名関数を渡しています。

では実際に、実行してみましょう。

Ubuntu のコンソールに入力

```
node app.js
```

きっとGoogleのトップページのHTMLがどかっと表示されたのではないかと思います。

```
=\"/history\"\u003E�E�F�u����\u003C/a\u003E�����戥 �����↲���","p
srl":"�戥","sbit":"�摜�Ō���","srch":"Google ����"},"ovr":{},"pq
":"","refoq":true,"refpd":true,"refspre":true,"rfs":[],"scd":10
,"sce":5,"stok":"DKGDCdKCYPK1i6f0s-qF1wBBaUY"},"d":{}};google.y
.first.push(function(){if(google.med){google.med('init');google
.initHistory();google.med('history');}});if(google.j&&google.j.
en&&google.j.xi){window.setTimeout(google.j.xi,0);}
</script></div></body></html>
```

Google トップページの HTML が表示された（一部分）

このように、「npm install」でnode_modulesディレクトリにインストールされたnpmパッケージは、自動的に読み込まれ、そのディレクトリ内で利用することができます。非常に便利ですね。

なお自分が必要なnpmのパッケージは、Googleなどで検索することもできますが、公式のサイト（https://www.npmjs.com/）もとても検索しやすくなっています（ただし英語です）。

npmパッケージを作ってみよう

npmのパッケージはこのように利用することもできますし、自分で作ってnpmのサイトに登録（publish）することも簡単にできます。今回は、npmのサービスに登録することはしませんが、npmパッケージを自分で作成していきます。これからsumという整数を足し合わせたりするライブラリを作成してみましょう。

Ubuntu のコンソールに入力

```
cd ~/workspace
mkdir sum
cd sum
npm init
```

sumディレクトリに入り、「npm init」というコマンドでnpmパッケージを作成するためのチュートリアルを起動します。

「npm init」によるチュートリアル 1

```
name: (sum)
```

最初のパッケージ名を決めます。ここでは空欄のまま Enter キーを押し、パッケージ名をsumにします。

「npm init」によるチュートリアル 2

```
version: (1.0.0)
```

次にパッケージのバージョンを決めます。空欄のまま Enter キーを押し、バージョンを1.0.0にします。

「npm init」によるチュートリアル 3

```
description:
```

パッケージの説明文を設定します。ここでは空欄のまま Enter キーを押し、説明はなしにします。

「npm init」によるチュートリアル 4

```
entry point: (index.js)
```

ライブラリを読み込んだときに、最初に実行するファイル（エントリポイント）を設定します。空欄のまま Enter キーを押し、ライブラリとして読み込まれるJavaScriptファイル名を「index.js」とします。

「npm init」によるチュートリアル 5

```
test command:
```

ここも空欄のまま Enter キーを押し、テストコマンドはなしとします。

「npm init」によるチュートリアル6

```
git repository:
```

空欄のまま[Enter]キーを押し、Gitリポジトリの公開はしないものとします。

「npm init」によるチュートリアル7

```
keywords:
```

npm登録時の検索キーワードを設定できます。ここでも空欄のまま[Enter]キーを押し、npmに登録された際のキーワードはなしにします。

「npm init」によるチュートリアル8

```
author:
```

ライブラリの著者を設定します。空欄のまま[Enter]キーを押し、npmに登録された際の著者の名前も今回はなしにします。

「npm init」によるチュートリアル9

```
license: (ISC)
```

ライブラリのライセンスを設定します。空欄のまま[Enter]キーを押し、Licenseは、ISCライセンスとします。ISCライセンスはソフトウェアを使用、コピー、改変そして/または、配布する許可を与えるライセンスです。

「npm init」によるチュートリアル10

```
About to write to /home/ubuntu/workspace/sum/package.json:

{
    "name": "sum",
    "version": "1.0.0",
    "description": "",
    "main": "index.js",
    "scripts": {
```

```
        "test": "echo \"Error: no test specified\" && exit 1"
    },
    "author": "",
    "license": "ISC"
}
Is this ok? (yes)
```

最後に確認のメッセージが表示されるので、Enterキーを押します。これで、「package.json」というnpmパッケージの情報が書き込まれました。

では実際に、パッケージsumを実装してみましょう。

Ubuntu のコンソールに入力

```
touch index.js
```

上記のコマンドを実行したあと、sumフォルダをVS Codeで開いて、index.jsを編集します。

index.js

```
'use strict';
function add(numbers) {
    let result = 0;
    for (let num of numbers) {
        result = result + num;
    }
    return result;
}
module.exports = {
    add : add
};
```

上記のように記述してください。解説していきます。

index.js：2～8行目

```
function add(numbers) {
    let result = 0;
    for (let num of numbers) {
```

```
        result = result + num;
    }
    return result;
}
```

このadd関数は、整数の配列を受け取り、すべてを足し合わせる関数です。

index.js：9～11行目

```
module.exports = {
    add : add
};
```

この記法は初めてですね。npmに限らず、特定の関数をモジュールとして公開する場合に、module.exportsオブジェクトのプロパティとして関数を登録します。こうすることでこのsumパッケージにaddメソッドが追加されます。

以上で、パッケージの作成は完了です。

パッケージを使ったアプリケーション

今度はこのパッケージを使うアプリケーションを作成してみましょう。

Ubuntuのコンソールに入力

```
cd ~/workspace
mkdir sum-app
cd sum-app
wget https://progedu.github.io/jsconfig-es6/app.js
```

sum-appディレクトリに入り、app.jsを設置します。そして、先ほど開発した、sumパッケージをインストールしてみましょう。

Ubuntuのコンソールに入力

```
npm install ../sum
```

npmはnpmのサービスに登録されているもの以外に、ローカルのフォルダを指定してインストールすることも可能です。コマンドを実行した結果、次のように表示されれば、

node_modulesに先ほど作成したsumパッケージがインストールされたことになります。

コマンドの実行結果

```
/home/ubuntu/workspace/sum-app
└── sum@1.0.0
```

なお、「npm install sum」としてしまうと、npmのサービスに登録されたsum（https://www.npmjs.com/package/sum）というパッケージがインストールされてしまうので、気を付けましょう。間違ってインストールしてしまったときは、次のコマンドでアンインストールしてください。

Ubuntuのコンソールに入力

```
npm uninstall sum
```

次にsum-appフォルダをVS Codeで開いて、app.jsを次のように編集してみましょう。

app.js

```
'use strict';
const s = require('sum');
console.log(s.add([1, 2, 3, 4]));
```

これは、add関数に配列を渡して、それを関数内で足し合わせています。

Ubuntuのコンソールに入力

```
node app.js
```

上記のコマンドを実行して動かしてみましょう。次のように、1＋2＋3＋4の答えである、10が出力されれば成功です。

コマンドの実行結果

```
10
```

以上が、パッケージの使い方と作り方でした。

yarn

yarn（ヤーン）も、Node.jsのためのパッケージマネージャーです。Facebook社が開発しています。npmと互換性があるため、npmの代わりにyarnを使うことができます。このテキストでは引き続きnpmを使用していきますが、Windows上でLinux仮想環境を利用している場合にnpmがエラーで動かなくなる場合があります。そのため、Windows環境で学習している方はこのステップでyarnを導入しておきましょう。

yarnを使ってみよう

npmを使ってyarnをグローバルインストールします。次のコマンドを入力しましょう。

Ubuntuのコンソールに入力

```
npm install -g yarn
```

「yarn help」と入力すると、yarnで使用できるコマンドが表示されます。npmと異なり、「yarn」とだけ入力するとヘルプを表示するのではなく、npmを使っているプロジェクトのディレクトリをyarn用に変更します。

以下にnpmとyarnのコマンドの簡易的な対照を掲載します。**覚える必要はありませんので、Windows環境のnpmでエラーが発生したときなど必要な場合に参照してください**。より詳細な対照表が必要な場合は公式サイト（https://yarnpkg.com）をご確認ください。

npm	yarn
npm install	yarn install
npm install パッケージ名 --save	yarn add パッケージ名
npm install -g パッケージ名	yarn global add パッケージ名
npm uninstall パッケージ名 --save	yarn remove パッケージ名

まとめ

- 汎用的な処理を実装する前に必ずライブラリをチェックする。
- npmはNode.jsのパッケージマネージャー。
- npmを使ってパッケージを作ることもできる。

練習

sumパッケージに、新しい関数を追加しましょう。配列で渡された整数をすべて掛けあわせて返す「multi」関数を定義してください。

GitHubの練習問題リポジトリ（https://github.com/progedu/intro-curriculum-3004）をフォークして、正解のプルリクを送ってください。なお、sumパッケージを再度sum-appにインストールするには、次のようにしてください。

Ubuntuのコンソールに入力

```
npm uninstall sum
npm install ../intro-curriculum-3004
```

このようにするのは、sumディレクトリの中身を変更しただけでは、sum-appのnode_modulesに変更が反映されないためです。上記のように一度古いパッケージを削除してから、新しいsumパッケージをインストールすることで反映されます。

sum-appにインストールしたあと、app.jsを以下のように書き替えて実行し、24を出力するかどうかを試してみましょう。

sum-appのapp.js

```
'use strict';
const s = require('sum');
console.log(s.multi([1, 2, 3, 4]));
```

解答

index.jsは次のように実装されます。resultの初期値が1となるところがポイントです。

index.js

```
'use strict';
function add(numbers) {
    let result = 0;
    for (let num of numbers) {
        result = result + num;
    }
    return result;
}

function multi(numbers) {
    let result = 1;
    for (let num of numbers) {
        result = result * num;
    }
    return result;
}

module.exports = {
    add : add,
    multi : multi
};
```

Chapter 5

Slackの
ボットを作ろう

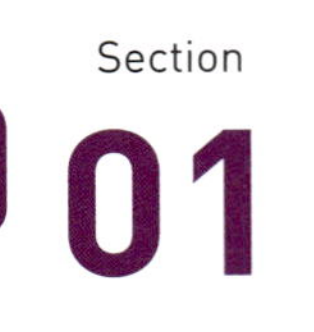

Section 01 Slackのボット開発

ここからは便利なライブラリを使って、数回をかけてチャットでコミュニケーションできるボットを開発していきます。

Slack

今回は、この数年プログラマーの中で人気が高まっているチャットコミュニケーションツールであるSlack（スラック）を知り、開発するボットの要件を定義します。

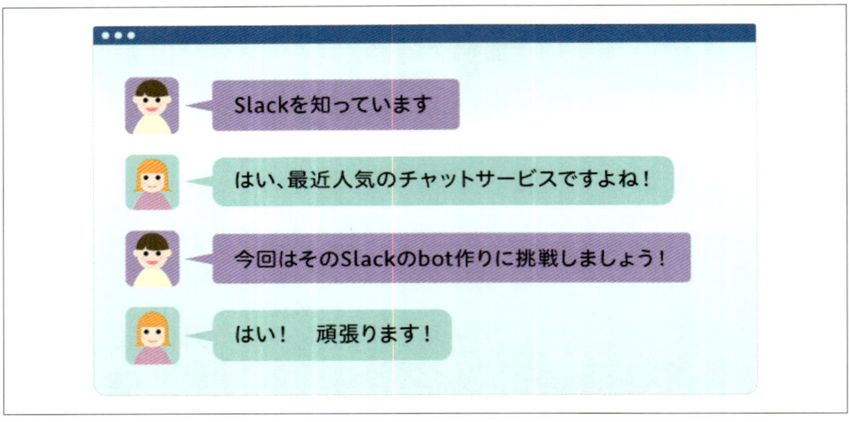

Slack のボットのイメージ

Slack（https://slack.com/）とは、チャットができるコミュニケーションツールです。チャットとは、複数の人が交互にテキストを発言していくことで疑似的に会話するリアルタイムの掲示板のようなものです。

Slackは数あるチャットツールの中でも、ソースコードを表示する機能やほかのサービスとの連携、各デバイスへの通知が充実したチャットツールです。

Slackを使ってみよう

では、そのSlackを体験してみましょう。SlackのWorkspaceへの招待（https://docs.google.com/forms/d/11LSLy79Ze7tz0VOEwwHa4-LrHOL6FHUuW9FfKtWJTrU/viewform）にアクセスし、自分のメールアドレスを送信して、Workspaceへの招待状を送ってください。このURLを入力するのが大変な場合は、ブラウザーで「https://github.com/progedu/commands」にアクセスし、該当のリンクをクリックしましょう。

フォームを送ると数分でSlackよりメールが届くと思いますのでそのメールの［Join Now］ボタンをクリックして、「progedu」という名前のWorkspaceに参加しましょう。

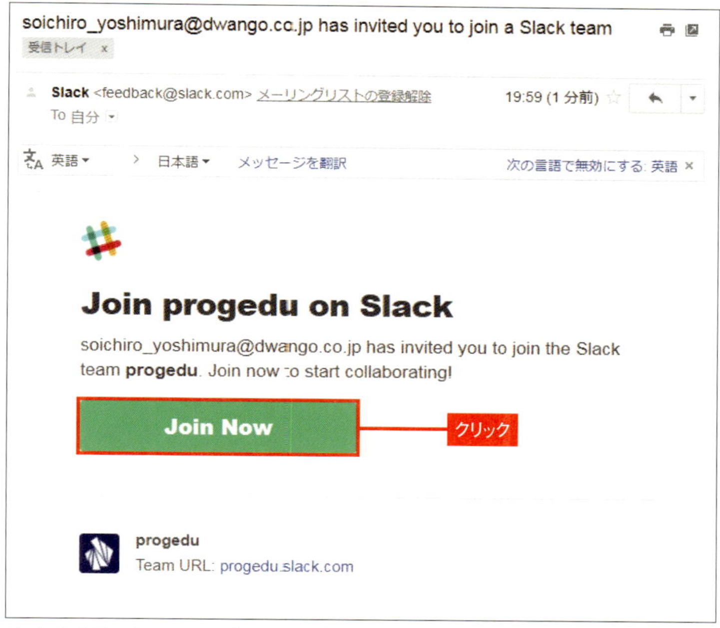

Slackより届いたメールの［Join Now］ボタンをクリック

▶ TIPS

WorkspaceとTeam

2017年9月より、SlackにおいてTeam（チーム）と呼ばれていたものがWorkspace（ワークスペース）という名称に変更されました。このテキストでもその変更にならっています。
機能に差はなく、ただ名称が変わっただけですので、Web上の少し古い解説などでTeamと書かれている情報は、そのままWorkspaceと読み替えて大丈夫です。

「Slackワークスペースprogeduに参加する」のページで、氏名と表示名を入力します。「氏名」は、本来は本名を入力する欄ですが、ここではハンドルネームを入力してもかまいません。「表示名」はいわゆるIDのようなもので、こちらもハンドルネームでかまいません。こちらは必ず半角英数字で入力してください。

「パスワード」は、入力欄の下にパスワードが予想されにくいものかどうかのゲージが表示されるので、so-so以上のパスワード強度のものを設定しましょう。以上が完了したら、[次へ] ボタンをクリックします。

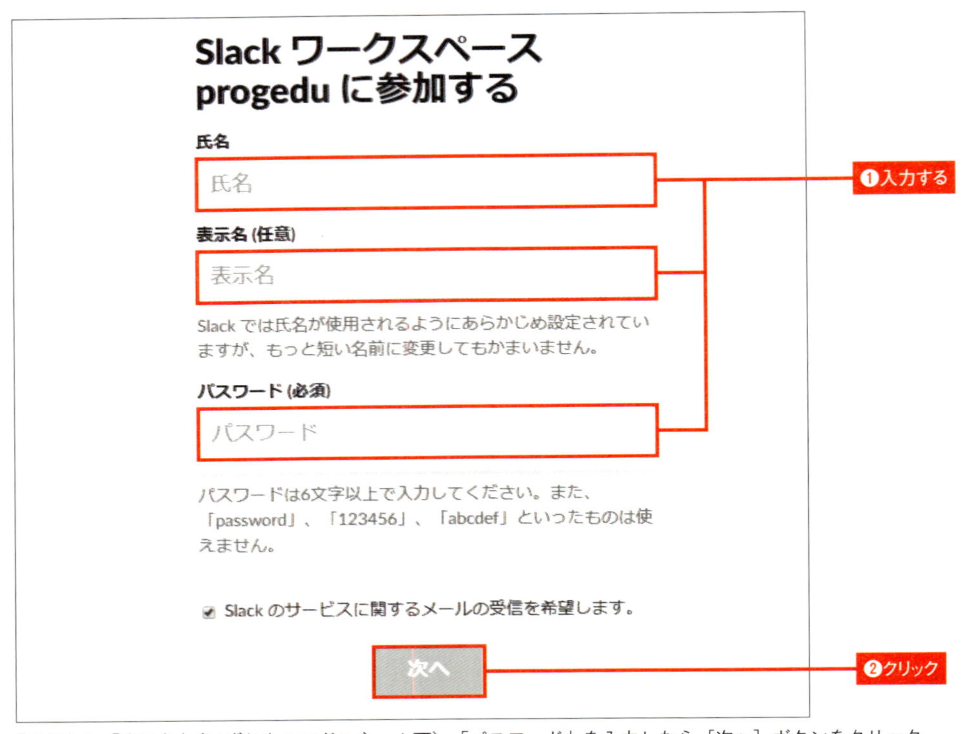

「氏名」と「表示名」(いずれもハンドルネーム可)、「パスワード」を入力したら [次へ] ボタンをクリック

最後に、Slackの利用規約が表示されます。内容に同意できたら [同意します] をクリックします。

規約に同意したら［同意します］をクリック

最初にチュートリアルの画面が表示されるので、[チュートリアルをスキップ] をクリックします。すると、「Welcome!」というメッセージとともに、Slackのprogeduというチームのページが表示されます。slackbotというボットが、

Slack の使い方に関して質問があれば、遠慮なく聞いてください。解決にむけてお手伝いします。

と発言していると思います (以前にもSlackを使用したことがある場合、表示されないこともあります)。Type somethingと書いてある欄になにかしらのテキストを入力して、[送信] ボタンをクリックしてみましょう。

```
てすと
```

と入力してみます。すると自分の発言がタイムラインに表示されたのではないかと思います。引き続き、slackbotというボットが、「何を言われたかわかりませんでした。ごめんなさい！」と発言してくれます。

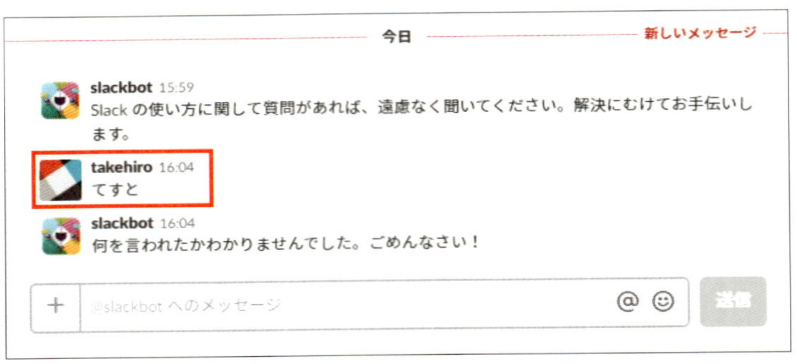

Slackに書き込み、自分の発言がタイムラインに表示された

このほかSlackには多彩な機能が用意されています。使い方がわからなくなったときは、次のページを確認してみましょう。

- **Help Center（https://progedu.slack.com/help）**
- **guide to getting started on Slack（https://progedu.slack.com/getting-started/users#channels）**

チャンネル

Slackの左側に、さまざまな項目が表示されているメニューがあると思いますが、それらについて解説していきます。まずは、チャンネルについてです。

「チャンネル」メニューにいくつか「#」で始まる項目が表示されていますが、これがチャンネルです。チャンネルは#で始まる英数字で構成される名前を持ち、特定の話題について話すための共有空間です。

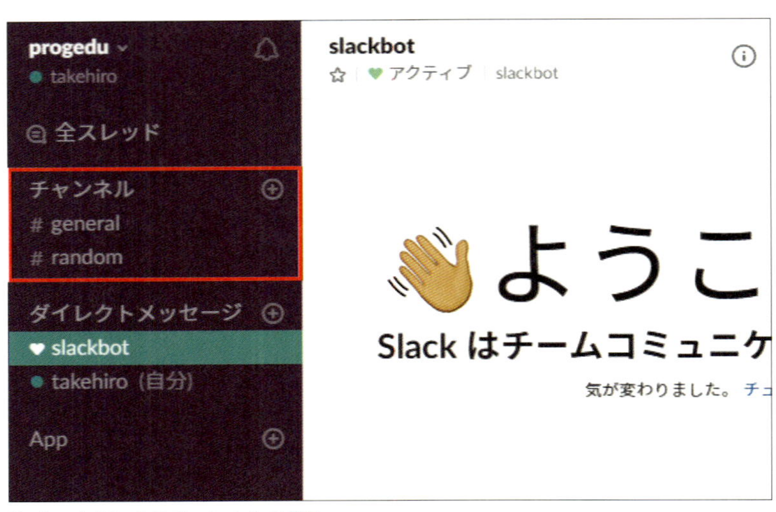

Slackの左側にあるチャンネルの項目

次の2つのチャンネルが表示されているかと思います。

- #general
- #random

「#general」は必ずこのWorkspaceのすべてのメンバーが参加するチャンネルで、「#random」はこのチームには関係ない雑談を話すことを目的に作られたチャンネルです。

では、「#random」を選択して書き込んでみましょう。

```
今Slackをはじめました、よろしくお願いします。
```

random チャンネルであいさつ

新しいチャンネルに参加する

なお左メニューの［チャンネル］の部分をクリックすることでどのようなチャンネルがあるのかを探すことができますので、おもしろそうなチャンネルがあったら入ってみましょう。

slack_study チャンネルに入ろう

試しに「#slack_study」に入ってみましょう。ここはSlackについてなにかしらを学ぶためについてのチャンネルです。「#slack_study」を表示して、［チャンネルに参加する］ボタンをクリックすることで、チャンネルに参加し、発言したりほかの人の発言を見たりすることができます。

画面上部の検索欄に「slack」と入力し、［slack_study］をクリックすると、「slack_study」チャンネルの画面が表示されるので、［チャンネルに参加する］をボタンをクリックする

「#slack_study」の発言の通知は行いたくないので、「#slack_study」を表示して、ヘッダーにある歯車の設定ボタンをクリックします。するとドロップダウンメニューが表示されるので、［通知設定］をクリックします。

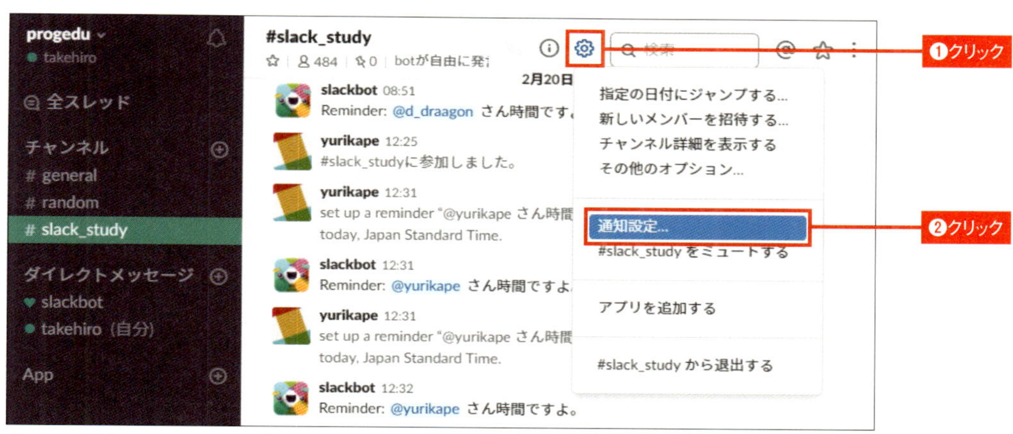

ドロップダウンメニューから［通知設定］をクリック

［チャンネル全体をミュート］のチェックボタンにチェックを入れて、［終了］ボタンをクリックしてミュートに設定しましょう。

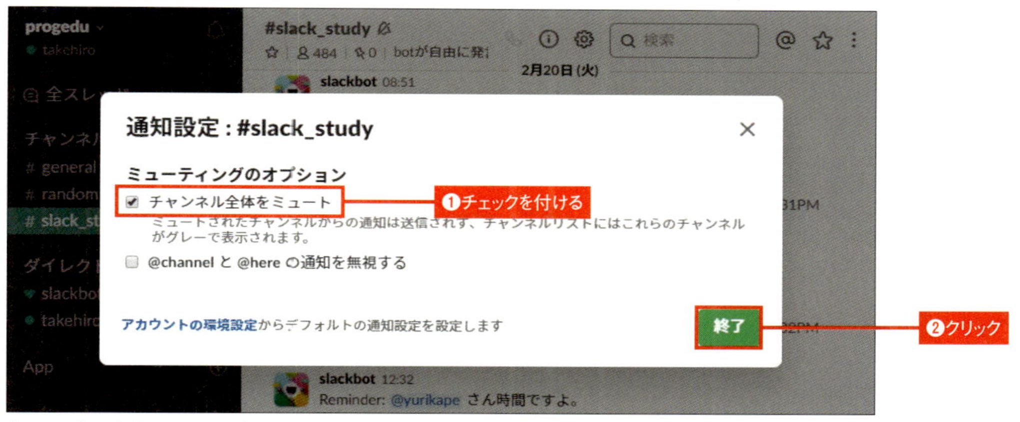

［チャンネル全体をミュート］のチェックボタンにチェックを入れて、［終了］ボタンをクリック

なおチャンネルは、チャンネルの右側の［＋］ボタンをクリックすることで作れるほか、招待した人しか入れないプライベートなチャンネルも作成することができます。

左メニューの［ダイレクトメッセージ］の項目は、特定の個人間、または複数の個人間でメッセージをやり取りできる機能となっています。

なおChromeで、このチームのSlackを開いているときは、上部に「デスクトップ通知を受け取りたい場合には、Slackにブラウザーの設定変更の許可を与えてください」と表示されていると思います。この通知をクリックし、［許可］をクリックして、Slackからの通知をChromeで受け取れるように設定しておきましょう。

メンション

Slack独特の文化と言えば、メンションがあります。メンションとは、英語ではmentionと書き、「言及」のことです。Slackにおいては、Usernameをチャットの発言内に含めることをメンションと言います。

SlackはPCのブラウザーのほか、専用のアプリや、iOSやAndroidのスマートフォンでも利用することができます。mentionはこれらのデバイスや登録されたメールアドレスに、通知を飛ばしてくれます。

試しにSlackbotにメンションの発言をしてもらいましょう。[slackbot] のダイレクトメッセージを開き、次のように発言します。

```
/remind #slack_study in 30 second to @d_draagon さん時間ですよ。
```

この「/」で始まる発言はコマンドです。「/remind」は指定したチャンネルで、指定した分数や秒数後にSlackbotに発言をしてもらうコマンドです。「@d_draagon」はあなたのユーザー名に置換してください。@は必ず半角にしましょう。

コマンドを打って30秒待ってみましょう。すると、#slack_studyの左側に1という表示がされて、ブラウザのNotification設定をしていると音とともに通知がされると思います。

通知

「#slack_study」に入ると、自分の名前がハイライトされて、slackbotに呼び出されていることがわかります。なお、@を付けなくても、自分自身の名前がチャットの中に出てくるとハイライトされる機能がもともとSlackにはあります。

ハイライト

以上が@という記号を使ったメンションという機能でした。Twitterなどにも同様の機能があるため、Twitterを使っている方はわかりやすいのではないかと思います。

Slackにはこのように、デフォルトのボットであるslackbotがいます。今度は自分でこのslackbotのようなさまざまな命令を受け付けてくれるボットを作ってみましょう。

開発するのは「タスク管理ボット」です。これは、自分のすべきタスクを登録することができ、すべきタスクと完了したタスクを閲覧できるソフトウェアです。

要件は以下のようなものとします。

- **「ボット名todo ○○する」という発言で「○○する」というタスクを作成**
- **「ボット名done ○○する」という発言で「○○する」というタスクを完了状態になる**
- **「ボット名del ○○する」という発言で「○○する」というタスクを削除**
- **「ボット名list」という発言で未完了のタスクの一覧を表示**
- **「ボット名donelist」という発言で完了のタスクの一覧を表示**

このような状態を持つボットを次回から作ってみましょう。

まとめ

- **Slackはプログラマーが使いやすいチャットコミュニケーションツール。**
- **チーム内には複数チャンネルがあり、チャンネルはプライベートのものも作ることができる。**
- **@ユーザー名をチャンネル名に記述することで、メンションで通知を送ることができる。**

練習

試しにプライベートなチャンネルを作成してみましょう。[チャンネル] の右の [+] ボタンをクリックして、

[+] ボタンをクリックして、チャンネルを新たに作成する

```
${あなたのユーザー名}_sandbox
```

というあなた用の自由に利用できるプライベートチャンネルを作ってください。「${あなたのユーザー名}」は、あなたのユーザー名に置換して作成してください。

プライベートチャンネルで発言欄の左側にある [+] ボタンをクリックし、[コードまたはテキストのスニペット] をクリックしましょう。

発言欄の左側にある [+] ボタンをクリックし、[コードまたはテキストのスニペット] を選択

するとコードを入力する画面が表示されるので、次のコードを入力します。

スニペット

```
function pow(x, y){
    var result = x;
    for (var i = 1; i < y; i++) {
        result = result * x;
    }
    return result;
}
```

タイプを［プレーンテキスト］から［JavaScript/JSON］に変更して、［スニペットを作成する］ボタンをクリックしてみましょう。

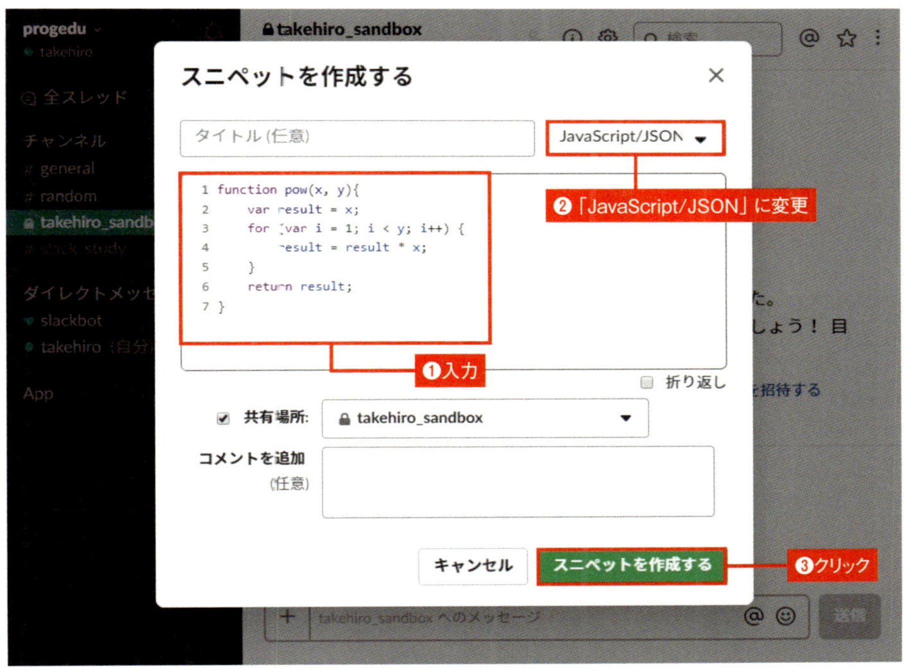

タイプを［プレーンテキスト］から［JavaScript/JSON］に変更する

解答

「チャンネルを作成する」画面で、［パブリック］のスイッチをクリックすると［プライベートチャンネルを作成する］となり、プライベートなチャンネルを作成可能です。

プライベートチャンネルを作成する

チャンネルとはメンバーがコミュニケーションを取る場所です。特定のトピックに基づいてチャンネルを作ると良いでしょう (例: #営業)。

プライベート　クリックしてプライベートにする

このチャンネルは招待によってのみ参加または確認することができます。

名前

sawada_sandbox

名前は小文字で、スペースやピリオドを入れず、22文字以下にしてください。

目的 (任意)

このチャンネルの目的は？

招待の送信先: (任意)

名前で検索する

このチャンネルに追加したい人(最大 1000 名) を選んでください。

キャンセル　チャンネルを作成する

［パブリック］となっている設定を［プライベート］に変更する

また、Snippet機能を用いると、ソースコードをシンタックスハイライトがある状態で投稿することができます。

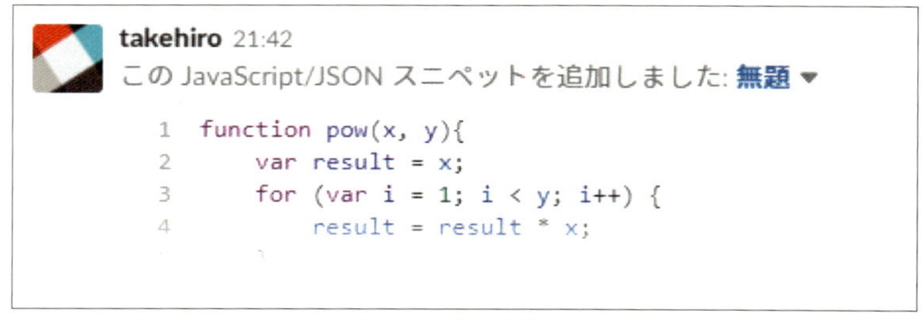

ソースコードにシンタックスハイライトがある状態で表示することができた

Section 02

HubotとSlackアダプター

今回のセクションでは、Slackのボットを簡単に作るためのライブラリである「Hubot」の使い方を学びます。

必要なモジュールをインストールする

早速、Hubotでボットを作ってみましょう。

いつもどおりコンソールを起動します。無事、コンソールを開くことができたら、まずnpmをアップデートしましょう。

Ubuntuのコンソールに入力

```
npm install -g npm@5.7.1
```

次に、必要なモジュールを一気にインストールしてしまいます。次の3つのコマンドを実行してください。

Ubuntuのコンソールに入力

```
npm install -g yo@2.0.0
npm install -g generator-hubot
npm install -g coffee-script@1.12.7
```

これで、3種類のパッケージをグローバルインストールします。

- **yo**
- **generator-hubot**
- **coffee-script**

インストールしたパッケージに関して、簡単に説明しておきます。

yo

yoはYeoman（ヨーマン）という、Google社が作成したひな形作成ツール（ジェネレーター）です。これまで、GitHubでプロジェクトフォルダのひな形をフォークして、クローンすることによって実施していました。そのような処理を対話的なプログラムで実施してくれます。

generator-hubot

generator-hubotは、Yeomanを利用したHubotというボットのジェネレーターです。Hubotを使うために必要な設定を対話的に行ってくれます。

HubotはGitHub社が作った、ボットを作成するためのフレームワークです。MITライセンスでオープンソースソフトウェアとして公開されており、さまざまなアダプターと組み合わせることで、数多くのチャットツールで利用できます。

Slackに対してもhubot-slackというアダプターがSlackから公式に提供されています。

CoffeeScript

CoffeeScriptは、JavaScriptをより便利に書くために作られた言語（AltJSと呼ぶ）の一種です。実行前に、内部的にJavaScriptに変換されます。Hubotを使用するために必要なのでインストールしていますが、CoffeeScriptについての詳細はこの教材では扱いません。

hubot を作ろう

無事インストールが終わったら次のようにボットを作成するコマンドを実行します。

Ubuntu のコンソールに入力

```
cd ~/workspace
mkdir hubot-study
```

```
cd hubot-study
yo hubot
```

最後の「yo hubot」というコマンドがhubotのボットを作成するためのコマンドです。

```
                           ______________________________
                          /                              \
   //\                    |      Extracting input for     |
  ////\     _____         |   self-replication process    |
 //////\   /_____\        \                              /
 ======= |[^_/\_]|         /------------------------------
  |   | _|___@@__|__
  +===+/  ///     \_\
   | |_\ /// HUBOT/\\
   |___/\//      /  \\
         \      /   +---+
          \____/    |   |
           | //|    +===+
           \//       |xx|

? Owner Davideryu_Orihara <davideryu_orihara@dwango.co.jp>
? Bot name hubot-study
? Description A simple helpful robot for your Company
? Bot adapter (campfire) slackgot back false
? Bot adapter slack
```

Hubot の初期設定

改善レポートを送信するかを聞かれますので、「Y」と押しましょう。

yo hubotによる初期設定

```
? Owner (Soichiro-Yoshimura <soichiro_yoshimura@dwango.co.jp>)
```

上記のようにOwnerを聞かれますので Enter キーを押します。Gitの設定に準拠します。

yo hubotによる初期設定

```
? Bot name (hubot-study)
```

ボット名は、hubot-studyでよいので、 Enter キーを押します。

yo hubotによる初期設定

```
? Description (A simple helpful robot for your Company)
```

説明もデフォルトのままで、Enterキーを押します。

yo hubotによる初期設定

```
? Bot adapter (campfire) slack
```

アダプターは、「slack」と入力して、Enterキーを押します。

＊注意：現在「yo hubot」の調子が悪く、以下のようなエラーが出て処理が正しく実行されないかもしれません。

yo hubotによる初期設定

```
/home/ubuntu/.nodebrew/node/v6.11.1/lib/node_modules/yo/node_
modules/rx/dist/rx.js:77
throw e;
^
true
```

このようなときは次のように、「yo hubot」のあとにパラメーターを付けて実行してください。ただし、ownerのところは自分用に書き換える必要があります。

Ubuntuのコンソールに入力

```
yo hubot --owner="OWNER <owner@example.com>" --name="TestBot"
--description="Test Bot" --adapter=slack
```

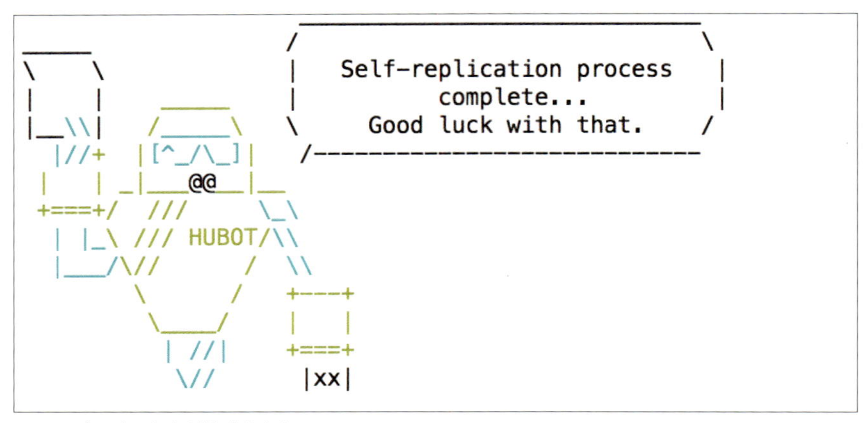

Hubotプロジェクトが作成された

ひととおり設定が完了すると、このように表示されてボットのプロジェクトが作成されます。ボットの処理をJavaScriptで書くために、次のように実行しましょう。

Ubuntuのコンソールに入力

```
touch scripts/hello.js
```

hubot-studyディレクトリをVS Codeで開いてみましょう。「hello.js」を次のように編集してください。

hello.js

```
'use strict';
module.exports = (robot) => {
    robot.hear(/hello>/i, (msg) => {
        const username = msg.message.user.name;
        msg.send('Hello, ' + username);
    });
};
```

これは、「robot」という引数を持つ無名関数をモジュール化しています。

hello.js：3～6行目

```
robot.hear(/hello>/i, (msg) => {
    const username = msg.message.user.name;
    msg.send('Hello, ' + username);
});
```

これがHubotのAP の利用方法になります。ここでは、msgオブジェクトからユーザーの名前を受け取り、「Hello, ${あなたのユーザー名}」と発言をする実装になっています。

hello.js：3行目の正規表現

```
/hello>/i
```

これは正規表現で、大文字小文字を問わず「hello>」という文字にマッチするかを調べます。そしてこの正規表現にマッチしたときは、次に渡す無名関数を実行せよという形式となっています。

hubotを動かそう

では記述できたらボットをSlackのアダプターなしで動かしてみましょう。動かすときは以下のコマンドを実行してください。

Ubuntu のコンソールに入力

```
chmod a+x bin/hubot
bin/hubot
```

すると、次のような表示とともにボットが起動します。

コマンドの実行結果

```
hubot-study> [Fri Dec 11 2015 09:58:53 GMT+0000 (UTC)] INFO /
home/ubuntu/workspace/hubot-study/scripts/hello.js is using
deprecated documentation syntax
[Fri Dec 11 2015 09:58:53 GMT+0000 (UTC)] ERROR hubot-heroku-
alive included, but missing HUBOT_HEROKU_KEEPALIVE_URL. `heroku
config:set HUBOT_HEROKU_KEEPALIVE_URL=$(heroku apps:info -s  |
grep web_url | cut -d= -f2)`
[Fri Dec 11 2015 09:58:54 GMT+0000 (UTC)] INFO hubot-redis-
brain: Using default redis on localhost:6379
```

では早速反応を見てみましょう。コンソールに次のように入力してEnterキーを押してください。

Ubuntu のコンソールに入力

```
hello>
```

実行結果

```
hubot-study> Hello, Shell
```

このような返信をボットがしてきたら成功です。ここでは、ユーザー名はShellとなっていることがわかります。確認ができたら、Ctrl＋Cを押してボットを終了させてください。なお、このボットのスクリプトの書き方は、「scripts/example.coffee」にCoffeeScriptとして記述されています。CoffeeScript（http://coffeescript.org/）のドキュメントでJavaScript

との対応を見ながら読み解くことで、JavaScriptでどのようにしたら動かすことができるのかも確認できます。

Slackでhubotを動かそう

ボット自体はできましたので、今度はSlackにつなぎ込んでみましょう。

開発用のSlack Workspaceを作成する

すでにprogeduというWorkspaceに参加してSlackを利用してみましたが、ボットの作成数に制限があり自由に開発できないため、自分の開発用Workspaceを作成しましょう。Slackのトップページ「https://slack.com/」にアクセスすると、次のようなページが表示されます。ここにメールアドレスを入力して［SLACKを始める］ボタンをクリックし、新しいWorkspaceを作成しましょう。

メールアドレスを入力し、［SLACK を始める］ボタンをクリック

すると、既存のWorkspaceに参加するか、新しくWorkspaceを作成するかを選ぶページが表示されます。［ワークスペースを新規作成］をクリックして、新しいWorkspaceを作成しましょう。

［ワークスペースを新規作成］をクリック

その後、自分のメールアドレスを確認すると、「Slackの確認コード:」というタイトルのメールが届きます。そこに記載された確認用のコードを、Slackに表示されたページに入力します。

「Slack の確認コード :」というタイトルのメールが届く

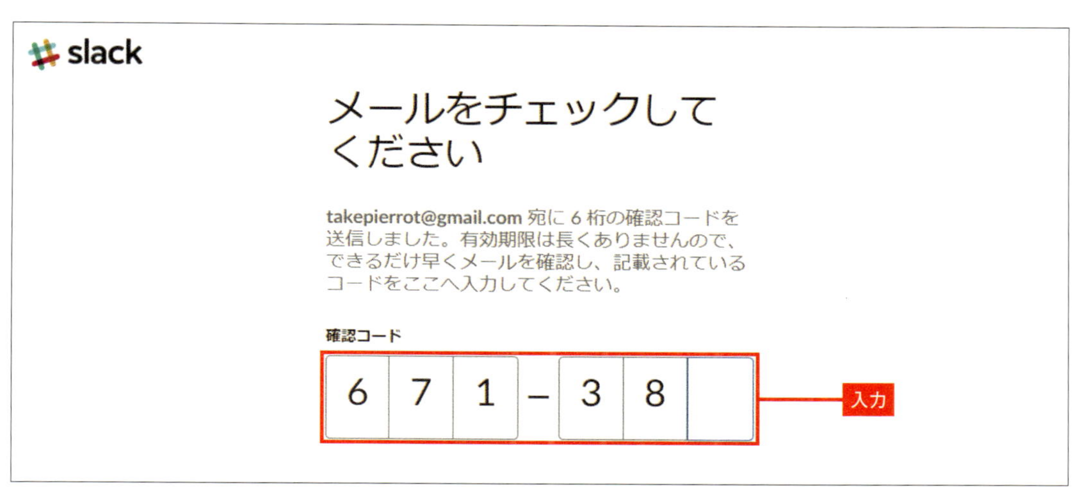

メールに書かれている確認用のコード（6 桁の数字）を入力する

その後、自分の名前とハンドルネームを登録して、パスワードを設定します。

名前を設定する

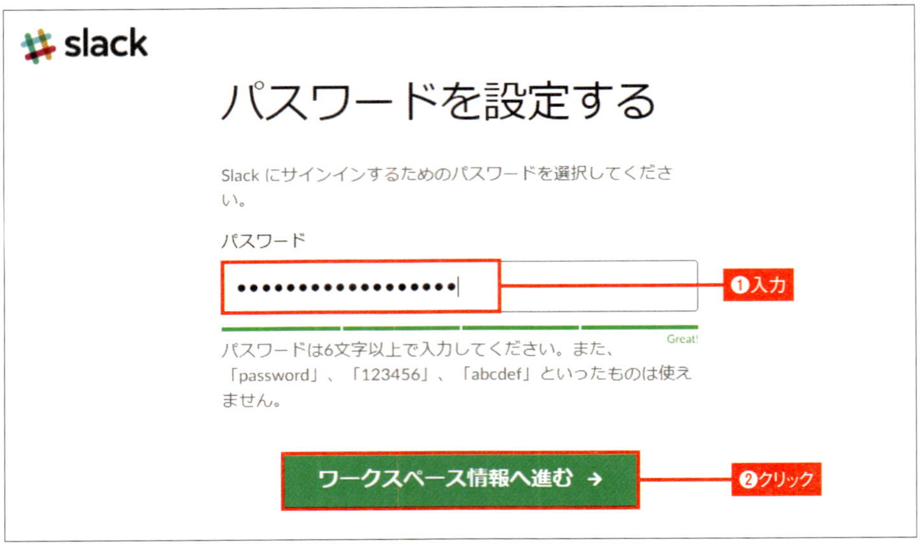

パスワードを設定する

パスワード設定後、チームに関する情報を入力するページが表示されますので、回答しましょう。

チーム情報を入力する

Workspace名を、「グループ名」に入力します。自分のハンドルネームを利用し、開発用のWorkspaceであることがわかるようにするとよいでしょう。ここでは、「${あなたのユーザー名}-dev」という名前にします。

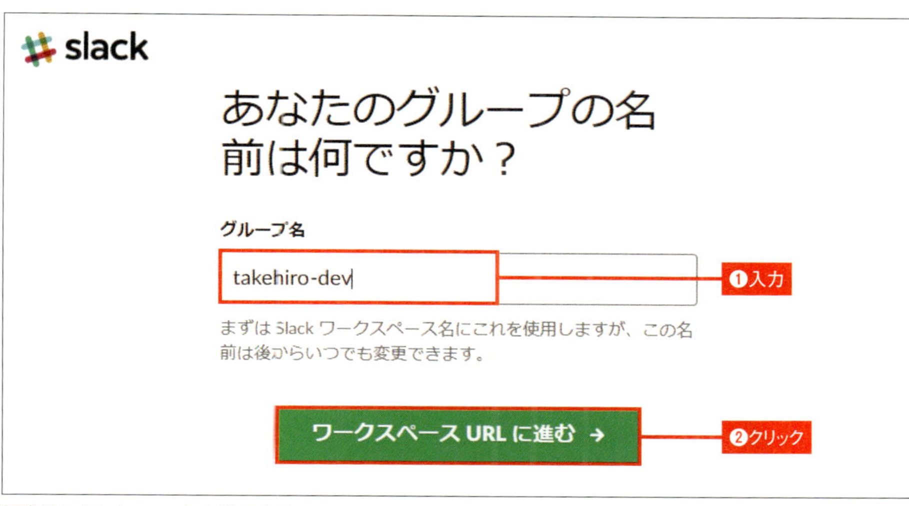

開発用の Workspace 名を設定する

次に開発用WorkspaceのURLを入力します。ここでは、「${あなたのユーザー名}-dev-world」という名前にします。

開発用のチームの URL を設定する

次に、利用規約を確認するダイアログが表示されます。「カスタマー向け利用規約」と「プライバシーポリシー」、「Cookieポリシー」を読んで問題がないことを確認した上で、[同意します] ボタンをクリックしましょう。

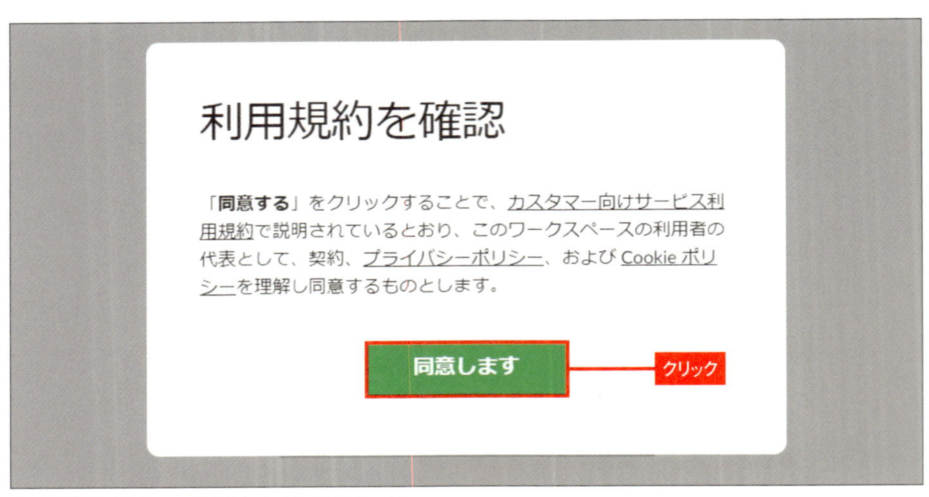

利用規約を確認して［同意します］をクリック

最後に、「招待を送信する」ページが表示されます。このWorkspaceは1人で利用するため、[後で] をクリックします。

「招待を送信する」ページでは［後で］をクリック

すると、作成したWorkspaceのページが表示されます。最初はチュートリアルが表示されるので、[チュートリアルをスキップ]をクリックします。

これでWorkspaceの準備ができました。今後開発に利用するための「slack_study」というチャンネルを作成しておきましょう。

「チャンネル」項目横の［+］をクリックして、チャンネルを作成する

チャンネルを作成する

チャンネルとはメンバーがコミュニケーションを取る場所です。特定のトピックに基づいてチャンネルを作ると良いでしょう (例: #営業)。

パブリック

このチャンネルは、ワークスペースのメンバーであれば誰でも閲覧・参加することができます。

名前

slack_study ❶入力

名前は小文字で、スペースやピリオドを入れず、22文字以下にしてください。

目的 (任意)

このチャンネルの目的は？

招待の送信先: (任意)

名前で検索する

このチャンネルに追加したい人(最大 1000 名) を選んでください。

❷クリック

キャンセル　チャンネルを作成する

チャンネル名を入力したら、[チャンネルを作成する] をクリック

Slack AppでHubotの設定

SlackでHubotを動かすには、そのための設定をSlackに対して行う必要があります。「https://slack.com/services/new」にアクセスし、検索欄に「Hubot」と入力し、検索結果に表示される［Hubot］をクリックします。

Hubotプロジェクトが作成された

Hubotの設定ページが表示されるので、［インストール］ボタンをクリックします。

Hubotの設定ページで［インストール］ボタンをクリック

Hubotに付ける名前が求められるので、「ユーザー名」の欄に「${ユーザー名}-hubot-study」などと入力して［Hubotインテグレーションの追加］ボタンをクリックします。

あなたのユーザーネームを入力したら、[Hubot インテグレーションの追加] ボタンをクリック

すると、次のような文字列が表示されますので、これをどこかにコピー&ペーストして控えておきましょう。

API トークン

```
HUBOT_SLACK_TOKEN=xoxb-16455131522-XXXXXXXXXXXXXXXXXXXX
```

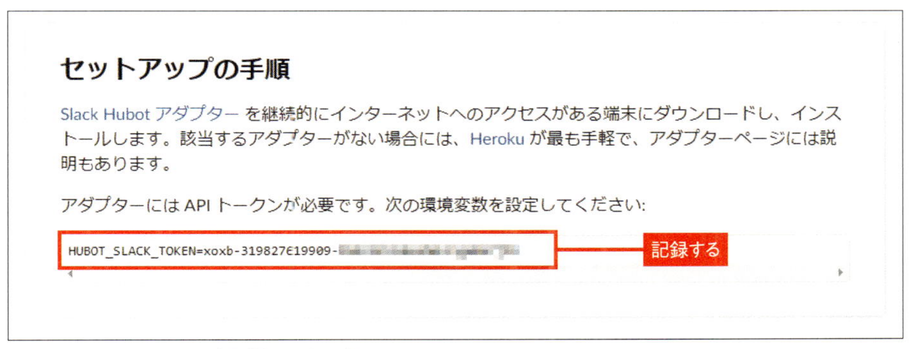

HUBOT_SLACK_TOKEN を記録しておこう

無事控え終わったら、ページの下にある [インテグレーションの保存] ボタンをクリックします。

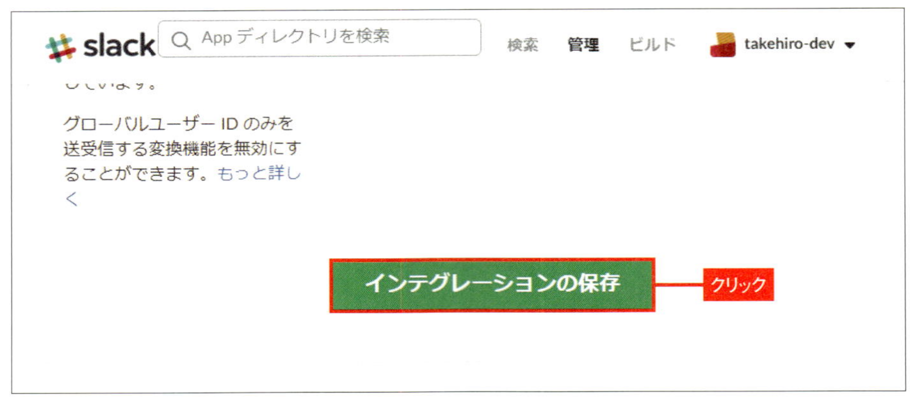

［インテグレーションの保存］ボタンをクリック

なお、この文字列はトークンと呼ばれ、botがSlackのAPIにアクセスするために必要なものです。パスワードに等しいものなので、流出には気を付けてください。万が一、流出した場合は「APIトークン」の［再生成する］というリンクをクリックすることで、以前のトークンを無効化した上で新しいものを再生成できます。

Slack のチャンネルに Hubot を招待する

次に、このボットを反応させたいチャンネルに参加させます。ここでは、「#slack_study」に参加させましょう。

Slackの「#slack_study」に入り、ヘッダーの中央やや右にある歯車の設定アイコンをクリックして、［新しいメンバーを招待する］を選択してください。

歯車の設定アイコンをクリックし、［新しいメンバーを招待する］をクリック

検索欄で先ほど作成した、「${ユーザー名}-hubot-study」などのボットの名前を入力して選択し、［招待する］ボタンをクリックします。

自分で作成した Hubot を検索し、［招待する］ボタンをクリックして Hubot を招待しよう

これでHubotの設定はおしまいです。

hubot を起動しよう

次に、このボットを起動しましょう。まず、コンソールにて次のとおり入力します。

Ubuntu のコンソールに入力

```
env HUBOT_SLACK_TOKEN=xoxb-16455131522-XXXXXXXXXXXXXXXXXXXX bin/
hubot --adapter slack
```

HUBOT_SLACK_TOKENに代入するxoxb-以降の文字列は、先ほど控えたものを使用してください。また、長いコマンドですが、envからslackまで、1行で入力しないとうまくいかないので気を付けてください。

envというコマンドは、環境変数の設定をするもので、指定した変数に値を代入した状態で「bin/hubot」を実行する、という意味です。これでボットが起動しました。

コマンドの実行結果

```
[Fri Dec 11 2015 10:21:13 GMT+0000 (UTC)] INFO Connecting...
[Fri Dec 11 2015 10:21:14 GMT+0000 (UTC)] INFO Logged in as
yoshimura-hubot-study of progedu, but not yet connected
[Fri Dec 11 2015 10:21:15 GMT+0000 (UTC)] INFO Slack client now
connected
[Fri Dec 11 2015 10:21:15 GMT+0000 (UTC)] INFO /home/ubuntu/
workspace/hubot-study/scripts/hello.js is using deprecated
documentation syntax
[Fri Dec 11 2015 10:21:15 GMT+0000 (UTC)] ERROR hubot-heroku-
alive included, but missing HUBOT_HEROKU_KEEPALIVE_URL. `heroku
config:set HUBOT_HEROKU_KEEPALIVE_URL=$(heroku apps:info -s  |
grep web_url | cut -d= -f2)`
```

```
[Fri Dec 11 2015 10:21:15 GMT+0000 (UTC)] INFO hubot-redis-
brain: Using default redis on localhost:6379
```

以上のように表示されれば起動は成功です。
では、「#slack_study」のチャンネルに移動し、次の発言を投稿してみましょう。

Slackの「#slack_study」チャンネルで入力

```
hello>
```

これでボットから次のように返信されれば、ボット作成は成功です。

ボットからの返信

```
Hello, takehrio
```

ボットからHelloと返事が返ってきた

無事確認が終わったら、Ctrl + Cでボットを終了しておきましょう。

まとめ

- Hubotはボットを作成するフレームワーク。
- Hubotはアダプターを使ってさまざまなチャットサービスと連携できる。
- Yeomanはボットなどを作るための対話的ジェネレーターを作成するためのフレームワーク。

練習

先ほど作ったボットに「lot>」と入力すると、次のいずれかの内容を毎回ランダムに返す機能を追加してください。「${あなたのユーザー名}」は実際にはユーザー名に置換してください。

- **大吉, ${あなたのユーザー名}**
- **吉, ${あなたのユーザー名}**
- **中吉, ${あなたのユーザー名}**
- **末吉, ${あなたのユーザー名}**
- **凶, ${あなたのユーザー名}**

GitHub の練習問題リポジトリ（https://github.com/progedu/intro-curriculum-3006）をフォークして、正解のプルリクを送ってください。リポジトリを使用する際は、ローカルに「git clone」コマンドでリポジトリをクローンしたあと、「intro-curriculum-3006」ディレクトリに移動して、次のコマンドを実行します。

Ubuntu のコンソールに入力

```
npm install
```

これで、クローンしてきたプロジェクトに関して、依存しているnpmのパッケージをローカルインストールできます。必ず実行してください。インストール時にERRと出力され失敗することがありますが、そのようなときは何度かnpm installを実行してください。

また、次のコードを使うことで、lotという変数にランダムな吉凶が代入されます。

lot 変数にランダムな吉凶を代入

```
const lots = ['大吉', '吉', '中吉', '末吉', '凶'];
const lot = lots[Math.floor(Math.random() * lots.length)];
```

解答

「scripts」フォルダの「hello.js」を次のように実装することで、このようなボットを作ることができます。

hello.js

```
'use strict';
module.exports = (robot) => {
    robot.hear(/hello>/i, (msg) => {
        const username = msg.message.user.name;
        msg.send('Hello, ' + username);
    });
    robot.hear(/lot>/i, (msg) => {
        const username = msg.message.user.name;
        const lots = ['大吉', '吉', '中吉', '末吉', '凶'];
        const lot = lots[Math.floor(Math.random() * lots.
length)];
        msg.send(lot + ', ' + username);
    });
};
```

次のコマンドでボットを起動し、Slackの「#slack_study」チャンネルで【lot>】と入力しておみくじが返ってくるか、確認してみましょう。

Ubuntuのコンソールに入力

```
env HUBOT_SLACK_TOKEN=xoxb-16455131522-XXXXXXXXXXXXXXXXXXXX bin/
hubot --adapter slack
```

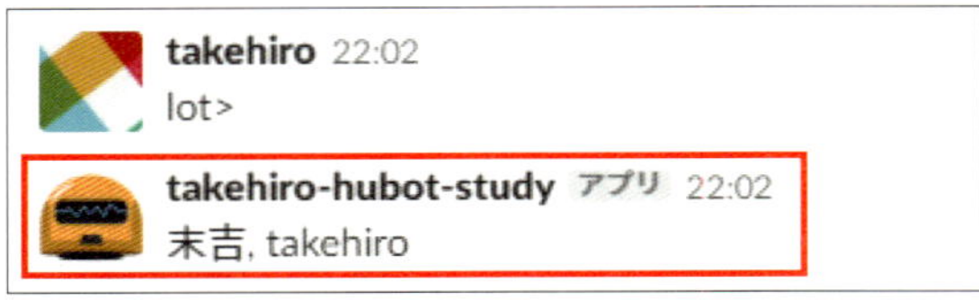

Hubotから、おみくじの結果が返ってきた

ほかにもさまざまな改良を加えて遊んでみましょう。

Section 03 モジュール化された処理

Hubot の使い方について学んだところで、ボットの処理部分を作っていきます。今回は、ボットの処理を npm のモジュールとして作れるようになりましょう。

要件に漏れがないか確認する

本書で作成するボットの要件は、次の5つでした。

- 「ボット名 todo ○○する」という発言で「○○する」というタスクを作成
- 「ボット名 done ○○する」という発言で「○○する」というタスクを完了状態になる
- 「ボット名 del ○○する」という発言で「○○する」というタスクを削除
- 「ボット名 list」という発言で未完了のタスクの一覧を表示
- 「ボット名 donelist」という発言で完了のタスクの一覧を表示

これらの要件を考えるときに、要件に抜けや漏れがないかをチェックするのが重要です。

ソフトウェアは、実際に作ってみると実用に耐えなかったということがよく起こります。その原因が要件を定義する際の要件漏れであることも、よくあるのです。

今回は要件漏れがないかチェックするためにCRUDという概念を学びます。

CRUD

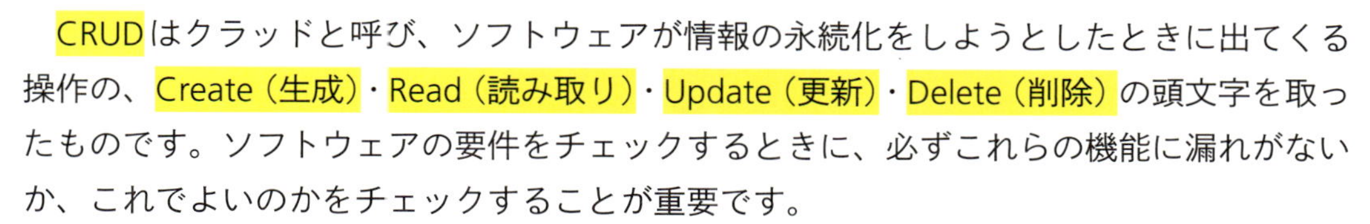

CRUDはクラッドと呼び、ソフトウェアが情報の永続化をしようとしたときに出てくる操作の、Create（生成）・Read（読み取り）・Update（更新）・Delete（削除）の頭文字を取ったものです。ソフトウェアの要件をチェックするときに、必ずこれらの機能に漏れがないか、これでよいのかをチェックすることが重要です。

今回の例で言うと、次のように対応し、漏れがないことがわかります。

CRUD	command	対応要件
Create	todo	タスクの作成
Update	done	タスクの状態の更新
Read	list	タスクの状態が未完了のものの読み込み
Read	donelist	タスクの状態が完了のものの読み込み
Delete	del	タスクの削除

さらにこのCRUD操作に要件漏れがないかチェックする方法があります。それは、オブジェクトのライフサイクルのチェックです。

オブジェクトのライフサイクル

オブジェクトのライフサイクルとは、一連の処理とデータのまとまり（＝オブジェクト）がどのように生成されて、どのように状態変更されて、どのように削除されるのかの様子を表したものです。今回のタスクに関する処理とデータのまとまりは、todoが呼ばれたときに作成され、delが呼ばれたときに削除されると言えるでしょう。

ステートチャート図という状態遷移を表す図で表現すると、次のようになります。

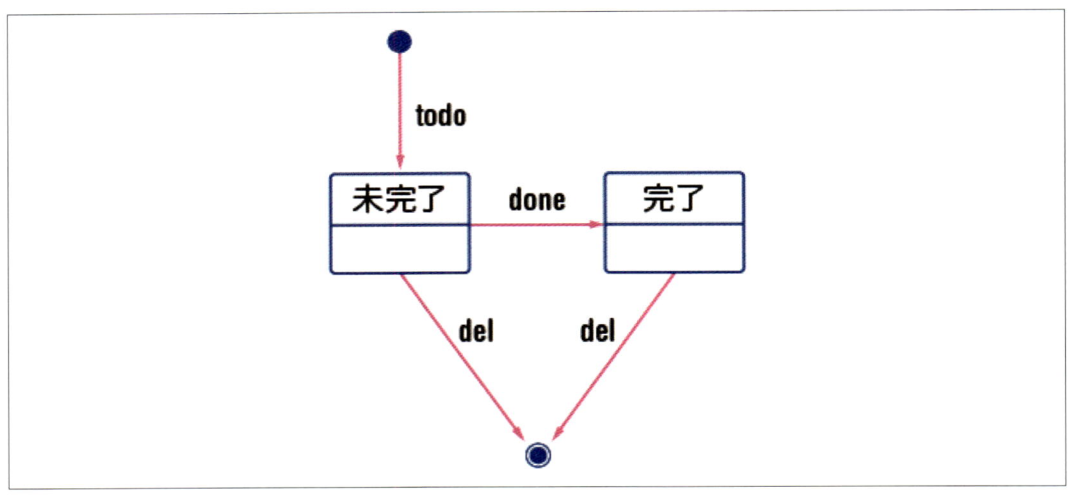

ステートチャート図

完了から未完了に戻すコマンドが存在していませんが、この要件は1度削除のあと作成することで対応することができることがわかります。

では要件の構造を把握したところで、早速実装にとりかかっていきましょう。いつもどおりコンソールを起動します。無事、コンソールを開くことができたでしょうか。今回は、このタスクの管理を行うnpmパッケージを作っていきます。

具体的には、todoというオブジェクトにtodo, done, list, donelist, delコマンドの処理を関数として実装していきましょう。

Ubuntuのコンソールに入力

```
mkdir ~/workspace/todo
cd ~/workspace/todo
npm init
```

ここまでは、いつもどおりのnpmパッケージの作り方です。

「npm init」による初期設定

```
name: (todo)
```

Enterキーを押して「todo」というパッケージ名にします。

「npm init」による初期設定

```
version: (1.0.0)
```

Enterキーを押して1.0.0というバージョンにします。

「npm init」による初期設定

```
description:
```

Enterキーを押して説明は空にします。

「npm init」による初期設定

```
entry point: (index.js)
```

Enterキーを押して、モジュールとして読み込むJavaScriptファイルを「index.js」にします。

「npm init」による初期設定

```
test command: node test.js
```

次はtest commandを設定します。「node test.js」と入力して[Enter]キーを押しましょう。

「npm init」による初期設定

```
git repository:
```

[Enter]キーを押して、git repositoryの設定は空にします。

「npm init」による初期設定

```
keywords:
```

[Enter]キーを押して、keywordsの設定は空にします。

「npm init」による初期設定

```
author:
```

[Enter]キーを押して、authorの設定は空にします。

「npm init」による初期設定

```
license: (ISC)
```

[Enter]キーを押して、ライセンスはISCにします。

「npm init」による初期設定

```
{
    "name": "todo",
    "version": "1.0.0",
    "description": "",
    "main": "index.js",
    "scripts": {
```

```
        "test": "node test.js"
    },
    "author": "",
    "license": "ISC"
}


Is this ok? (yes)
```

上記の内容で問題ないか確認して、Enterキーを入力してください。

これでnpmのパッケージの作成は完了しました。あとは今後必要になるファイルを作成します。

Ubuntuのコンソールに入力

```
touch index.js
touch test.js
```

以上で、必要になるファイルはすべて作り終えたので、VS Codeで「todo」フォルダを開いてみましょう。このたびは、テストコードで動作を確認しながら実装していきます。まずは、「index.js」を実装しましょう。最初に実装するのは、次の2つの要件です。

- **「todo> ○○する」という発言で「○○する」というタスクを作成**
- **「list>」という発言で未完了のタスクの一覧を表示**

「index.js」を開き、次のように実装してみましょう。

index.js

```
'use strict';
// key: タスクの文字列 value: 完了しているかどうかの真偽値
const tasks = new Map();
```

まずこれはいつもどおりの、strictモードの記述と、tasksという変数に連想配列のMapを宣言しています。

index.js：2～3行目

```
// key: タスクの文字列 value: 完了しているかどうかの真偽値
const tasks = new Map();
```

今回のすべてのデータは、連想配列Mapのキーにタスクの文字列を、valueに完了しているかどうかの真偽値を入れることによって、表現することにします。

タスクを作成するtodoコマンドの実装

まずは、todoコマンドによるタスクの作成を実装してみます。

index.js

```
'use strict';
// key: タスクの文字列 value: 完了しているかどうかの真偽値
const tasks = new Map();

/**
* TODOを追加する
* @param {string} task
*/
function todo(task) {
    tasks.set(task, false);
}

module.exports = {
    todo: todo
};
```

次のようになります。この追加したコードの連想配列に、未完了の状態でタスクを追加しています。

index.js：5～11行目

```
/**
* TODOを追加する
* @param {string} task
*/
function todo(task) {
    tasks.set(task, false);
}
```

次のコードは、todo関数をパッケージの関数として外部に公開する実装となります。

index.js：13～15行目

```
module.exports = {
    todo: todo
};
```

ここまででいったんテストしたいのですが、このパッケージのテストをするためには、作成だけではなく、読み込み機能も実装する必要があります。

listコマンドを実装する

では引き続き、未完了のタスクの一覧を表示するlistコマンドを実装していきましょう。次のような実装になります。

index.js

```
'use strict';
// key: タスクの文字列 value: 完了しているかどうかの真偽値
const tasks = new Map();

/**
* TODO を追加する
* @param {string} task
*/
function todo(task) {
    tasks.set(task, false);
}
```

```
/**
* タスクと完了したかどうかが含まれる配列を受け取り、完了したかを返す
* @param {array} taskAndIsDonePair
* @return {boolean} 完了したかどうか
*/
function isDone(taskAndIsDonePair) {
    return taskAndIsDonePair[1];
}

/**
* タスクと完了したかどうかが含まれる配列を受け取り、完了していないかを返す
* @param {array} taskAndIsDonePair
* @return {boolean} 完了していないかどうか
*/
function isNotDone(taskAndIsDonePair) {
    return !isDone(taskAndIsDonePair);
}

/**
* TODOの一覧の配列を取得する
* @return {array}
*/
function list() {
    return Array.from(tasks)
        .filter(isNotDone)
        .map(t => t[0]);
}

module.exports = {
    todo: todo,
    list: list
};
```

まずは追加した2つの関数を見ていきましょう。この関数はどちらも、タスクと完了・未完了の2要素で構成される配列を引数で受け取ります。関数isDoneは、2つ目の要素の真偽値を確認して完了であるかを返し、関数isNotDoneは完了でないかを返します。

index.js：13～29行目

```
/**
* タスクと完了したかどうかが含まれる配列を受け取り、完了したかを返す
* @param {array} taskAndIsDonePair
* @return {boolean} 完了したかどうか
*/
function isDone(taskAndIsDonePair) {
    return taskAndIsDonePair[1];
}

/**
* タスクと完了したかどうかが含まれる配列を受け取り、完了していないかを返す
* @param {array} taskAndIsDonePair
* @return {boolean} 完了していないかどうか
*/
function isNotDone(taskAndIsDonePair) {
    return !isDone(taskAndIsDonePair);
}
```

この関数の返り値は、このあとlist関数の処理で利用します。

index.js：31～39行目

```
/**
* TODOの一覧の配列を取得する
* @return {array}
*/
function list() {
    return Array.from(tasks)
        .filter(isNotDone)
        .map(t => t[0]);
}
```

この関数はTODOとなったタスクの文字列の一覧を配列として返します。これからのこの関数の実装の説明をします。

index.js：36～38行目

```
return Array.from(tasks)
     .filter(isNotDone)
     .map(t => t[0]);
```

Array.from関数は、連想配列のMapをキーと値で構成される要素2つの配列に変換します。キーに'hoge'という文字列、値に1という通知が入っていたとすると「[['hoge', 1]]」のように変換されます。

filterという配列の関数は、与えられた関数の戻り値がtrueであるときだけ、その配列の要素を選別した配列を作ることができます。1度コンソールでREPLを起動してfilterの動きを調べてみましょう。

Ubuntuのコンソールに入力

```
node
```

以上でREPLを起動し、次のコードを実行してみましょう。

Ubuntuのコンソールに入力

```
[1, 2, 3, 4].filter(function(n){ return n % 2 === 0});
[ 2, 4 ]
```

このように表示されたのではないでしょうか？　これはfilter関数の引数が、2で割ったときの余りが0の際にtrueを返す無名関数のため、配列の要素が2の倍数のものだけに選別されているのです。

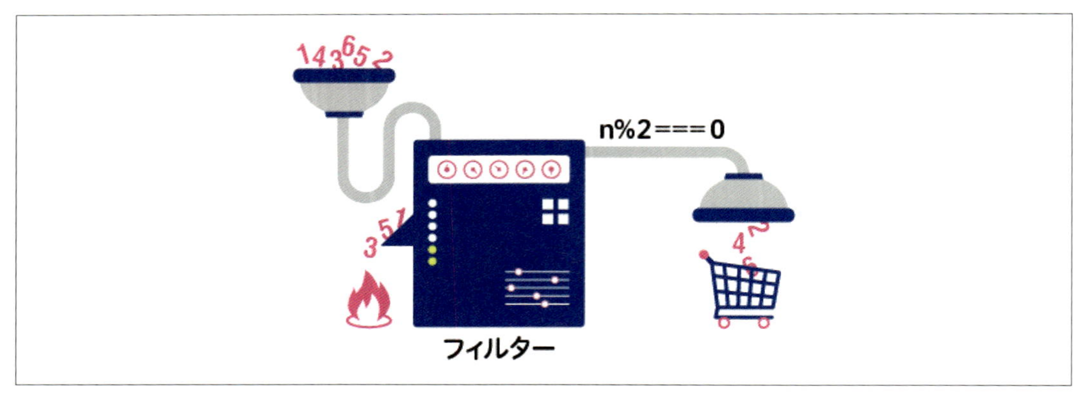

フィルター

またこの書き方をES6のアロー関数で書くと、次のようになります。

Ubuntu のコンソールに入力

```
'use strict';
[1, 2, 3, 4].filter(n => n % 2 === 0)
[ 2, 4 ]
```

アロー関数は、最後の値を自動的にreturn文の値にします。また引数を囲む「( )」や処理を囲む「{ }」も省略できるため、このように短く書くことができます。

index.js : 36 ~ 38 行目 (return 文の省略)

```
    Array.from(tasks)
        .filter(isNotDone)
        .map(t => t[0]);
```

つまりこの実装は、filterを利用して連想配列のMapの値で完了していないものを選別しています。filterに渡している関数は、isNotDone関数です。この関数は、次のようにisDone関数の結果を反転した真偽値を返します。

index.js : 13 ~ 29 行目

```
/**
* タスクと完了したかどうかが含まれる配列を受け取り、完了したかを返す
* @param {array} taskAndIsDonePair
* @return {boolean} 完了したかどうか
*/
function isDone(taskAndIsDonePair) {
    return taskAndIsDonePair[1];
}

/**
* タスクと完了したかどうかが含まれる配列を受け取り、完了していないかを返す
* @param {array} taskAndIsDonePair
* @return {boolean} 完了していないかどうか
*/
function isNotDone(taskAndIsDonePair) {
    return !isDone(taskAndIsDonePair);
}
```

isDone関数では、渡された配列の2番目の要素、つまりここではそのタスクが完了しているかどうかの真偽値を取得します。このようにして、完了していないタスクの要素が選

別されるのです。

そして最後のmap関数は、アロー関数を使った省略記法で無名関数を記述しています。map関数では、与えられた無名関数を配列のすべての要素に対して実行し、その結果を新しい配列として取得するのでした。今回の場合では、引数tで配列の要素を取得して、選別された値のキーとなっているタスクの文字列を取得し、その文字列だけの値に変換する無名関数が与えられています。

つまりここでのmap関数では、filter関数で選別した「完了していないタスクの配列」から、各要素の名前（すなわち完了していないタスクの名前）だけを取り出して、配列を作っているのです。

index.js：41～44行目

```
module.exports = {
    todo: todo,
    list: list
};
```

そしてこのlist関数もモジュールの関数として公開します。

テストを追加しよう

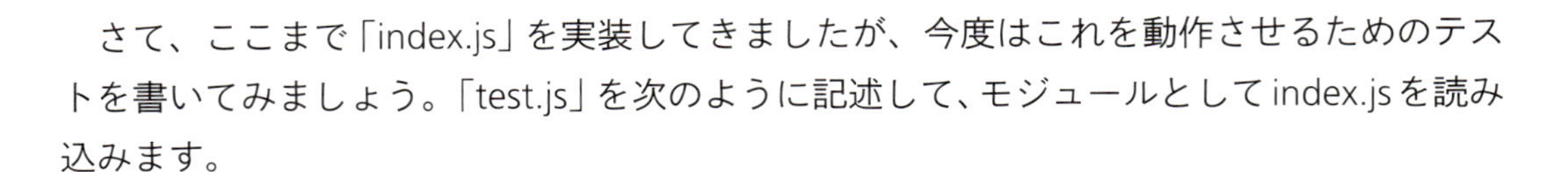

さて、ここまで「index.js」を実装してきましたが、今度はこれを動作させるためのテストを書いてみましょう。「test.js」を次のように記述して、モジュールとしてindex.jsを読み込みます。

test.js

```
'use strict';
const todo = require('./index.js');
console.log('テストが正常に完了しました');
```

モジュールはnpmパッケージとして読み込む際はパッケージ名で読み込みますが、相対パスを指定して直接JavaScriptのソースコードから読み込むことも可能です。

では実際にこの時点で実行してみましょう。コンソールで、次のコマンドを実行します。

Ubuntuのコンソールに入力

```
npm test
```

次のように表示されれば成功です。

コマンドの実行結果

```
> todo@1.0.0 test /home/ubuntu/workspace/todo
> node test.js

テストが正常に完了しました
```

もし、モジュールとなるファイルが見つからない場合などにはErrorが発生するので、ちゃんとパスが合っているのかを確かめてみましょう。

では次に、todoを追加して、一覧を取得して表示取得できるかをテストしてみましょう。次のように実装します。では、このコードが何をしているか見ていきましょう。

test.js

```
'use strict';
const todo = require('./index.js');
const assert = require('assert');

// todo と list のテスト
todo.todo('ノートを買う');
todo.todo('鉛筆を買う');
assert.deepEqual(todo.list(), ['ノートを買う', '鉛筆を買う']);

console.log('テストが正常に完了しました');
```

次のコードは以前にも紹介しましたが、Node.jsでテストをするためのモジュールのassertを呼び出しています。

test.js：2行目

```
const assert = require('assert');
```

次の2行で、TODOを2つ追加してみましした。結果として、listを行うと2つのタスクが取得されるはずです。

test.js：6～7行目

```
todo.todo('ノートを買う');
todo.todo('鉛筆を買う');
```

それをテストするのは、以下の実装です。

test.js：8行目

```
assert.deepEqual(todo.list(), ['ノートを買う', '鉛筆を買う']);
```

assert.deepEqualは、与えられたオブジェクトや配列の中身まで比較してくれるequal関数です。

ちょっとここでREPLを使い、equalとdeepEqualの動きの差を見てみましょう。次のコマンドでREPLを起動します。

Ubuntuのコンソールに入力

```
node
```

次のコードでassertモジュールを読み込んでください。

Ubuntuのコンソールに入力

```
'use strict';
const assert = require('assert');
```

その後、次のように入力してみましょう。

Ubuntuのコンソールに入力

```
assert.equal(1, 1);
assert.equal([1], [1])
```

すると「equal(1, 1)」ではAssertionErrorは発生しませんが、「equal([1], [1])」では、次のようなエラーが発生します。

コマンドの実行結果

```
AssertionError: [ 1 ] == [ 1 ]
at repl:1:8
at REPLServer.defaultEval (repl.js:248:27)
at bound (domain.js:280:14)
at REPLServer.runBound [as eval] (domain.js:293:12)
at REPLServer.<div> (repl.js:412:12)
```

```
at emitOne (events.js:82:20)
at REPLServer.emit (events.js:169:7)
at REPLServer.Interface._onLine (readline.js:210:10)
at REPLServer.Interface._line (readline.js:549:8)
at REPLServer.Interface._ttyWrite (readline.js:826:14)
```

これはJavaScriptは配列やオブジェクトを==演算子で比較した場合、同じオブジェクト自身でないとfalseになるという挙動からこうなります。そのため、次のコードはtrueになります。

== 演算子での比較：true となる場合

```
1 == 1
```

一方、次のコードは左辺と右辺が異なるオブジェクトなので、falseとなります。

== 演算子での比較：false となる場合

```
[1] == [1]
```

ただし、次の場合は左辺と右辺がまったく同じ配列オブジェクトであるため、trueとなります。

== 演算子での比較：true となる場合

```
const a = [1];
a == a
```

deepEqualはこれらの問題に対処し、内部までちゃんと比較を行います。そのため、次のコードを実行してもAssertionErrorは発生せずに成立します。

assert.deepEqual での比較：true となる場合

```
assert.deepEqual([1], [1]);
assert.deepEqual({p:1}, {p:1});
```

ではREPLを終了し、先ほどのコードが書けたら、次のコマンドでテストを実行してみましょう。

Ubuntu のコンソールに入力

```
npm test
```

テストが正常に完了したら、todoとlistが実装されたということです。続いて、残りの関数doneとdonelist、delも実装してしまいましょう。

done と donelist の実装

まずは、doneとdonelistの実装とテストを作っていきます。index.jsの実装は次のようになります。

index.js

```
'use strict';
// key: タスクの文字列 value: 完了しているかどうかの真偽値
const tasks = new Map();

/**
* TODOを追加する
* @param {string} task
*/
function todo(task) {
    tasks.set(task, false);
}

/**
* タスクと完了したかどうかが含まれる配列を受け取り、完了したかを返す
* @param {array} taskAndIsDonePair
* @return {boolean} 完了したかどうか
*/
function isDone(taskAndIsDonePair) {
    return taskAndIsDonePair[1];
}

/**
* タスクと完了したかどうかが含まれる配列を受け取り、完了していないかを返す
* @param {array} taskAndIsDonePair
* @return {boolean} 完了していないかどうか
*/
```

```
function isNotDone(taskAndIsDonePair) {
    return !isDone(taskAndIsDonePair);
}

/**
* TODOの一覧の配列を取得する
* @return {array}
*/
function list() {
    return Array.from(tasks)
        .filter(isNotDone)
        .map(t => t[0]);
}

/**
* TODOを完了状態にする
* @param {string} task
*/
function done(task) {
    if (tasks.has(task)) {
        tasks.set(task, true);
    }
}

/**
* 完了済みのタスクの一覧の配列を取得する
* @return {array}
*/
function donelist() {
    return Array.from(tasks)
        .filter(isDone)
        .map(t => t[0]);
}

module.exports = {
    todo: todo,
    list: list,
    done: done,
    donelist: donelist
};
```

次の実装は、まず連想配列にtaskがキーとして登録されているかを確認し、もし存在すれば、完了状態をtrueに変更しています。

index.js：41～49行目

```
/**
* TODOを完了状態にする
* @param {string} task
*/
function done(task) {
    if (tasks.has(task)) {
        tasks.set(task, true);
    }
}
```

こちらはlist関数の、filterの条件が真偽で反転した実装となっています。

index.js：51～59行目

```
    /**
    * 完了済みのタスクの一覧の配列を取得する
    * @return {array}
    */
    function donelist() {
        return Array.from(tasks)
            .filter(isDone)
            .map(t => t[0]);
    }
```

そして最後に追加した関数をモジュールとして公開します。

index.js：61～66行目

```
    module.exports = {
        todo: todo,
        list: list,
        done: done,
        donelist: donelist
    };
```

では、実装ができたらtest.jsにdone関数とdonelist関数のテストも追記しましょう。

test.js

```
'use strict';
const todo = require('./index.js');
const assert = require('assert');

// todo と list のテスト
todo.todo('ノートを買う');
todo.todo('鉛筆を買う');
assert.deepEqual(todo.list(), ['ノートを買う', '鉛筆を買う']);

// done と donelist のテスト
todo.done('鉛筆を買う');
assert.deepEqual(todo.list(), ['ノートを買う']);
assert.deepEqual(todo.donelist(), ['鉛筆を買う']);

console.log('テストが正常に完了しました');
```

次の部分は、先ほどのテストに引き続いてテストを行っています。「鉛筆を買う」を完了にして、それぞれの一覧の状態をテストしています。

test.js：10～13行目

```
// done と donelist のテスト
todo.done('鉛筆を買う');
assert.deepEqual(todo.list(), ['ノートを買う']);
assert.deepEqual(todo.donelist(), ['鉛筆を買う']);
```

では、実際にテストしてみましょう。次のコマンドを実行して、テストが正常に完了すればOKです。

Ubuntuのコンソールに入力

```
npm test
```

delコマンドの実装

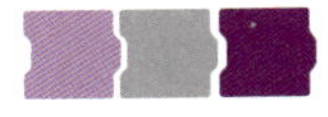

最後に、delの処理も実装してしまいましょう。index.jsを次のように実装します。

index.js

```
'use strict';
// key: タスクの文字列 value: 完了しているかどうかの真偽値
const tasks = new Map();

/**
* TODOを追加する
* @param {string} task
*/
function todo(task) {
    tasks.set(task, false);
}

/**
* タスクと完了したかどうかが含まれる配列を受け取り、完了したかを返す
* @param {array} taskAndIsDonePair
* @return {boolean} 完了したかどうか
*/
function isDone(taskAndIsDonePair) {
    return taskAndIsDonePair[1];
}

/**
* タスクと完了したかどうかが含まれる配列を受け取り、完了していないかを返す
* @param {array} taskAndIsDonePair
* @return {boolean} 完了していないかどうか
*/
function isNotDone(taskAndIsDonePair) {
    return !isDone(taskAndIsDonePair);
}

/**
* TODOの一覧の配列を取得する
* @return {array}
*/
```

```
function list() {
    return Array.from(tasks)
        .filter(isNotDone)
        .map(t => t[0]);
}

/**
* TODOを完了状態にする
* @param {string} task
*/
function done(task) {
    if (tasks.has(task)) {
        tasks.set(task, true);
    }
}

/**
* 完了済みのタスクの一覧の配列を取得する
* @return {array}
*/
function donelist() {
    return Array.from(tasks)
        .filter(isDone)
        .map(t => t[0]);
}

/**
* 項目を削除する
* @param {string} task
*/
function del(task) {
    tasks.delete(task);
}

module.exports = {
    todo: todo,
    list: list,
    done: done,
    donelist: donelist,
    del: del
};
```

del関数の実装は、連想配列tasksから引数taskに一致するキーを除去するだけです。そして、モジュールの関数としてdelを公開します。

index.js：61～75行目

```
/**
* 項目を削除する
* @param {string} task
*/
function del(task) {
    tasks.delete(task);
}

module.exports = {
    todo: todo,
    list: list,
    done: done,
    donelist: donelist,
    del: del
};
```

次にテストは、test.jsを次のように実装します。

test.js

```
'use strict';
const todo = require('./index.js');
const assert = require('assert');

// todo と list のテスト
todo.todo('ノートを買う');
todo.todo('鉛筆を買う');
assert.deepEqual(todo.list(), ['ノートを買う', '鉛筆を買う']);

// done と donelist のテスト
todo.done('鉛筆を買う');
assert.deepEqual(todo.list(), ['ノートを買う']);
assert.deepEqual(todo.donelist(), ['鉛筆を買う']);

// del のテスト
todo.del('ノートを買う');
```

```
todo.del('鉛筆を買う');
assert.deepEqual(todo.list(), []);
assert.deepEqual(todo.donelist(), []);

console.log('テストが正常に完了しました');
```

次のようにここまで足したタスクを両方共除去し、一覧が空になっていることをテストしています。

test.js：15～19行目

```
// del のテスト
todo.del('ノートを買う');
todo.del('鉛筆を買う');
assert.deepEqual(todo.list(), []);
assert.deepEqual(todo.donelist(), []);
```

では、早速テストを動かしてみましょう。次のコマンドを実行して、テストが正常に完了すればOKです。

Ubuntuのコンソールに入力

```
npm test
```

これで、タスク管理を行うパッケージのtodoが完成しました。次のSectionでは、このモジュールとHubotをつなぎ込んでいきましょう。

まとめ

- **永続化に関する要件をCRUDでチェックすることができる。**
- **オブジェクトのライフサイクルは、ステートチャート図を使ってチェックできる。**
- **アロー関数は、最後の値に限り「return」を省略することができる。**

練習

配列に含まれる整数が17で割り切れるものだけにするseventeenモジュールを実装しています。そのために、整数が17で割り切れるかどうかを判定するisMultipleOfSeventeen関数をseventeenモジュールに実装してください。

GitHubの練習問題リポジトリ（https://github.com/progedu/intro-curriculum-3007）をフォークして、正解のプルリクを送ってください。

ただしindex.jsのみを編集し、テストコードであるtest.jsは編集してはいけません。その上で「npm test」で正常にテストコードが実行されるようにしてください。

解答

index.jsは次のように実装されます。

index.js

```
'use strict';
/**
* 17の倍数である場合 true を返す
* @param {number} num
*/
function isMultipleOfSeventeen(num) {
    return num % 17 === 0;
}

module.exports = {
    isMultipleOfSeventeen: isMultipleOfSeventeen
};
```

Section 04 ボットインタフェースとの連携

TODOを管理するためのnpmパッケージができたところで、今度はHubotとのつなぎ込みを行ってボットを作っていきましょう。

hubotと連携するボットを作成する

すでに、前回まででtodoパッケージの実装が「~/workspace」ディレクトリにあるものとします。必要な場合には、実装済みのもの（https://github.com/progedu/todo）をフォークし、さらにクローンして利用することもできます。

なお、Node.jsで新しくプロジェクトを作成する場合は、GitHubのデータをクローン後にプロジェクトのディレクトリに移動し、「npm init」のコマンドも忘れないように実行しておきましょう。

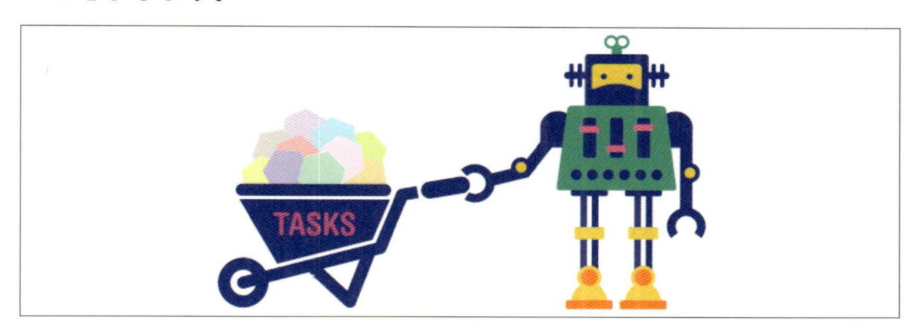

いつもどおりコンソールを起動します。Windowsの方はコマンドプロンプトを管理者権限で起動することを、今回は特に忘れないように気を付けてください。無事、コンソールを開くことができたでしょうか。

今回のボットの名前はhubot-todoという名前にします。次のコマンドでボットを作り始めましょう。

Ubuntuのコンソールに入力

```
cd ~/workspace
mkdir hubot-todo
cd hubot-todo
npm init
yo hubot
```

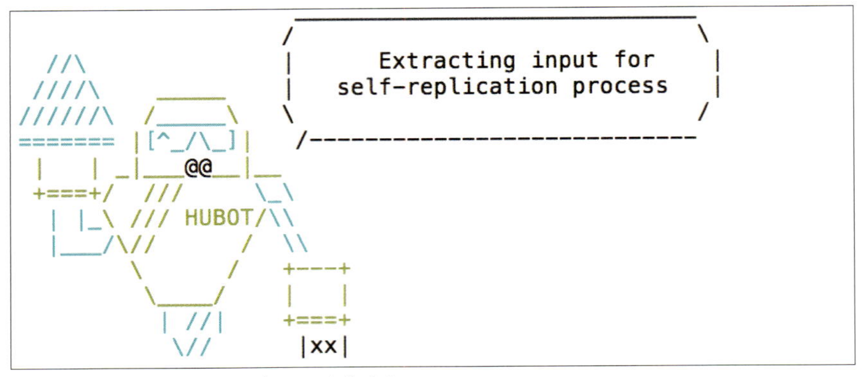

「yo hubot」でボットのテンプレートを作成する

次のようにOwnerを聞かれるので Enter キーを押します。Gitの設定に準拠します。

yo hubotによる初期設定

```
? Owner (Soichiro-Yoshimura <soichiro_yoshimura@dwango.co.jp>)
```

ボット名は、hubot-todoでよいので、 Enter キーを押します。

yo hubotによる初期設定

```
? Bot name (hubot-todo)
```

説明もデフォルトのままで、 Enter キーを押します。

yo hubotによる初期設定

```
? Description (A simple helpful robot for your Company)
```

アダプターは、「slack」と入力して、 Enter キーを押します。

yo hubotによる初期設定

```
? Bot adapter (campfire) slack
```

以上の手続きが完了すると、次の図のように表示されて、ボットのプロジェクトが作成されます。

```
                            _____________________________
 _____                     /                             \
 \    \                    |   Self-replication process   |
 |    |    _____           |          complete...         |
 |__\\|   /_____\          \     Good luck with that.    /
   |//+  |[^_/\_]|          /----------------------------
  |   | _|___@@__|__
  +===+/  ///     \_\
   | |_\ /// HUBOT/\\
   |___/\//      /  \\
         \      /   +---+
          \____/    |   |
           | //|    +===+
            \//      |xx|
```

ボットのプロジェクトが作成された

次のコマンドで必要となるJavaScriptファイルを作っておきます。

Ubuntu のコンソールに入力

```
touch scripts/todo.js
```

そして以下のコマンドで、実装したtodoパッケージをインストールしましょう。

Ubuntu のコンソールに入力

```
npm install ../todo
```

その後、VS Codeを開いて、script/todo.jsを編集していきましょう。ボットを起動してtodoパッケージのチェックを確認するひな形を以下のように実装します。

script/todo.js

```
'use strict';
const todo = require('todo');
console.log(todo.list());
module.exports = (robot) => {

};
```

これで、todoパッケージを読み込んで起動できるかチェックします。次のコマンドを実行して、ログを見てみましょう。

Ubuntuのコンソールに入力

```
chmod a+x bin/hubot
bin/hubot
```

次のように表示されて、空のTODO一覧である空の配列「[ ]」が最初に出力されていれば成功です。

コマンドの実行結果

```
hubot-todo> []
[Thu May 11 2017 18:53:56 GMT+0900 (JST)] INFO /home/ubuntu/
workspace/hubot-todo/scripts/todo.js is using deprecated
documentation syntax
[Thu May 11 2017 18:53:56 GMT+0900 (JST)] WARNING Loading scripts
from hubot-scripts.json is deprecated and will be removed in 3.0
(https://github.com/github/hubot-scripts/issues/1113) in favor
of packages for each script.

Your hubot-scripts.json is empty, so you just need to remove it.
[Thu May 11 2017 18:53:56 GMT+0900 (JST)] ERROR hubot-heroku-
alive included, but missing HUBOT_HEROKU_KEEPALIVE_URL. `heroku
config:set HUBOT_HEROKU_KEEPALIVE_URL=$(heroku apps:info -s  |
grep web-url | cut -d= -f2)`
[Thu May 11 2017 18:53:57 GMT+0900 (JST)] INFO hubot-redis-
brain: Using default redis on localhost:6379
```

出力されたログについても説明していきます。

コマンドの実行結果：2行目

```
[Thu May 11 2017 18:53:56 GMT+0900 (JST)] INFO /home/ubuntu/
workspace/hubot-todo/scripts/todo.js is using deprecated
documentation syntax
```

これは、todo.jsにボットの説明が指定された記法で存在していないために出るログです。

コマンドの実行結果：3～5行目

```
[Thu May 11 2017 18:53:56 GMT+0900 (JST)] WARNING Loading scripts
from hubot-scripts.json is deprecated and will be removed in 3.0
(https://github.com/github/hubot-scripts/issues/1113) in favor
of packages for each script.

Your hubot-scripts.json is empty, so you just need to remove it.
```

これは、hubotはhubot-scripts.jsonに記載されたスクリプトを読み込む機能を持っているのですが、その機能がもう古くて非推奨であることを警告しているログです。hubot-scripts.jsonにはなにも記入していないので、無視してかまいません。

コマンドの実行結果：6行目

```
[Tue Dec 15 2015 05:41:47 GMT+0000 (UTC)] ERROR hubot-heroku-
alive included, but missing HUBOT_HEROKU_KEEPALIVE_URL. `heroku
config:set HUBOT_HEROKU_KEEPALIVE_URL=$(heroku apps:info -s  |
grep web-url | cut -d= -f2)`
```

この情報は、HerokuというWebサービスでこのボットを動かす際に必要となる設定が記述されていないことを表示するエラーです。

コマンドの実行結果：7行目

```
[Tue Dec 15 2015 05:41:47 GMT+0000 (UTC)] INFO hubot-redis-
brain: Using default redis on localhost:6379
```

最後のこの情報は、Hubotが内部的に利用しているhubot-redis-brainというライブラリが使うRedisというソフトウェアが6379番ポートを使って動作していることを出力しています。

ログが読み解けたところで、ログで情報が出されていたボットの情報を、todo.jsにドキュメントとして記述してみましょう。「script/example.coffee」を参考に以下のように記述します。そしてtodo.jsに動作確認のために記述した、3行目の「console.log(todo.list());」を削除します。

次のようにコメントを記述します。 これが Hubot におけるドキュメントの記述文法となっています。

script/todo.js

```
// Description:
//    TODO を管理することができるボットです
// Commands:
//    ボット名 todo     - TODO を作成
//    ボット名 done     - TODO を完了にする
//    ボット名 del      - TODO を消す
//    ボット名 list     - TODO の一覧表示
//    ボット名 donelist - 完了した TODO の一覧表示
'use strict';
const todo = require('todo');
module.exports = (robot) => {

};
```

コメントを記述できたらボットをCtrl＋Cで終了して再度、次のコマンドを実行してボットを起動してみましょう。

Ubuntu のコンソールに入力

```
bin/hubot
```

次のログは出なくなったと思います。

```
INFO /home/ubuntu/workspace/hubot-todo/scripts/todo.js is using
deprecated documentation syntax
```

では引き続きコマンドのつなぎ込みを行っていきましょう。まずはtodoコマンドをつなぎ込みます。

script/todo.js

```
// Description:
//    TODO を管理することができるボットです
// Commands:
//    ボット名 todo     - TODO を作成
//    ボット名 done     - TODO を完了にする
//    ボット名 del      - TODO を消す
//    ボット名 list     - TODO の一覧表示
```

```
//　　ボット名 donelist - 完了した TODO の一覧表示
'use strict';
const todo = require('todo');
module.exports = (robot) => {
    robot.respond(/todo (.+)/i, (msg) => {
        const task = msg.match[1].trim();
        todo.todo(task);
        msg.send('追加しました: ' + task);
    });
};
```

以上のように記述します。これを解説していきます。

script/todo.js：12～16行目

```
    robot.respond(/todo (.+)/i, (msg) => {
        const task = msg.match[1].trim();
        todo.todo(task);
        msg.send('追加しました: ' + task);
    });
```

Section 02ではrobotのhear関数を使用したのですが、今回はrespond関数を使用しました。このrespond関数は、ボットの名前が一緒に呼び出されたときのみ反応する関数です。

次に以下のコードで使用するJavaScriptの正規表現（https://developer.mozilla.org/ja/docs/Web/JavaScript/Guide/Regular_Expressions）について説明します。

script/todo.js：12行目の正規表現

```
/todo (.+)/i
```

この表現は、todoで始まり、その後に1つスペースを置いて何らかの文字列が記述されているという正規表現です。最後の「/」の後ろの「i」は、大文字でも小文字でもマッチするというオプションです。

script/todo.js：12行目の正規表現

```
.+
```

この部分は、「.」が改行文字以外のどの1文字にもマッチする文字であり、「+」は直前の文字の繰り返し（1回以上）にマッチするという意味です。任意の文字の繰り返しなので、「aaa」も「あいうえお」もマッチします。

script/todo.js：12行目の正規表現

```
(.+)
```

ここで正規表現を「( )」で囲んだものはどういう意味なのでしょうか。これはグループと言い、正規表現のかたまりを表す表現です。この「( )」の中でマッチした内容をあとでプログラムから取得することができます。

つまり、次の正規表現で、「todo 鉛筆を買う」のような文字列がマッチします。

script/todo.js：12行目の正規表現

```
/todo (.+)/i
```

もっと詳しくJavaScriptの正規表現について知りたい方は、MDNで提供されている説明（https://developer.mozilla.org/ja/docs/Web/JavaScript/Guide/Regular_Expressions）を読んでみてください。

次に以下のコードを解説します。

script/todo.js：13行目

```
const task = msg.match[1].trim();
```

msgは無名関数の引数で渡されたオブジェクトで、メッセージに関わる情報が含まれたオブジェクトです。matchプロパティには、先ほどの正規表現のグループでマッチした文字列が含まれています。添字の1には、1番目の「( )」でマッチした文字列が、添字の0にはマッチした文字列全体が含まれています。

そして、最後のtrim関数（https://developer.mozilla.org/ja/docs/Web/JavaScript/Reference/Global_Objects/String/trim）は、JavaScriptの文字列の関数です。trim関数は文字列の両端の空白を取り除いた文字列を取得する関数で、ここではそれをtaskという変数に代入しています。

script/todo.js：12～16行目

```
    robot.respond(/todo (.+)/i, (msg) => {
        const task = msg.match[1].trim();
        todo.todo(task);
        msg.send('追加しました: ' + task);
    });
```

最後に、todoモジュールのtodo関数を呼び出し、msgオブジェクトのsend関数を呼び出して、「追加しました: ${タスク名}」となるテキストをボットに発言させています。

無事実装ができたらボットを動かしてみましょう。すでにボットが動いていたらCtrl＋Cで停止したあと、次のコマンドで起動しなおします。

Ubuntuのコンソールに入力

```
bin/hubot
```

次のように入力して、Enterキーを押して発言してみてください。

Ubuntuのコンソールに入力

```
hubot-todo todo 鉛筆を買う
```

次のように表示されたら成功です。

コマンドの実行結果

```
hubot-todo> 追加しました: 鉛筆を買う
```

この調子で、doneとdelも実装しましょう。次のように実装してください。

script/todo.js

```
// Description:
//   TODO を管理することができるボットです
// Commands:
//   ボット名 todo     - TODO を作成
//   ボット名 done     - TODO を完了にする
//   ボット名 del      - TODO を消す
```

```
//   ボット名 list     - TODO の一覧表示
//   ボット名 donelist - 完了した TODO の一覧表示
'use strict';
const todo = require('todo');
module.exports = (robot) => {
    robot.respond(/todo (.+)/i, (msg) => {
        const task = msg.match[1].trim();
        todo.todo(task);
        msg.send('追加しました: ' + task);
    });
    robot.respond(/done (.+)/i, (msg) => {
        const task = msg.match[1].trim();
        todo.done(task);
        msg.send('完了にしました: ' + task);
    });
    robot.respond(/del (.+)/i, (msg) => {
        const task = msg.match[1].trim();
        todo.del(task);
        msg.send('削除しました: ' + task);
    });
};
```

ここでは次のコードを追記しました。それぞれ正規表現、呼び出す関数、ボットの発言を変更しています。それ以外の構成はtodoのつなぎ込みと同じコードです。

script/todo.js：17〜26行目

```
    robot.respond(/done (.+)/i, (msg) => {
        const task = msg.match[1].trim();
        todo.done(task);
        msg.send('完了にしました: ' + task);
    });
    robot.respond(/del (.+)/i, (msg) => {
        const task = msg.match[1].trim();
        todo.del(task);
        msg.send('削除しました: ' + task);
    });
```

引き続きこのまま一気に、listとdonelistのコマンドも実装してしまいます。次のコードをexportsに設定している無名関数に追記してください。

script/todo.js：26行目を改行して追記

```
    robot.respond(/list/i, (msg) => {
        msg.send(todo.list().join('\n'));
    });
    robot.respond(/donelist/i, (msg) => {
        msg.send(todo.donelist().join('\n'));
    });
```

それぞれ解説していきます。

script/todo.js：27～29行目

```
    robot.respond(/list/i, (msg) => {
        msg.send(todo.list().join('\n'));
    });
```

これは、todoモジュールのlist関数で受け取った配列に対してjoin関数を呼んでいます。join関数（https://developer.mozilla.org/ja/docs/Web/JavaScript/Reference/Global_Objects/Array/join）は、配列のすべての要素を、与えられた文字列でつないで1つの文字列にする関数です。ここでは、「\n」という改行を表すエスケープシーケンスで結合しました。結果として、TODOの一覧が改行されて表示されます。

script/todo.js：30～32行目

```
    robot.respond(/donelist/i, (msg) => {
        msg.send(todo.donelist().join('\n'));
    });
```

donelistに関してもほとんど同じ実装になります。正規表現と関数の呼び出しのみを変更した実装となります。

以上すべての関数のつなぎ込みを実装すると、次のようになります。

script/todo.js

```
// Description:
//   TODO を管理することができるボットです
// Commands:
//   ボット名 todo     - TODO を作成
//   ボット名 done     - TODO を完了にする
//   ボット名 del      - TODO を消す
```

```
//   ボット名 list     - TODO の一覧表示
//   ボット名 donelist - 完了した TODO の一覧表示
'use strict';
const todo = require('todo');
module.exports = (robot) => {
    robot.respond(/todo (.+)/i, (msg) => {
        const task = msg.match[1].trim();
        todo.todo(task);
        msg.send('追加しました: ' + task);
    });
    robot.respond(/done (.+)/i, (msg) => {
        const task = msg.match[1].trim();
        todo.done(task);
        msg.send('完了にしました: ' + task);
    });
    robot.respond(/del (.+)/i, (msg) => {
        const task = msg.match[1].trim();
        todo.del(task);
        msg.send('削除しました: ' + task);
    });
    robot.respond(/list/i, (msg) => {
        msg.send(todo.list().join('\n'));
    });
    robot.respond(/donelist/i, (msg) => {
        msg.send(todo.donelist().join('\n'));
    });
};
```

それでは、もうSlackにつないでボットを稼働させてみましょう。以前Slackで設定した次のようなトークンを利用します。

API トークン

```
HUBOT_SLACK_TOKEN=xoxb-16455131522-XXXXXXXXXXXXXXXXXXX
```

忘れてしまった方は、Slackの下記URLで[Hubot]の項目をクリックし、Hubotの設定ページで鉛筆マークをクリックしましょう。このページで、作成済みのトークンを確認することができます。未作成の場合はこのページでトークンを取得してください。なおその際に、ちゃんとボットを作成しているチームであることを確認しましょう。

```
https://slack.com/apps/manage#existing
```

トークンが用意できたら、次のコマンドを実行してみましょう。トークンの文字列は自分が取得したものに変更してください。

Ubuntu のコンソールに入力

```
env HUBOT_SLACK_TOKEN=xoxb-16455131522-XXXXXXXXXXXXXXXXXXX bin/
hubot -a slack
```

起動したら、ブラウザーでSlackの「#slack_study」チャンネルにアクセスしましょう。すでにボットがいると思いますので、動作検証のために以下のマイセージを入力していきましょう。ボット名は登録したボット名で実行してください。なお、Slackのユーザー名は途中まで入力すると、Tabキーで補完できます。

Slackの「#slack_study」チャンネルで入力

```
yoshimura-hubot-study todo 鉛筆を買う
yoshimura-hubot-study todo ノートを買う
yoshimura-hubot-study list
yoshimura-hubot-study done ノートを買う
yoshimura-hubot-study donelist
yoshimura-hubot-study del ノートを買う
yoshimura-hubot-study donelist
```

以上を入力してみて、ちゃんとTODOに追加され、完了にされ、削除されたことが表示されたでしょうか。

Hubot から、todo リストの結果が返ってきた

以上がSlackで運用するボットの実装でした。

まとめ

- 正規表現は、「( )」を利用して、マッチした文字列を取得することができる。
- 文字列の値のtrim関数は、前後にある空白を削除した文字列を取得できる。
- 配列のjoin関数は、渡した文字列で配列の要素を結合した文字列を取得できる。

練習

実装した、hubot-todoのlistコマンドとdonelistコマンドは、それぞれの一覧が空であるときになにも発言しません。これを空であるときは、

- **(TODOはありません)**
- **(完了したTODOはありません)**

とボットが発言するように修正してみましょう。
GitHub の練習問題リポジトリ（https://github.com/progedu/intro-curriculum-3008）をフォークして、正解のプルリクを送ってください。
「bin/hubot」コマンドを利用するためには「~/workspace」にクローンしたあと、「intro-curriculum-3008」ディレクトリに移動し、次の2つのコマンドを実行する必要があります。

Ubuntu のコンソールに入力

```
npm install
npm install ../todo
```

解答

以下のような解答となります。

script/todo.js

```
// Description:
//   TODO を管理することができるボットです
// Commands:
//   ボット名 todo     - TODO を作成
//   ボット名 done     - TODO を完了にする
//   ボット名 del      - TODO を消す
//   ボット名 list     - TODO の一覧表示
//   ボット名 donelist - 完了した TODO の一覧表示
'use strict';
const todo = require('todo');
module.exports = (robot) => {
    robot.respond(/todo (.+)/i, (msg) => {
        const task = msg.match[1].trim();
        todo.todo(task);
```

```
        msg.send('追加しました: ' + task);
    });
    robot.respond(/done (.+)/i, (msg) => {
        const task = msg.match[1].trim();
        todo.done(task);
        msg.send('完了にしました: ' + task);
    });
    robot.respond(/del (.+)/i, (msg) => {
        const task = msg.match[1].trim();
        todo.del(task);
        msg.send('削除しました: ' + task);
    });
    robot.respond(/list/i, (msg) => {
        const list = todo.list();
        if (list.length === 0) {
            msg.send('(TODOはありません)');
        } else {
            msg.send(list.join('\n'));
        }
    });
    robot.respond(/donelist/i, (msg) => {
        const donelist = todo.donelist();
        if (donelist.length === 0) {
            msg.send('(完了したTODOはありません)');
        } else {
            msg.send(donelist.join('\n'));
        }
    });
};
```

listコマンドの実装例で説明すると、「todo.list( )」関数で1度配列を取得してlistという変数に受け取り、if文を使って処理を分岐させ異なるメッセージを送信するようにします。list変数への代入は、「todo.list( )」が非常に重い処理である可能性があることを考慮し、何度も実行することを避けるために行っています。

script/todo.js：27～34 行目

```
robot.respond(/list/i, (msg) => {
    const list = todo.list();
    if (list.length === 0) {
        msg.send('(TODOはありません)');
    } else {
        msg.send(list.join('\n'));
    }
});
```

TIPS

便利なSlackボットのアイディア

Slack を日頃から仕事や趣味で使っていると、自分でボットを作ることで便利になることもたくさんあります。もちろんすでに Slack にはほかの多くの Web サービスと連携するさまざまな App や Slack のボットの仕組みがあります。しかし自分たちで作ることでより便利になるものも多くあります。

小さい組織などでは、次のようなものが役に立つのではないかと思います。

- **いいね 👍 リアクション（:+1: で入力されるリアクション）の数を数えてくれるボット**
- **チャンネルに新たに入ったメンバーに案内のメッセージを出してくれるボット**
- **いらないものの売買掲示板を運営するボット**
- **オークションを運営してくれるボット**

また、外部の Web サービスの Web API を利用する方法をすでに知っていたり、調べたりすることができれば、Node.js 上のプログラムからこれらの Web API を利用して、次のような bot も作ることができるのではないかと思います。

- **代行して特定の内容を Twitter につぶやいてくれるボット**
- **サーバーのプログラムの更新処理を行ってくれるボット**
- **特定の施設を代理で予約してくれるボット**
- **誰かの情報発信をさまざまなサービスを横断して集約して教えてくれるボット**

ぜひ自分のオリジナルの便利な Slack ボットの作成にチャレンジしてみてください。

Chapter 6

HTTPサーバーを作ってみよう

Section 01

同期I/Oと非同期I/O

この回では、todo パッケージのタスク情報を永続化できるようにしていきます。

メモリ上のデータを永続化するために

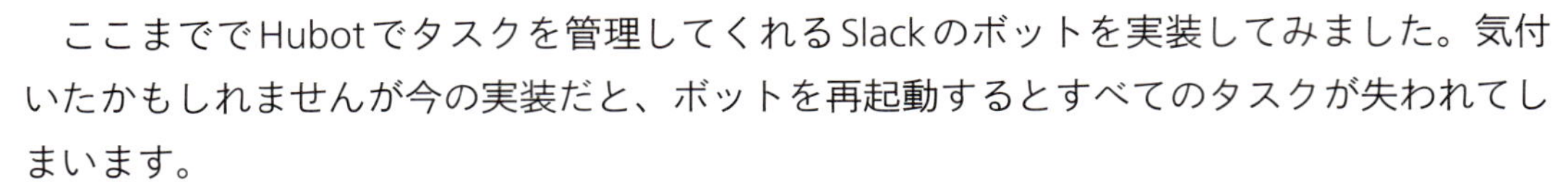

ここまででHubotでタスクを管理してくれるSlackのボットを実装してみました。気付いたかもしれませんが今の実装だと、ボットを再起動するとすべてのタスクが失われてしまいます。

これは、メモリ上の連想配列にすべてのデータを持っているためで、メモリの情報はNode.jsの実行プロセスが終了するとすべて失われてしまいます。

この問題を回避するためには、タスクの情報をなにかしらの方法で残しておく（永続化する）必要があります。

Node.jsでファイルを扱うための「fs」モジュールについては、CSVを読み込む際に1度利用しました。

ここでは「fs」を使用してファイルへデータを保存することで情報の永続化を行います。そのためにまずNode.jsがファイルを読み込んだり、書き込んだり、または通信をしたりする際の仕組みについて、よく学ぶ必要があります。

今回は、その仕組みについて見ていきましょう。

非同期I/O

Node.jsは、ほかのプログラミング言語と少し違うことところがあります。それは、非同期I/Oを使ったプログラミングがやりやすいという側面です。

I/OとはInputとOutputの英語の頭文字を取ったもので、入出力処理のことを言います。多くのプログラミング言語ではI/O処理の間、例えばディスクに書き込む待ち時間や通信の待ち時間は、プログラムは停止してそのI/O処理を待ちます。このようなI/O処理のことを同期I/Oと呼びます。

一方、非同期I/Oは同期I/Oとは異なり、I/Oの開始処理をしても、その終了は待ちません。I/Oの待ち時間中にも別な処理を実施し、コンピューターのリソースをうまく活用します。

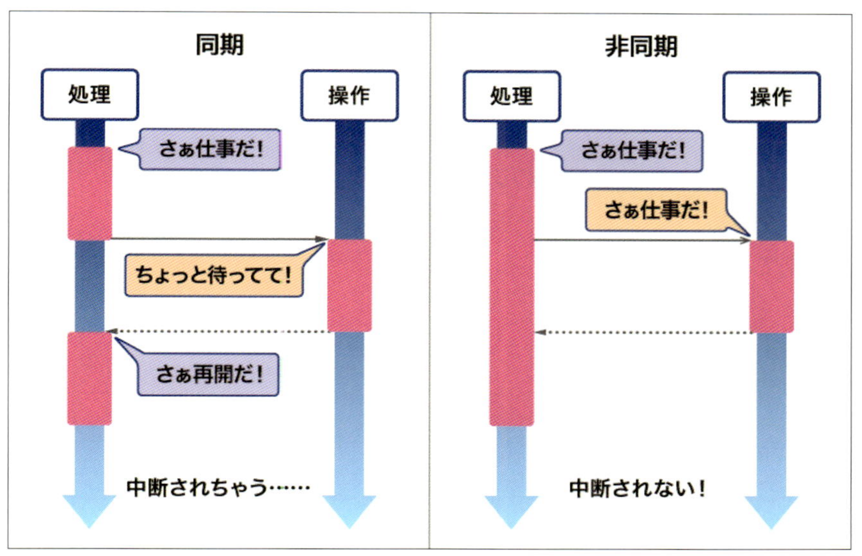

同期 I/O と非同期 I/O

なおこのI/O処理の間、プログラムが停止することをブロッキングと呼びます。このブロッキングをしている間もCPUを効率よく利用するために、マルチプロセスにしたり、より軽量なプロセスであるスレッドを使いマルチスレッドにしたりして解決することもあります。

Node.jsでは、マルチプロセスやマルチスレッドではなく、シングルスレッドでブロッキングしない非同期I/Oを利用することで、効率化を図っています。

非同期 I/O を使ったプログラミング

実際にこの非同期I/Oを使ったプログラミングをすると、どのようなことが起こるのかというのを例を見て確認してみたいと思います。

いつもどおりコンソールを起動したら、サンプルコードをcloneしてみましょう。

Ubuntu のコンソールに入力

```
cd ~/workspace
git clone git@github.com:progedu/async-io-problem.git
cd async-io-problem
```

cloneしたファイルの構成は以下のとおりとなります。

- **.gitignoreは、出力されるファイルをGitの管理下にしないようにしている設定ファイル**
- **app.jsは、プログラム本体のJavaScriptのファイル**

それでは、app.jsを見てみましょう。

app.js

```
'use strict';
const fs = require('fs');
const fileName = './test.txt';
for (let count = 0; count < 500; count++) {
    fs.appendFile(fileName, 'あ', 'utf8');
    fs.appendFile(fileName, 'い', 'utf8');
    fs.appendFile(fileName, 'う', 'utf8');
    fs.appendFile(fileName, 'え', 'utf8');
    fs.appendFile(fileName, 'お', 'utf8');
    fs.appendFile(fileName, '\n', 'utf8');
}
```

それでは解説していきます。

app.js：2行目

```
const fs = require('fs');
```

上記のコードは、ファイルシステムを取り扱うモジュールを読み込んでいます。

app.js：3～11行目

```
const fileName = './test.txt';
for (let count = 0; count < 500; count++) {
    fs.appendFile(fileName, 'あ', 'utf8');
    fs.appendFile(fileName, 'い', 'utf8');
    fs.appendFile(fileName, 'う', 'utf8');
    fs.appendFile(fileName, 'え', 'utf8');
    fs.appendFile(fileName, 'お', 'utf8');
    fs.appendFile(fileName, '\n', 'utf8');
}
```

こちらのコードは、500回にわたり、「test.txt」ファイルに「あいうえお」と改行コードを書き込みます。「appendFile」関数は、ファイルに対して書き込みを行う関数で、ここでは「utf8」の文字コードで書き込んでいます。

普通に考えれば先ほどのコードは、500行「あいうえお」と書き込みを行えそうですね。

Ubuntu のコンソールに入力

```
node app.js
```

上記のコマンドを実行して確かめてみましょう。次に、出力された「test.txt」を次のコマンドで確認してみましょう。

Ubuntu のコンソールに入力

```
less test.txt
```

JとKで上下できるほかQで終了できます。おそらく、次のように順番がめちゃくちゃに表示されるのではないでしょうか。**これが非同期I/O です。**

コマンドの実行結果

```
あえいうお
あいえ
おうあいうえお
あいうえお
あいうえおあ
いおうえ
あいうえ
あおいうえお
うあいえお
あいう
えあおいえお
あういうえ
おあいうえお
あいうおえ
あいう
えおあいおえういあう
え
あおいうおえ
```

非同期I/Oは「I/Oの処理が1つ終わってから、次のI/Oの処理を行う」ことを保証していません。そのため、このように順不同になる性質があるのです。その反面、CPUを効率よく利用することができます。

では、これを直すためにはどのようにすればよいでしょうか。

同期I/Oを使ったプログラミング

Node.jsは、デフォルトでは非同期I/Oの関数が呼ばれますが、Syncという修飾子がついた同期I/Oの関数も提供されています。では、app.jsを以下のように修正してみてください。

app.js

```
'use strict';
const fs = require('fs');
const fileName = './test.txt';
for (let count = 0; count < 500; count++) {
    fs.appendFileSync(fileName, 'あ', 'utf8');
    fs.appendFileSync(fileName, 'い', 'utf8');
    fs.appendFileSync(fileName, 'う', 'utf8');
    fs.appendFileSync(fileName, 'え', 'utf8');
```

```
    fs.appendFileSync(fileName, 'お', 'utf8');
    fs.appendFileSync(fileName, '\n', 'utf8');
}
```

すべての書き込み関数を「appendFileSync」に変更しました。それでは実行してみましょう。

Ubuntu のコンソールに入力

```
rm test.txt
node app.js
less test.txt
```

lessで内容を確認してみます。おそらく、非同期I/Oを利用したときよりも処理に時間がかかっているのではないかと思います。今度は正しく、

コマンドの実行結果

```
あいうえお
あいうえお
あいうえお
あいうえお
あいうえお
あいうえお
あいうえお
あいうえお
あいうえお
あいうえお
あいうえお
```

上記のような内容になっていると思います。これが、非同期I/Oと同期I/Oの差なのです。以上を踏まえて、次回からtodoモジュールが永続化できるように実装してみましょう。

まとめ

- 非同期I/Oは、CPUを効率よく利用するため、入出力処理を待たずに処理を行う方法である。
- 入出力処理の待ち時間のためにプログラムの処理が止まることをブロッキングと言う。
- Node.jsは非同期I/Oがデフォルトで利用される。

次のファイルへの書き込み処理を、非同期I/Oのものから同期I/Oのものに変更してください。「appendFile」の代わりに「appendFileSync」を利用します。

app.js

```
'use strict';
const fs = require('fs');
const fileName = './test.txt';
for (let count = 0; count < 30; count++) {
    fs.appendFile(fileName, 'おはようございます\n', 'utf8');
    fs.appendFile(fileName, 'こんにちは\n', 'utf8');
    fs.appendFile(fileName, 'こんばんは\n', 'utf8');
}
```

「appendFile」のまま実行すると、「./test.txt」の中身が「おはようございます」「こんにちは」「こんばんは」の順番にならないことがあります。「appendFileSync」であれば、必ず「おはようございます」「こんにちは」「こんばんは」となるはずなので、確認しましょう。GitHub の練習問題リポジトリ（https://github.com/progedu/intro-curriculum-3009）をフォークして、正解のプルリクを送ってください。

app.js

```
'use strict';
const fs = require('fs');
const fileName = './test.txt';
for (let count = 0; count < 30; count++) {
    fs.appendFileSync(fileName, 'おはようございます\n', 'utf8');
    fs.appendFileSync(fileName, 'こんにちは\n', 'utf8');
    fs.appendFileSync(fileName, 'こんばんは\n', 'utf8');
}
```

以上が答えとなります。

Section 02 例外処理

同期 I/O と非同期 I/O の違いについて知ったところで、引き続き todo パッケージに永続化できる機能を追加していきましょう。

ファイルに書き出す処理を書いてみよう

いつもどおりコンソールを起動します。すでに「~/workspace」ディレクトリにtodoパッケージがある場合には、それを利用してください。ない場合は、次のURLからリポジトリをフォークしてくることもできます。

なお、GitHubのデータをクローンしてくる場合は、クローン後にtodoディレクトリに移動し、「npm init」のコマンドも忘れないように実行しておきましょう。

todo パッケージのリポジトリ

```
https://github.com/progedu/todo
```

todoパッケージのindex.jsに実装を追加していきます。まずは4行目の「const tasks = new Map();」の「const」を「let」に書き替えましょう。これは、永続化したタスクを復元した際に、変数「tasks」に再代入できるようにするためです。

index.js：3～4行目

```
// key: タスクの文字列 value: 完了しているかどうかの真偽値
let tasks = new Map();
```

次に、上記の行の直下に、次のコードを書き足します。

index.js：4行目を改行して追記

```
const fs = require('fs');
const fileName = './tasks.json';

/**
 * タスクをファイルに保存する
 */
function saveTasks() {
    fs.writeFileSync(fileName, JSON.stringify(Array.
from(tasks)), 'utf8');
}
```

index.js：5～6行目

```
const fs = require('fs');
const fileName = './tasks.json';
```

この2行は、ファイルシステムのモジュールの読み込みと、保存を行うファイル名の宣言となります。

index.js：8～13行目

```
/**
* タスクをファイルに保存する
*/
function saveTasks() {
    fs.writeFileSync(fileName, JSON.stringify(Array.
from(tasks)), 'utf8');
}
```

この「saveTasks」は、タスクをファイルに保存する関数です。

index.js : 12行目

```
fs.writeFileSync(fileName, JSON.stringify(Array.from(tasks)),
'utf8');
```

以上の実装で、まず「tasks」という連想配列を「Array.from」で配列に変換したあと、さらに、「JSON.stringify」という関数でJSONの文字列に変換し、さらに同期的にファイルに書き出しています。

JSON

JSONは、すでにtodoパッケージの中にあるpackage.jsonでも利用されていますが、文字列でデータを記述する形式の1つです。JavaScript Object Notationの略称で、JavaScriptにおけるオブジェクトと同じ記法で書かれたテキスト情報です。

では、このタスク一覧をファイルに書き出す処理を、タスクの更新操作の後ろに差し込んでいきます。具体的には、

- **タスクを追加するtodo関数**
- **タスクを完了にするdone関数**
- **タスクを削除するdel関数**

以上3つの関数を、連想配列への処理のあとに呼び出します。実装するコードは、それぞれ以下のとおりです。

index.js : todo関数

```
function todo(task) {
    tasks.set(task, false);
    saveTasks();
}
```

index.js : done関数

```
function done(task) {
    if (tasks.has(task)) {
        tasks.set(task, true);
        saveTasks();
    }
}
```

index.js：del 関数

```
function del(task) {
    tasks.delete(task);
    saveTasks();
}
```

以上を実装するとソースコードの全体は、次のようになります。

index.js

```
'use strict';
// key: タスクの文字列 value: 完了しているかどうかの真偽値
let tasks = new Map();
const fs = require('fs');
const fileName = './tasks.json';

/**
* タスクをファイルに保存する
*/
function saveTasks() {
    fs.writeFileSync(fileName, JSON.stringify(Array.
from(tasks)), 'utf8');
}

/**
* TODOを追加する
* @param {string} task
*/
function todo(task) {
    tasks.set(task, false);
    saveTasks();
}

/**
* タスクと完了したかどうかが含まれる配列を受け取り、完了したかを返す
* @param {array} taskAndIsDonePair
* @return {boolean} 完了したかどうか
*/
function isDone(taskAndIsDonePair) {
    return taskAndIsDonePair[1];
}
```

```
/**
* タスクと完了したかどうかが含まれる配列を受け取り、完了していないかを返す
* @param {array} taskAndIsDonePair
* @return {boolean} 完了していないかどうか
*/
function isNotDone(taskAndIsDonePair) {
    return !isDone(taskAndIsDonePair);
}

/**
* TODOの一覧の配列を取得する
* @return {array}
*/
function list() {
    return Array.from(tasks)
        .filter(isNotDone)
        .map(t => t[0]);
}

/**
* TODOを完了状態にする
* @param {string} task
*/
function done(task) {
    if (tasks.has(task)) {
        tasks.set(task, true);
        saveTasks();
    }
}

/**
* 完了済みのタスクの一覧の配列を取得する
* @return {array}
*/
function donelist() {
    return Array.from(tasks)
        .filter(isDone)
        .map(t => t[0]);
}
```

```
/**
* 項目を削除する
* @param {string} task
*/
function del(task) {
    tasks.delete(task);
    saveTasks();
}

module.exports = {
    todo: todo,
    list: list,
    done: done,
    donelist: donelist,
    del: del
};
```

では、いったんREPLでどのような動作をするのか確認してみましょう。

Ubuntuのコンソールに入力

```
cd ~/workspace/todo
node
```

上記のコマンドでREPLを起動し、次のコードを入力したら、REPLを Ctrl + C を2回押して終了してください。

Ubuntuのコンソールに入力

```
'use strict';
const todo = require('./');
todo.todo('鉛筆を買う');
```

なお「require」関数でディレクトリを指定した場合は、自動的にindex.jsというファイルが読み込まれます。

Ubuntuのコンソールに入力

```
cat tasks.json
```

以上を実行してみて、ファイルへ保存されているか確認してみましょう。

```
[["鉛筆を買う",false]]
```

と表示されれば成功です。

ファイルから読み込む処理を書いてみよう

これで無事、タスク一覧をファイルに保存できることがわかったので今度は、読み込む部分を実装します。index.jsファイルの「saveTasks」関数の上に、以下のコードを記述していきましょう。

index.js：6行目を改行して追記

```
// 同期的にファイルから復元
try {
    const data = fs.readFileSync(fileName, 'utf8');
    tasks = new Map(JSON.parse(data));
} catch (ignore) {
    console.log(fileName + 'から復元できませんでした');
}
```

これを解説していきます。最初に出てくるこの構文のことを「try-catch文」(https://developer.mozilla.org/ja/docs/Web/JavaScript/Guide/Exception_Handling_Statements/try...catch_Statement) と呼びます。

try-catch 文の構文

```
try {
    // ...
} catch (ignore) {
    console.log(fileName + 'から復元できませんでした');
}
```

try-catch文は、tryの宣言のあとの{ }で囲まれた処理でエラーが発生した場合に、catch( )のあとの{ }で囲まれた処理に移動して、そちらの処理を実行するという動きをします。なおcatch句のあとの( )に渡された引数には、発生したエラーが渡されます。

index.js：8～13行目

```
try {
    const data = fs.readFileSync(fileName, 'utf8');
    tasks = new Map(JSON.parse(data));
} catch (ignore) {
    console.log(fileName + 'から復元できませんでした');
}
```

上記のコードでは、ファイルの読み込みを行う「readFileSync」でファイルが存在しないなどのエラーが発生した場合、上記のコードが実行されます。

index.js：12行目

```
console.log(fileName + 'から復元できませんでした');
```

tryのあとの{}内でエラーが発生しなかった場合は、この部分は実行されません。

try-catch文を試してみよう

try-catch文の動作を理解するために、REPLを起動して実際に実行してみましょう。

Ubuntuのコンソールに入力

```
node
```

上記のコマンドでREPLを起動したあと、次のコードに入力します。Chromeのデベロッパーツールと異なり、「{」の後ろなどでも普通にEnterキーを押せば改行することが可能です。

Ubuntuのコンソールに入力

```
try {
    throw new Error('my error');
} catch (err) {
    console.log(err);
}
```

意図的に例外を起こす場合は、上記のように「throw new Error('error');」と記述を行います。

コマンドの実行結果

```
Error: my error
    at repl:2:7
    at sigintHandlersWrap (vm.js:22:35)
    at sigintHandlersWrap (vm.js:96:12)
    at ContextifyScript.Script.runInThisContext (vm.js:21:12)
    at REPLServer.defaultEval (repl.js:340:29)
    at bound (domain.js:280:14)
    at REPLServer.runBound [as eval] (domain.js:293:12)
    at REPLServer.<anonymous> (repl.js:538:10)
    at emitOne (events.js:101:20)
    at REPLServer.emit (events.js:188:7)
undefined
```

このように表示されたのではないかと思います。

また、try-catch文には、finally句というエラーが発生しても発生しなくても必ず実行される処理を追加することもできます。次のコードを引き続き、REPLで入力してみましょう。finally句を含むtry-catch文のコードです。

Ubuntuのコンソールに入力

```
try {
    throw new Error('my error');
} catch (err) {
    console.log(err);
} finally {
    console.log('finally do');
}
```

次のように表示されれば成功です。try-catch文による処理を行っても、finallyの処理が行われたことがわかります。

コマンドの実行結果

```
Error: my error
    at repl:2:7
    at sigintHandlersWrap (vm.js:22:35)
    at sigintHandlersWrap (vm.js:96:12)
    at ContextifyScript.Script.runInThisContext (vm.js:21:12)
    at REPLServer.defaultEval (repl.js:340:29)
```

```
    at bound (domain.js:280:14)
    at REPLServer.runBound [as eval] (domain.js:293:12)
    at REPLServer.&lt;anonymous&gt; (repl.js:538:10)
    at emitOne (events.js:101:20)
    at REPLServer.emit (events.js:188:7)
finally do
undefined
```

このErrorとtry-catch文を使った処理のことを**例外処理**と呼びます。まさにエラーが発生したときの例外的な処理という意味です。

少し横道にそれてしまいましたね。コードの解説に戻りましょう。

index.js：8～13行目

```
try {
    const data = fs.readFileSync(fileName, 'utf8');
    tasks = new Map(JSON.parse(data));
} catch (ignore) {
    console.log(fileName + 'から復元できませんでした');
}
```

このコードは以下の3つの処理を行っています。

1. **ファイルから読み込んだ文字列を変数「data」に渡す**
2. **それを「JSON.parse」という関数で解釈してJavaScriptの値とする**
3. **JavaScriptの値を連想配列のMapオブジェクトに変換する**

連想配列のMap（https://developer.mozilla.org/ja/docs/Web/JavaScript/Reference/Global_Objects/Map）は、引数にキーと値の2つの要素で与えられる配列の配列を渡すことで、その値が入った連想配列を作成することが可能であるため、ここではその機能を利用しています。

ではREPLでこのプログラムを実行してみます。

Ubuntuのコンソールに入力

```
cd ~/workspace/todo
node
```

上記のコマンドでREPLを起動し、次のコマンドでプログラムを実行してみましょう。

Ubuntu のコンソールに入力

```
'use strict';
const todo = require('./');
todo.list();
```

なお、過去実行した「'use strict';」などは↑キーを押すことで再度呼び出すことができます。

コマンドの実行結果

```
[ '鉛筆を買う' ]
```

このように表示されれば、問題なくファイルからタスクが読み込まれていることがわかります。いったんREPLを終了して、今度はファイルがない場合はどのように表示されるか見てみましょう。

Ubuntu のコンソールに入力

```
rm tasks.json
node
```

上記のコマンドで、いったん「tasks.json」ファイルを除去したあとREPLを起動したら、次のコマンドで再度モジュールを読み込んでみましょう。

コマンドの実行結果

```
'use strict';
const todo = require('./');
```

すると、次のように表示されるのではないかと思います。期待どおりに例外処理ができていることがわかります。

コマンドの実行結果

```
./tasks.jsonから復元できませんでした
```

ではここで、テストが問題なく動くかチェックしてみましょう。次のコマンドを実行します。

Ubuntu のコンソールに入力

```
npm test
```

もし、次のようにエラーが発生した場合は、先ほどREPLで追加したタスクを読み込んで整合が取れなくなってしまったことが考えられます。

コマンドの実行結果

```
assert.js:89
throw new assert.AssertionError({
^
AssertionError: [ '鉛筆を買う', 'ノートを買う' ] deepEqual [ 'ノートを買う', '鉛筆を買う' ]
at /home/ubuntu/workspace/todo/test.js:9:9
at Object.<anonymous> (/home/ubuntu/workspace/todo/test.js:23:3)
at Module._compile (module.js:435:26)
at Object.Module._extensions..js (module.js:442:10)
at Module.load (module.js:356:32)
at Function.Module._load (module.js:311:12)
at Function.Module.runMain (module.js:467:10)
at startup (node.js:136:18)
at node.js:963:3
```

次のように、「tasks.json」を消してから、テストを実行してみましょう。

Ubuntu のコンソールに入力

```
rm tasks.json
npm test
```

次のように表示されれば狙いどおりです。

コマンドの実行結果

```
./tasks.jsonから復元できませんでした
テストが正常に完了しました
```

では、Hubotにこのtodoパッケージを再度インストールして動作させてみましょう。次のコマンドでtodoパッケージを新しいものに置き換えます。

Ubuntu のコンソールに入力

```
cd ~/workspace/hubot-todo/
npm uninstall ../todo
npm install ../todo
```

todoパッケージの置き換えが済んだら、次のコマンドでプログラムを起動します。

Ubuntu のコンソールに入力

```
bin/hubot
```

次のとおり入力してタスクを追加したら、Ctrl + C でボットを終了させましょう。

Ubuntu のコンソールに入力

```
hubot-todo todo 鉛筆を買う
```

次のコマンドで再起動します。

Ubuntu のコンソールに入力

```
bin/hubot
```

次のコマンドで、登録済みのタスクの一覧を表示してみましょう。

Ubuntu のコンソールに入力

```
hubot-todo list
```

次のように結果が表示されれば、タスクの永続化は問題なく対応できていることがわかります。

コマンドの実行結果

```
鉛筆を買う
```

長かったですが、以上がタスク管理ボットのタスク情報の永続化対応でした。

これでSlackのボットの開発ができるようになりました。HubotはSlackのアダプターのほかTwitterやSkypeなど多くのアダプターが存在しますので、これを利用し多種多様なボットを作ることができます。ぜひ時間のあるときにチャレンジしてみてください。

まとめ

- **try-catch 文を利用して、エラーが発生した際の例外処理を記述できる。**
- **「throw new Error('my error');」という書き方で故意にエラーを発生できる。**
- **try-catch 文の finally 句は、必ず実行される処理を記述できる。**

練習

先ほど作成した永続化対応されたtodoパッケージですが、テストの際に存在する「tasks.json」を読み込んでしまいテストが失敗してしまう可能性があります。ファイルを削除してからテストを実行するようにtest.jsを修正してください。

GitHub の練習問題リポジトリ（https://github.com/progedu/intro-curriculum-3010）をフォークして、正解のプルリクを送ってください。

```
const fs = require('fs');
fs.unlink('./tasks.json', (err) => {
    // テスト処理
});
```

上記のようにunlink関数に渡す無名関数（コールバック関数）の中で処理をすることで、非同期処理でも順序を制御し、「tasks.json」ファイルが削除されたあとテストを実行することができます。

解答

次のようにtest.jsを実装することで、必ずtasks.jsonを削除してからテストが実行されるようになります。

test.js

```
'use strict';
const assert = require('assert');

// テストの前に永続化されているファイルを消す
const fs = require('fs');
fs.unlink('./tasks.json', (err) => {
    const todo = require('./index.js');

    // todo と list のテスト
    todo.todo('ノートを買う');
    todo.todo('鉛筆を買う');
    assert.deepEqual(todo.list(), ['ノートを買う', '鉛筆を買う']);

    // done と donelist のテスト
    todo.done('鉛筆を買う');
    assert.deepEqual(todo.list(), ['ノートを買う']);
    assert.deepEqual(todo.donelist(), ['鉛筆を買う']);

    // del のテスト
    todo.del('ノートを買う');
    todo.del('鉛筆を買う');
    assert.deepEqual(todo.list(), []);
    assert.deepEqual(todo.donelist(), []);

    console.log('テストが正常に完了しました');
});
```

Section 03

HTTP サーバー

今回は Web サービスのもっとも中心的な技術となる HTTP サーバーを利用したプログラミングを学んでいきましょう。

Web

Node.jsでHubotを使ったボットを作れるようになったことで、サービスを提供するプログラムを作れるようになりました。ここからは、Webサービスを作れるようになっていきます。

そもそもWebサービスとは、Webとは何なのでしょうか？

Webとは、World Wide Webの通称であり、wwwと呼ばれることもあります。このWebはインターネットを利用したコンピューターネットワーク自体を指します。Webの技術は多岐にわたりますが、山本陽平さんの著書『Webを支える技術』（技術評論社）という本の中で、Webの主な用途は次の3つであると紹介されています。

- **Webサイト（例：Yahoo!のようなポータルサイトやAmazonのようなショッピングサイトなど）**
- **ユーザーインタフェースとしてのWeb（例: HTMLで作られた通信をしないヘルプなど）**
- **プログラム用APIとしてのWeb（例:扱いやすいデータフォーマットで提供されるHTTPのAPIなど）**

現在ではWebサイト自体よりもWebビューなどのユーザーインタフェース技術や、スマートフォンなどのアプリで用いられるWeb APIの技術の存在感も大きくなっています。

Webサービス

Webサービスとは、HTTPなどのインターネット関連技術を利用して通信を行うサービスのことです。HTMLをクライアントとして提供するものや、HTTPによるAPIを提供することでさまざまなデバイスから利用するものがあります。

つまりWebサービスを作るためにはHTTPでサービスを提供する必要があり、HTTPサーバーが必要となるのです。

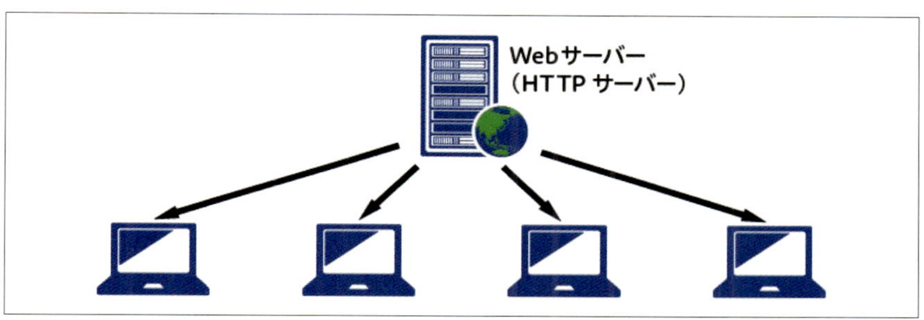

Web サービス

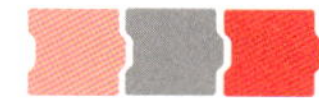

Node.jsを使ったHTTPサーバーを作ってみよう

では、ここまでで学んできたNode.jsを使ってHTTPサーバーを作っていきましょう。いつもどおりコンソールを起動したら、次のようにプロジェクトフォルダを作成して、npmでアプリケーションを作りましょう。

Ubuntu のコンソールに入力

```
mkdir -p ~/workspace/node-js-http
cd ~/workspace/node-js-http
npm init
```

対話形式にパッケージの作成が進みます。すべてデフォルトのまま Enter キーを押していきます。

npm initによる初期設定

```
{
    "name": "node-js-http",
    "version": "1.0.0",
    "description": "",
    "main": "index.js",
    "scripts": {
        "test": "echo \"Error: no test specified\" && exit 1"
    },
    "author": "",
    "license": "ISC"
}


Is this ok? (yes)
```

最後に上記の設定が表示されるので、Enterキーを押してpackage.jsonを作成してください。最後に、index.jsのひな形を用意します。

Ubuntuのコンソールに入力

```
echo "'use strict';" > index.js
```

ここまでの操作が完了したら、この「node-js-http」フォルダをVS Codeで開いてみましょう。そして、「index.js」を以下のように実装していきます。

index.js

```
'use strict';
const http = require('http');
const server = http.createServer((req, res) => {
    res.writeHead(200, {
        'Content-Type': 'text/plain; charset=utf-8'
    });
    res.write(req.headers['user-agent']);
    res.end();
});
const port = 8000;
server.listen(port, () => {
```

```
    console.log('Listening on ' + port);
});
```

これを解説していきます。

index.js：2行目

```
const http = require('http');
```

この2行目では、Node.jsにおけるHTTPのモジュールを読み込んでいます。このモジュールのAPIについては、公式のドキュメント（https://nodejs.org/docs/v6.11.1/api/http.html）でも使い方を読むことができます。

index.js：3〜9行目

```
const server = http.createServer((req, res) => {
    res.writeHead(200, {
        'Content-Type': 'text/plain; charset=utf-8'
    });
    res.write(req.headers['user-agent']);
    res.end();
});
```

3〜9行目のコードでは、「http」モジュールの機能で、サーバーを作成しています。サーバーには、リクエストを表すオブジェクトの引数「req」とレスポンスを表すオブジェクトの引数「res」を受け取る無名関数を渡します。この無名関数は、サーバーにリクエストがあった際に呼び出されます。

無名関数の中では、リクエストが来た際の挙動を実装しています。

index.js：4〜6行目

```
res.writeHead(200, {
    'Content-Type': 'text/plain; charset=utf-8'
});
```

上記のコードは200という成功を示すステータスコードと共に、レスポンスヘッダを書き込んでいます。HTTPにはいくつか決められたヘッダが存在し、ここでは、次の2つの情報を書き出しています。

- **内容の形式「Content-Type」が、「text/plain」という通常のテキストであるという情報**
- **文字セット「charset」が「utf-8」であるという情報**

これらHTTPのレスポンスヘッダの詳細については、今のところはこういうものがあるとだけ覚えておきましょう。

index.js：7行目

```
res.write(req.headers['user-agent']);
```

「res」オブジェクトの、「write」関数はHTTPのレスポンスの内容を書き出します。ここではリクエストヘッダの「user-agent」の中身を、レスポンスの内容として書き出しています。

index.js：8行目

```
res.end();
```

以上で内容の書き出しが終わったので、「end」メソッドを呼び出してレスポンスの書き出しを終了しています。なおこのレスポンスオブジェクトのAPIは、「Class: http.ServerResponse」というドキュメント（https://nodejs.org/docs/v6.11.1/api/http.html#http_class_http_serverresponse）で紹介されています。

index.js：10～13行目

```
const port = 8000;
server.listen(port, () => {
    console.log('Listening on ' + port);
});
```

最後のこのコードは、このHTTPが起動するポートを宣言し、そしてサーバーを起動して、起動した際に実行する関数を渡しています。

HTTPサーバーを起動する関数は、「listen」関数と言います。サーバーが立ち上がると、特定のポートからリクエストがないかをずっと聞き耳を立てるためlistenという関数名になっています。

以上を無事記述できたでしょうか。記述できたら、次のコマンドで実行して、HTTPサーバーを起動してみましょう。

Ubuntu のコンソールに入力

```
node index.js
```

以下のようにコンソールに表示されれば、サーバーの起動は成功です。

コマンドの実行結果

```
Listening on 8000
```

今度は、Chromeで次のURLにアクセスしてみましょう。このURLにアクセスできない場合は、Chapter 02 Section 04のHTTP通信を参考にVagrantの設定ファイルを書き換え、ポートフォワードを行ってください。

```
http://localhost:8000
```

以下のような文字列が表示されたでしょうか。みなさんの環境で表示されるものとは多少異なると思います。

ブラウザに表示された文字列

```
Mozilla/5.0 (Macintosh; Intel Mac OS X 10_11_1)
AppleWebKit/537.36 (KHTML, like Gecko) Chrome/47.0.2526.106
Safari/537.36
```

この文字列は、次のコードで書き出された内容で、自身のブラウザがChromeであることを表しています。

index.js : 7 行目

```
res.write(req.headers['user-agent']);
```

この情報のことをユーザーエージェントと言います。

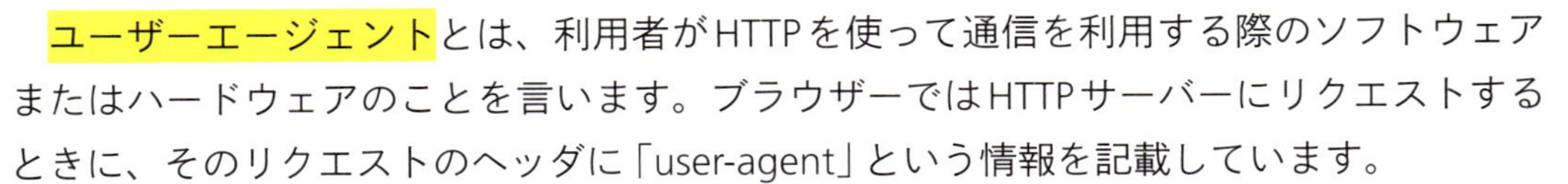

ユーザーエージェント

ユーザーエージェントとは、利用者がHTTPを使って通信を利用する際のソフトウェアまたはハードウェアのことを言います。ブラウザーではHTTPサーバーにリクエストするときに、そのリクエストのヘッダに「user-agent」という情報を記載しています。

先ほど用意した以下のURLへ、curlでアクセスするとどうなるでしょうか。いったんサーバーを Ctrl + C で終了して、tmuxで2つのウィンドウを使ってcurlでアクセスしてみましょう。

Ubuntu のコンソールに入力

```
tmux
node index.js
```

このコマンドでサーバーを起動したら、Ctrl + B → C でウィンドウを新たに追加して、次のコマンドを実行します。

tmux のウィンドウ 1 に入力

```
curl http://localhost:8000
```

すると、次のようにコンソールに表示され、「user-agent」がcurlであることがわかります。

コマンドの実行結果

```
curl/7.47.0
```

この「user-agent」には、Webサービスを利用する際のソフトウェアおよびハードウェアを記述することになっていますが、クライアントによる自己申告制のため偽装が可能です。例えばコンソールで、次のコマンドを入力してみましょう。

tmux のウィンドウ 1 に入力

```
curl -A "dummy" http://localhost:8000
```

このコマンドの「-A」は「user-agent」を指定するオプションです。するとコンソールには次のように表示され、「user-agent」が偽装されたことがわかります。

コマンドの実行結果

```
dummy
```

以上が今回作ったHTTPサーバーの説明でした。

まとめ

- **Web技術はWebサイトのほか、ユーザーインタフェースやWeb APIでも利用される。**
- **Node.jsでHTTPサーバーを立てるには、「http」モジュールが利用できる。**
- **リクエストヘッダやレスポンスヘッダには、リクエストを説明する情報が含まれる。**

練習

先ほど作成したHTTPサーバーを改良して、「user-agent」ではなく、次のHTMLを表示させましょう。

```
<!DOCTYPE html><html lang="ja"><body><h1>HTMLの一番大きい見出しを表示します</h1></body></html>
```

その際は、レスポンスヘッダのコンテンツタイプを、「text/html」に変更する必要があります。

GitHubの練習問題リポジトリ（https://github.com/progedu/intro-curriculum-3011）をフォークして、正解のプルリクを送ってください。

もしも文字化けしてしまったときは、エンコードに関するヘルプページ（https://support.google.com/chrome/answer/95290?hl=ja）を参考にChromeのエンコード設定を「自動検出」に設定してください。

解答

index.js

```
'use strict';
const http = require('http');
const server = http.createServer((req, res) => {
    res.writeHead(200, {
        'Content-Type': 'text/html; charset=utf-8'
    });
    res.write('&lt;!DOCTYPE html&gt;&lt;html lang="ja"&gt;&lt;bo
dy&gt;&lt;h1&gt;HTMLの一番大きい見出しを表示します&lt;/h1&gt;&lt;/
body&gt;&lt;/html&gt;');
    res.end();
});
const port = 8000;
server.listen(port, () => {
    console.log('Listening on ' + port);
});
```

上記のようになります。

Ubuntu のコンソールに入力

```
node index.js
```

このコマンドでWebサーバーを起動したあと、Chromeで「http://localhost:8000」にアクセスし、次の文字列がいちばん大きい見出しで表示されれば成功です。

ブラウザに表示された文字列

```
HTMLの一番大きい見出しを表示します
```

おわりに

ここまでお読みいただき、ありがとうございました。この『Webプログラミングが面白いほどわかる本』は、2017年度のN高等学校の課外授業として用意されたプログラミング学習教材の一部を書籍化したものです。

実際に、プログラミング初学者の生徒が最初の1年で学ぶために用意された内容は、「Webプログラミング入門」「Linux開発環境構築」「Webアプリ基礎」「Webアプリ応用」の4つでした。本書で紹介したのは、この中の「Linux開発環境構築」の全体と「Webアプリ基礎」の最初の部分となっています。

本書の続きは、N高等学校の課外授業を扱うWebサービスである、N予備校(https://nnn.ed.nico)で学ぶことができます。続きを学んでみたいという方は、ぜひ、N予備校を見てみてください。HTMLのフォームを使ったアンケートサービスを作ったり、それをインターネット上に公開したり、匿名掲示板を作成してセキュリティの問題に対応したりしていきます。そして、これらを学び終えると、スケジュール調整ができるWebサービスを作り、インターネット上に公開できるようになります。N予備校では、インターネットを利用した生放送、生放送の録画などを使って、続きを学ぶことができます。

N予備校では、現役のドワンゴエンジニアが教えるプログラミング学習コースも用意されている

また、N予備校における教材の内容は、ネットや技術の進歩に合わせて、どんどん更新しているので、常に最新情報を学べるようになっています。

プログラミングでは環境構築が重要

プログラミング学習のツール・サービスの中には、Webサービスとしてプログラミング実行環境が提供されているものが数多く存在しています。

しかしながらわれわれは、プログラミング実行環境が用意されている状態でのプログラミング学習では、ソフトウェアエンジニアが育つことはできないと考えていました。なぜなら、**多くのソフトウェアエンジニアにとって、実際の開発環境を構築することも必要な技術の1つ**だからです。その開発環境を、自分自身でいじっていくことができないと、本当の意味で、プログラマーとして成長できないと考えていました。

本書では、とにかく開発環境の構築や、利用するツールの使い方をていねいに説明しています。何度も手を動かし、体に覚えさせるということを主眼に置いています。

プログラミングという、「コンピューターに対して自分自身のオリジナルな命令を送る行為」を学ぶということが、プログラミング学習の本筋であることは間違いありません。しかし、実際にそれを自分の趣味や仕事に生かそうとしたときには、どうしても自分自身が使っている環境に合わせた環境構築が必要となるのです。

また自分自身のPCに開発環境を構築することによって、学習環境の外に、書いたコードを持ち出せるというメリットがあります。これにより、自分用にコードをカスタマイズして、自身のやっていることに、簡単に適用することができるのです。

本書での学習を終えることで、**Linux環境**、**Git**、**GitHub**という、3つのツールを、みなさんは手に入れたと思います。この3つはWebプログラミング以外のものを学ぶ際にも、非常に役に立つツールなのです。

Linuxは多くのオープンソースのソフトウェアの実行環境であり、また、そのための開発環境も非常に充実しています。そして、それらの多くは無料で利用できます。Linuxのインストールさえできれば、ほかのプログラミング言語の学習も非常に容易となります。RubyやPython、Goなど多くの有名なプログラミング言語が簡単に導入できます。

さらに、Linuxではアセンブリプログラミングという低レイヤーのプログラミングを学ぶことも容易ですし、Cの実行環境をインストールしてコマンドラインツールを実装することもできます。また、C++の実行環境をインストールして、競技プログラミングにチャレンジしたり、マイナーなプログラミング言語を学習したりすることですら簡単にできます。

Linuxだけではありません。加えてGitとGitHubを覚えたことにより、多くのオープンソースソフトウェアのソースコードを自分で改変して利用することができるようになりました。例えば、学習の中で出てきたNode.jsというサーバーサイドJavaScriptのプラットフォーム、このソースコードですらGitHubで管理されています。GitHubが利用できるということは、このNode.jsを改変して使うこともできますし、間違ったところを修正したい場合にはその部分を直してプルリクエストを送ることで、ソーシャルコーディングを行うことすらもできるのです。もしかしたらNode.jsのコミッターになれるかもしれません。これは本当にすごいことなのです！

開発環境を整えるのは非常に大変です。ですが、それに見合うだけの大きな可能性を手に入れることができます。本書で構築したLinuxの環境は、仮想環境なので万が一壊してしまっても手軽に復旧させられます。「ものを学ぶ」のに、「ものを壊して学ぶ」のは非常に重要なことです。こんなことをできるのも、自分で環境を構築するメリットです。

本書で学んだことで、みなさんは非常に有用なツールを自分自身のPCで利用できるようになりました。これらを活用してさまざまなプログラミングにチャレンジして、自身の技術を深めていってください。読者のみなさんがプログラミングを活用し、ご自身の生活や人生、社会をよりよくしていってくださることを願っています。

2018年4月 吉村総一郎

INDEX

記号・アルファベット

- ··· 79
#! ··· 93
( ) ··· 393
. ··· 50
.. ··· 50
/ ··· 49
{ } ··· 141,394
| ··· 75
~ ··· 53
= ··· 95
16進数 ··· 105
ack ··· 105
API ··· 258
bash ··· 90
cat ··· 76
cd ··· 47,50
charset ··· 406
chmod ··· 94
Chocolatey ··· 22
CLI ··· 34
clone ··· 187
CoffeeScript ··· 318
Commit ··· 158
Content ··· 130
cp ··· 47,55
CPU ··· 40
Create ··· 337
cron ··· 143
crontab ··· 144
CRUD ··· 337
CSV ··· 254
CUI ··· 34,78
curl ··· 105
date ··· 92
del ··· 356,389
Delete ··· 337
df ··· 45
DNS ··· 131
done ··· 352,389
donelist ··· 352
echo ··· 95
find ··· 47,57
Fork ··· 154
generator-hubot ··· 318
GETメソッド ··· 129
Gist ··· 177
Git ··· 8,182
GitHub ··· 8,150
GPL ··· 28
grep ··· 75
GUI ··· 34,78
HTML ··· 105,140
HTTP ··· 128
HTTPS ··· 131
HTTPサーバー ··· 132,403
HTTPのステータスコード ··· 130
HTTPのレスポンス ··· 130
Hubot ··· 317
I/O ··· 381
IPアドレス ··· 106,131
Issues ··· 167
JSON ··· 389
less ··· 74
Linux ··· 8,38,46,71,93,113
list ··· 341
ls ··· 47,49,92,140
lshw ··· 38
man ··· 59
Map ··· 262
map関数 ··· 270
Markdown ··· 177
mkdr ··· 47,53,140
mv ··· 47,56
ncコマンド ··· 123
Node.js ··· 240
nodebrew ··· 243
npm ··· 290
OS ··· 8,90
O記法 ··· 280,285
-p"表示したい文字列" ··· 98
P2P型通信 ··· 112
Perl ··· 241
ping ··· 108
PowerShell ··· 22
prefix ··· 122
Protocol ··· 106
pull ··· 190
push ··· 200
pwd ··· 47,48
q ··· 80
read ··· 95
Read ··· 337
REPL ··· 244
require関数 ··· 392
respond関数 ··· 367
rm ··· 47,54,71
rmdir ··· 55
RSS ··· 139
Slack ··· 304
Snippet ··· 316
SSH ··· 28,78,183
SSHクライアント ··· 28
SSL ··· 131
Stream ··· 256
sudo ··· 104
TCP ··· 108,123
TCP/IP通信 ··· 113
tcpdump ··· 104
telnetコマンド ··· 124
TLS ··· 131
tmp ··· 54
tmux ··· 113
todo ··· 341,389
touch ··· 91
TTL ··· 109
typoを修正 ··· 230
Ubuntu ··· 8,49,78,90
UDP ··· 108,123
unlink関数 ··· 400
Update ··· 337
utf-8 ··· 406
Vagrant ··· 8,38,46,78,90,103,113,128,138
vi ··· 78
vim ··· 78,145
vimtutor ··· 82
VirtualBox ··· 8
VM ··· 8
VS Code ··· 60,78,132
w ··· 81
Webサービス ··· 402
Wiki ··· 175
Workspace ··· 305
wq ··· 86
write関数 ··· 406
y/n ··· 97
yarn ··· 300
Yeoman ··· 318
yo ··· 318

あ行

アーキテクチャー ··· 44
アタッチ ··· 115
アルゴリズム ··· 274
暗号化 ··· 184
イシュー ··· 166
イベント駆動型プログラミング ··· 257

インサートモード 81,145
インストール 8,78
エディタ 61,78
オブジェクト 261
オブジェクトのライフサイクル 338

か行

カーネル 90
回線交換方式 102
仮想化支援機能 9
仮想環境 8
仮想マシン 8
カレントディレクトリ 49
環境 27
環境変数 242
クイックソート 274
クライアント 112,128
クラッド 337
グローバルインストール 292
クローン 187
公開鍵 183
公開鍵認証 183
コールスタック 282
コールバック関数 400
コマンドプロンプト 21,38,60,113,138
コマンドモード 81
コミット 158,197,217
コミットコメント 173
コミットログ 173
コンソール 23
コンフリクト 219

さ行

サーバー 8,112,128
サーバークライアント型 112
サーバーサイド 240
再帰 277
差分 225
シェル 90
シェルスクリプト 139
シェルプログラミング 90
指数オーダー 280
シバン 93
集計 253
情報モラル 162
シングルスレッド 381
スクリプト言語 240
ステージング 197
ステータスコード 405
ステートチャート図 338
ストレージ 41
スペースインベーダー 36
正規表現 76,367
絶対パス 49
線形オーダー 285
相対パス 49
挿入ソート 274
ソーシャルコーディング 233

た行

ターミナル 21
タグ 201
チェックアウト 207
チャンネル 308
ディストリビューション 8
ディスプレイ 42
ディレクトリ 46,139
デタッチ 114
電気通信 102
同期I/O 381
ドメイン 131
トリボナッチ数列 286

な行

ネットワーク 107
ネットワークデバイス 42

は行

パイプ 75
パケット交換方式 102
バス 43
パス 44,48,90,241
ハッシュ 173
パッチ文化 151
比較関数 268
非同期I/O 381
秘密鍵 183
標準エラー出力 71
標準出力 71
ファイル 46
ファイルシステム 46
フィボナッチ数列 274
フォルダ 47
復号 184
プラットフォーム 151
ブランチ 204
プルリク 231
プルリクエスト 228
ブロッキング 381
プロトコル 106,123,128
プロファイル 281
並行開発 219
ヘッダ 130
変数 95
ポート 123
ポートフォワード 135
ホームディレクトリ 53
ホスト名 131
ボット 138

ま行

マージ 213,217
マルチスレッド 381
マルチプロセス 381
無名関数 400
メモリ 40
メンション 312
モジュール 256

や行

ヤーン 300
ユーザーエージェント 407
要件定義 139

ら行

ライブラリ 288
リクエスト 129
リダイレクト 76
リポジトリ 154
リモートリポジトリ 189,211
ルーター 103
ルートディレクトリ 49
例外処理 396
レスポンス 405
レプル 244
連想配列 261
ローカルインストール 292
ローカルリポジトリ 190

わ行

ワークツリー 201

吉村　総一郎（よしむら　そういちろう）
　プログラミング講師。
　東京工業大学大学院 生命理工学研究科 生体分子機能工学専攻修了。製造業の製品設計を補助するシステムの開発に携わる。その後、株式会社ドワンゴに入社。ニコニコ生放送の各種ミドルウエアの開発に携わり、ニコニコ生放送の担当セクションマネージャーとしてチームを率いる。2016年よりN予備校プログラミング講師として高校生にプログラミングを教えている。
　著書に『高校生からはじめる プログラミング』（KADOKAWA）がある。

Web（ウェブ）プログラミングが面白（おもしろ）いほどわかる本（ほん）
環境構築（かんきょうこうちく）からWeb（ウェブ）サービスの作成（さくせい）まで、はじめからていねいに

2018年6月22日　初版発行

著者／吉村（よしむら） 総一郎（そういちろう）

発行者／川金正法

発行／株式会社KADOKAWA
〒102-8177　東京都千代田区富士見2-13-3
電話　0570-002-301（ナビダイヤル）

印刷所／大日本印刷株式会社

KADOKAWAカスタマーサポート
［電話］0570-002-301（土日祝日を除く11時～17時）
［WEB］https://www.kadokawa.co.jp/（「お問い合わせ」へお進みください）
※製造不良品につきましては上記窓口にて承ります。
※記述・収録内容を超えるご質問にはお答えできない場合があります。
※サポートは日本国内に限らせていただきます。

定価はカバーに表示してあります。

ISBN 978-4-04-602302-5　C3055